美国著名奥数教练蒂图·安德雷斯库系列丛书(第二辑)

118个数学竞赛不等式

118 Inequalities for Mathematics Competitions

［美］蒂图·安德雷斯库(Titu Andreescu) 著

向 禹 译

哈尔滨工业大学出版社
HARBIN INSTITUTE OF TECHNOLOGY PRESS

黑版贸审字 08-2020-178 号

内 容 简 介

本书是美国著名数学竞赛专家 Titu Andreescu 教授编写的数学竞赛不等式知识教材.

本书包含 Muirhead 不等式,以及各种证明不等式的方法.挑选了很多经典问题来介绍换元法、归一化、几何不等式转换为代数不等式、切线法、待定系数法和反证法等,还介绍了两种新方法,SOS 方法和 SOS-Schur 方法.本书按照难易程度给出了大量的基础问题和进阶问题,并给出了至少一种解法.

本书适合热爱数学的广大教师和学生使用,特别是从事数学竞赛相关事业的人员参考使用.

图书在版编目(CIP)数据

118 个数学竞赛不等式/(美)蒂图·安德雷斯库
(Titu Andreescu)著;向禹译. —哈尔滨:哈尔滨工
业大学出版社,2022.8
书名原文:118 Inequalities for Mathematics
Competitions
ISBN 978-7-5767-0143-2

Ⅰ.①1… Ⅱ.①蒂… ②向… Ⅲ.不等式-青少年
读物 Ⅳ.①O178

中国版本图书馆 CIP 数据核字(2022)第 109912 号

策划编辑　刘培杰　张永芹
责任编辑　张永芹　宋　淼
封面设计　孙茵艾
出版发行　哈尔滨工业大学出版社
社　　址　哈尔滨市南岗区复华四道街 10 号　邮编 150006
传　　真　0451-86414749
网　　址　http://hitpress. hit. edu. cn
印　　刷　哈尔滨市石桥印务有限公司
开　　本　787 mm×1 092 mm　1/16　印张 18.5　字数 260 千字
版　　次　2022 年 8 月第 1 版　2022 年 8 月第 1 次印刷
书　　号　ISBN 978-7-5767-0143-2
定　　价　78.00 元

前言

不等式已经渗透到数学的各个领域之中,写作《118 个数学竞赛不等式》的目的是展示不等式在这些领域中的特殊技巧. 本书从 Mathematical Reflections, Art of Problem Solving 网站和罗马尼亚杂志 *Gazeta Mathematică* 中挑选了很多经典的问题,且书中标注的许多问题都是作者所提出的.

在第 1 章中,读者将会学习 Muirhead 不等式,以及各种证明不等式的方法. 我们通过实例说明了换元法,在实际问题中,通过均匀化、归一化和典型替换等方法,探讨了一些著名的换元方法. 其中一些包括将几何不等式转换为代数不等式的替换,反之亦然. 此外,还有切线法,它是一种在多项式或有理函数情况下用于计算的强大工具. 为了让读者有一个清晰的认识,我们提供了一些用图形表示的特定例子. 通过一些示例,我们也给出了待定系数法和反证法的应用. 在接下来的两节中,我们给出了一组强定理,首先是关于三个变量的对称不等式,然后是关于多个变量的对称不等式,其中一些不等式与 pqr 方法或 uvw 方法一脉相承. 最后我们介绍两种更新的方法,称为 SOS(平方和)和 SOS-Schur 方法,我们会用大量的例子来说明其在尽可能多的方面的应用.

接下来的章节我们将专门讨论所提出的问题,这些问题分为基础问题和进阶问题. 每个部分的不等式按变量的个数和难易程度逐级排列,每个问题至少给出一种完整解法,很多问题都给出了多种解法,这样将有助于参加数学竞赛的学生提升数学能力.

本书提供的所有材料都是面向广大读者的:高中生、教师、本科生或任何热爱数学的人.

本书一定能帮助那些希望研究不等式的学生,不等式是一个现在在各个竞赛级别上经常出现的题目. 我们希望这本书能为证明代数不等式及一些新发现的应用提供灵感. 感谢所有的 Mathematical Reflections 贡献者和在 AoPS(Art of Problem Solving)上提供问题的数学爱好者.

好好享受这本书吧!

目录

第 1 章

一些经典和新颖的不等式

1.1 Muirhead 不等式

此不等式是 AM-GM 不等式的一种重要的一般形式,它是解决不等式问题的一个重要工具. 首先我们引入一些记号,然后在三个变量的情形下证明此不等式.

定义 1 设 $p = (p_1, p_2, \cdots, p_n)$ 和 $q = (q_1, q_2, \cdots, q_n)$ 是两列实数. 如果经过某种重排以后,序列 p 和 q 中的项满足下面三个条件:

1. $p_1 \geqslant p_2 \geqslant \cdots \geqslant p_n$ 且 $q_1 \geqslant q_2 \geqslant \cdots \geqslant q_n$;

2. 对每个 $k, 1 \leqslant k \leqslant n-1$,有 $p_1 + p_2 + \cdots + p_k \geqslant q_1 + q_2 + \cdots + q_k$;

3. $p_1 + p_2 + \cdots + p_n = q_1 + q_2 + \cdots + q_n$.

那么我们称序列 p 优于 q,记为 $p \succ q$ 或 $q \prec p$. 第一个条件显然是没有限制的,因为我们总是可以重排序列. 第二个条件是必须的. 显然,对任意序列 p,有 $p \succ p$.

批注 1 如果 $p = (p_i)_{i=1}^n$ 是任意一个非负序列,其和为 1,那么

$$(1, 0, \cdots, 0) \succ (p_1, p_2, \cdots, p_n) \succ \left(\frac{1}{n}, \frac{1}{n}, \cdots, \frac{1}{n} \right).$$

定义 2 设 $a_1, a_2, \cdots, a_n$ 是正实数,且

$$p = (p_1, p_2, \cdots, p_n)$$

是实数序列,那么 $a_1, a_2, \cdots, a_n$ 的 p 均值定义为

$$[p] = \frac{1}{n!} \sum_{\sigma \in S_n} a_{\sigma(1)}^{p_1} a_{\sigma(2)}^{p_2} \cdots a_{\sigma(n)}^{p_n},$$

其中 S_n 表示 $\{1, 2, \cdots, n\}$ 的所有置换的集合.

批注 2 我们有

$$[(1, 0, \cdots, 0)] = \frac{1}{n} \sum_{i=1}^{n} a_i,$$

这是 $a_1, a_2, \cdots, a_n$ 的算术平均数,且

$$\left[\left(\frac{1}{n}, \frac{1}{n}, \cdots, \frac{1}{n} \right) \right] = \sqrt[n]{a_1 a_2 \cdots a_n},$$

这是 $a_1, a_2, \cdots, a_n$ 的几何平均数.

例 1 设 $a_1, a_2, \cdots, a_n$ 是正实数,且

$$p = (p_1, p_2, \cdots, p_n), \quad q = (q_1, q_2, \cdots, q_n)$$

是两个实数列. 我们有

$$\frac{[p] + [q]}{2} \geqslant \left[\frac{p + q}{2} \right].$$

证 由 AM-GM 不等式,我们有

$$\frac{a_{\sigma(1)}^{p_1} a_{\sigma(2)}^{p_2} \cdots a_{\sigma(n)}^{p_n} + a_{\sigma(1)}^{q_1} a_{\sigma(2)}^{q_2} \cdots a_{\sigma(n)}^{q_n}}{2} \geqslant a_{\sigma(1)}^{\frac{p_1+q_1}{2}} a_{\sigma(2)}^{\frac{p_2+q_2}{2}} \cdots a_{\sigma(n)}^{\frac{p_n+q_n}{2}}.$$

$\square$

例 2 (Schur **不等式**) 设 x, y, z 是非负实数,且设 $a \in \mathbf{R}, b > 0$. 那么我们有

$$[(a + 2b, 0, 0)] + [(a, b, b)] \geqslant 2[(a + b, b, 0)].$$

证 由定义,我们得到

$$3![(a + 2b, 0, 0)] = 2(x^{a+2b} + y^{a+2b} + z^{a+2b}),$$

$$3![(a,b,b)] = 2(x^a y^b z^b + x^b y^a z^b + x^b y^b z^a),$$

$$3![(a+b,b,0)] = x^{a+b}(y^b + z^b) + y^{a+b}(z^b + x^b) + z^{a+b}(x^b + y^b).$$

通过基本的代数变换,我们有

$$\frac{1}{2}[(a+2b,0,0)] + \frac{1}{2}[(a,b,b)] - [(a+b,b,0)]$$
$$= x^a(x^b - y^b)(x^b - z^b) + y^a(y^b - x^b)(y^b - z^b) + z^a(z^b - y^b)(z^b - x^b).$$

因此,所给的不等式等价于

$$x^a(x^b - y^b)(x^b - z^b) + y^a(y^b - x^b)(y^b - z^b) + z^a(z^b - y^b)(z^b - x^b) \geqslant 0.$$

不失一般性,假定 $x \geqslant y \geqslant z$.

如果 $a \geqslant 0$,那么

$$x^a(x^b - y^b)(x^b - z^b) \geqslant x^a(x^b - y^b)(y^b - z^b)$$
$$\geqslant y^a(x^b - y^b)(y^b - z^b)$$
$$= -y^a(y^b - x^b)(y^b - z^b),$$

这意味着

$$x^a(x^b - y^b)(x^b - z^b) + y^a(y^b - x^b)(y^b - z^b) \geqslant 0,$$

且由于 $z^a(z^b - y^b)(z^b - x^b) \geqslant 0$,我们就得到了待证结论.

类似地,如果 $a < 0$,不失一般性,我们可以假定 $x \leqslant y \leqslant z$,而证明的本质是相同的. $\qquad\square$

批注 3 作替换:$x \to yz, y \to zx, z \to xy$,我们得到以下 Schur 不等式的等价形式:

$$[(a+2b, a+2b, 0)] + [(a+b, a+b, 2b)] \geqslant 2[(a+2b, a+b, b)].$$

定理 1(Muirhead **不等式**)设 $a_1, a_2, \cdots, a_n$ 是正整数,且 $p, q \in \mathbf{R}^n$ 是两个实数序列. 如果 $p \succ q$,那么 $[p] \geqslant [q]$. 进一步,对 $p \neq q$,等号成立当且仅当 $a_1 = a_2 = \cdots = a_n$.

证 我们对 $n = 3$ 的情形来证明此定理. 首先可以注意到 $n = 2$ 的情形是很容易得到的, 可以直接验证

$$a_1^{p_1} a_2^{p_2} + a_1^{p_2} a_2^{p_1} - a_1^{q_1} a_2^{q_2} - a_1^{q_2} a_2^{q_1}$$
$$= a_1^{p_2} a_2^{p_2} \left(a_1^{p_1-p_2} + a_2^{p_1-p_2} - a_1^{q_1-p_2} a_2^{q_2-p_2} - a_1^{q_2-p_2} a_2^{q_1-p_2} \right)$$
$$= a_1^{p_2} a_2^{p_2} \left(a_1^{q_1-p_2} - a_2^{q_1-p_2} \right) \left(a_1^{q_2-p_2} - a_2^{q_2-p_2} \right) \geq 0,$$

这是因为 $q_1 - p_2 = p_1 - q_2 \geq q_1 - q_2 \geq 0, q_2 - p_2 = p_1 - q_1 \geq 0$.

现在, 我们考虑 $n = 3$ 的情形. 我们假定 $p \neq q$ 且所有的 a_i 不全相等. 设 $p = (p_1, p_2, p_3), q = (q_1, q_2, q_3)$, 我们来考虑下面的情形:
1. $q_1 \geq p_2$. 由于

$$(p_1, p_2) \succ (p_1 + p_2 - q_1, q_1) \text{ 或 } (p_1, p_2) \succ (q_1, p_1 + p_2 - q_1)$$

且

$$(p_1 + p_2 - q_1, p_3) \succ (q_2, q_3),$$

利用两次之前证明过的 Muirhead 不等式在 $n = 2$ 的情形, 于是

$$6[p] = \sum_{\text{cyc}} (a_1^{p_1} a_2^{p_2} + a_1^{p_2} a_2^{p_1}) a_3^{p_3}$$

$$\geq \sum_{\text{cyc}} \left(a_1^{p_1+p_2-q_1} a_2^{q_1} + a_1^{q_1} a_2^{p_1+p_2-q_1} \right) a_3^{p_3}$$

$$= \sum_{\text{cyc}} a_1^{q_1} \left(a_2^{p_1+p_2-q_1} a_3^{p_3} + a_2^{p_3} a_3^{p_1+p_2-q_1} \right)$$

$$\geq \sum_{\text{cyc}} a_1^{q_1} (a_2^{q_2} a_3^{q_3} + a_2^{q_3} a_3^{q_2})$$

$$= 6[q].$$

2. $q_1 \leq p_2$. 由 $3q_1 \geq q_1 + q_2 + q_3 = p_1 + p_2 + p_3 \geq q_1 + p_2 + p_3$ 可得

$$(p_2, p_3) \succ (q_1, p_2 + p_3 - q_1).$$

再由于 $p_1 \geq q_1 \geq q_2, p_1 \geq q_1 = 2q_1 - q_1 \geq p_2 + p_3 - q_1$, 我们得到

$$(p_1, p_2 + p_3 - q_1) \succ (q_2, q_3).$$

所以,利用两次 Muirhead 不等式在 $n = 2$ 的情形,可得

$$6[p] = \sum_{\mathrm{cyc}} a_1^{p_1}\left(a_2^{p_2}a_3^{p_3} + a_2^{p_3}a_3^{p_2}\right)$$

$$\geqslant \sum_{\mathrm{cyc}} a_1^{p_1}\left(a_2^{q_1}a_3^{p_2+p_3-q_1} + a_2^{p_2+p_3-q_1}a_3^{q_1}\right)$$

$$= \sum_{\mathrm{cyc}} a_2^{q_1}\left(a_1^{p_1}a_3^{p_2+p_3-q_1} + a_1^{p_2+p_3-q_1}a_3^{p_1}\right)$$

$$\geqslant \sum_{\mathrm{cyc}} a_2^{q_1}\left(a_1^{q_2}a_3^{q_3} + a_1^{q_3}a_3^{q_2}\right)$$

$$= 6[q].$$

等号成立当且仅当 $a_1 = a_2 = a_3$. □

批注 4　由于 $(1, 0, \cdots, 0) \succ \left(\dfrac{1}{n}, \dfrac{1}{n}, \cdots, \dfrac{1}{n}\right)$,由 AM-GM 不等式即得.

例 3　设 a, b, c 是正实数,证明:

$$\frac{a^2(b+c)}{b^2+c^2} + \frac{b^2(c+a)}{c^2+a^2} + \frac{c^2(a+b)}{a^2+b^2} \geqslant a+b+c.$$

证　去分母之后,不等式变为

$$\sum_{\mathrm{cyc}} a^2(b+c)(c^2+a^2)(a^2+b^2) \geqslant (a+b+c)(a^2+b^2)(b^2+c^2)(c^2+a^2).$$

将上述不等式展开,然后消去两边的公共项,我们得到

$$a^6(b+c) + b^6(c+a) + c^6(a+b) \geqslant a^5(b^2+c^2) + b^5(c^2+a^2) + c^5(a^2+b^2),$$

即

$$[(6, 1, 0)] \geqslant [(5, 2, 0)],$$

这由 Muirhead 不等式即得,且等号成立当且仅当 $a = b = c$. □

例 4（Nguyen Viet Hung, Mathematical Reflections）　对任意实数 a, b, c,证明以下不等式成立:

$$\frac{a^3}{bc} + \frac{b^3}{ca} + \frac{c^3}{ab} \geqslant \frac{3(a^3+b^3+c^3)}{a^2+b^2+c^2}.$$

证 原不等式等价于

$$(a^4 + b^4 + c^4)(a^2 + b^2 + c^2) \geq 3abc(a^3 + b^3 + c^3),$$

即

$$a^6 + b^6 + c^6 + a^4(b^2 + c^2) + b^4(c^2 + a^2) + c^4(a^2 + b^2) \geq 3abc(a^3 + b^3 + c^3),$$

也即

$$[(6, 0, 0)] + 2[(4, 2, 0)] \geq 3[(4, 1, 1)],$$

这由以下 Muirhead 不等式即得:

$$[(6, 0, 0)] \geq [(4, 1, 1)],$$
$$[(4, 2, 0)] \geq [(4, 1, 1)].$$

等号成立当且仅当 $a = b = c$. □

例 5 设 a, b, c 是正实数, 证明:

$$(a^2 + bc)(b^2 + ca)(c^2 + ab) \geq (a^2 + ab)(b^2 + bc)(c^2 + ca).$$

证 将原不等式展开, 我们得到下面的等价形式:

$$a^4bc + b^4ca + c^4ab + a^3b^3 + b^3c^3 + c^3a^3 + 2a^2b^2c^2$$
$$\geq a^3b^2c + a^3bc^2 + b^2c^2a + b^3ca^2 + c^3a^2b + c^3ab^2 + 2a^2b^2c^2,$$
$$a^4bc + b^4ca + c^4ab + a^3b^3 + b^3c^3 + c^3a^3$$
$$\geq a^3b^2c + a^3bc^2 + b^2c^2a + b^3ca^2 + c^3a^2b + c^3ab^2,$$

等价于

$$[(4, 1, 1)] + [(3, 3, 3)] \geq 2[(3, 2, 1)],$$

这由以下 Muirhead 不等式即得:

$$[(4, 1, 1)] \geq [(3, 2, 1)],$$
$$[(3, 3, 3)] \geq [(3, 2, 1)].$$

等号成立当且仅当 $a = b = c$. □

例 6 设正实数 a, b, c 满足 $abc = 1$,证明:

$$a^2 + b^2 + c^2 + 3 \geqslant 2(ab + bc + ca).$$

证 作代换

$$a = \frac{x^2}{yz}, b = \frac{y^2}{zx}, c = \frac{z^2}{xy}, x, y, z > 0,$$

不等式变为

$$\frac{x^4}{y^2z^2} + \frac{y^4}{z^2x^2} + \frac{z^4}{x^2y^2} + 3 \geqslant 2\left(\frac{xy}{z^2} + \frac{yz}{x^2} + \frac{zx}{y^2}\right),$$

即

$$x^6 + y^6 + z^6 + 3x^2y^2z^2 \geqslant 2(x^3y^3 + y^3z^3 + z^3x^3),$$

也即

$$[(6,0,0)] + [(2,2,2)] \geqslant 2[(3,3,0)].$$

这由 Schur 不等式

$$[(6,0,0)] + [(2,2,2)] \geqslant 2[(4,2,0)],$$

和 Muirhead 不等式

$$[(4,2,0)] \geqslant [(3,3,0)]$$

即可得到,且等号成立当且仅当 $a = b = c$. $\qquad\square$

例 7 如果 a, b, c 为非负实数,证明:

$$a^2 + b^2 + c^2 \leqslant \sqrt{abc}\left(\sqrt{a} + \sqrt{b} + \sqrt{c}\right) + (a-b)^2 + (b-c)^2 + (c-a)^2.$$

证 原不等式等价于

$$a^2 + b^2 + c^2 + \sqrt{abc}\left(\sqrt{a} + \sqrt{b} + \sqrt{c}\right) \geqslant 2(ab + bc + ca).$$

作代换:$a = x^2, b = y^2, c = z^2$,不等式变为

$$x^4 + y^4 + z^4 + xyz(x + y + z) \geqslant 2(x^2y^2 + y^2z^2 + z^2x^2),$$

即

$$[(4,0,0)] + [(2,1,1)] \geqslant 2[(2,2,0)].$$

这由 Schur 不等式

$$[(4,0,0)] + [(2,1,1)] \geqslant 2[(3,1,0)],$$

和 Muirhead 不等式

$$[(3,1,0)] \geqslant [(2,2,0)]$$

即可得到, 且等号成立当且仅当 $a = b = c$. $\qquad\square$

例 8（An Zhenping，Mathematical Reflections） 设非负实数 a, b, c 满足 $a^2 + b^2 + c^2 \geqslant a^3 + b^3 + c^3$, 证明:

$$a^3 b^3 + b^3 c^3 + c^3 a^3 \leqslant a^2 b^2 + b^2 c^2 + c^2 a^2.$$

证 只需要证明

$$a^3 b^3 + b^3 c^3 + c^3 a^3 \leqslant \left(\frac{a^3 + b^3 + c^3}{a^2 + b^2 + c^2} \right)^2 \left(a^2 b^2 + b^2 c^2 + c^2 a^2 \right).$$

消去分母, 它等价于

$$\sum_{\text{cyc}} (a^7 b^3 + a^7 c^3) + \sum_{\text{cyc}} a^4 b^3 c^3 \leqslant \sum_{\text{cyc}} (a^8 b^2 + a^8 c^2) + \sum_{\text{cyc}} a^6 b^2 c^2,$$

即

$$2[(7,3,0)] + [(4,3,3)] \leqslant 2[(8,2,0)] + [(6,2,2)].$$

这由以下 Muirhead 不等式即得:

$$[(7,3,0)] \leqslant [(8,2,0)],$$
$$[(4,3,3)] \leqslant [(6,2,2)].$$

等号成立当且仅当 $a = b = c$. $\qquad\square$

例 9 设非负实数 a, b, c 满足 $a + b + c = a^2 + b^2 + c^2$, 证明:

$$ab + bc + ca \leqslant abc + 2.$$

证　首先,我们将此不等式齐次化,可得

$$(a+b+c)^2(a^2+b^2+c^2)(ab+bc+ca) \leqslant abc(a+b+c)^3+2(a^2+b^2+c^2)^3.$$

通过简单地计算,不等式约化为

$$2(a^2 + b^2 + c^2)^3 \geqslant (a + b + c)^2 \sum_{\text{cyc}}(a^3b + a^3c),$$

即

$$2\sum_{\text{cyc}}(a^6 + 2a^4b^2 + 2a^4c^2 + 2a^2b^2c^2)$$

$$\geqslant \sum_{\text{cyc}}(a^5b + a^5c + 4a^4bc + 2a^3b^3 + 3a^3b^2c + 3a^3bc^2),$$

此即

$$[(6,0,0)] + 4[(4,2,0)] + 2[(2,2,2)]$$

$$\geqslant [(5,1,0)] + 2[(4,1,1)] + [(3,3,0)] + 3[(3,2,1)].$$

应用 Schur 不等式,我们得到

$$[(6,0,0)] + [(4,1,1)] \geqslant 2[(5,1,0)],$$

$$[(6,0,0)] + [(2,2,2)] \geqslant 2[(4,2,0)].$$

由 AM-GM 不等式,我们有

$$3[(4,2,0)] + 3[(2,2,2)] \geqslant 6[(3,2,1)].$$

此外,由 Muirhead 不等式,有

$$5[(4,2,0)] \geqslant 5[(4,1,1)],$$

$$2[(4,2,0)] \geqslant 2[(3,3,0)].$$

将这些不等式相加再除以 2,我们得到待证不等式,且等号成立当且仅当 $a = b = c$. □

例 10　设非负实数 a, b, c 满足 $x + y + z = 2$,证明:

$$\frac{x^2\sqrt{y}}{\sqrt{x+z}} + \frac{y^2\sqrt{z}}{\sqrt{y+x}} + \frac{z^2\sqrt{x}}{\sqrt{z+y}} \leqslant \sqrt{x^3 + y^3 + z^3}.$$

证 由 Cauchy-Schwarz 不等式得

$$\left(\sum_{\text{cyc}} \frac{x^2\sqrt{y}}{\sqrt{x+z}}\right)^2 \le \sum_{\text{cyc}} \frac{xy}{(x+z)(y+z)} \sum_{\text{cyc}} x^3(y+z).$$

因此,只需要证明

$$(x+y+z)(x^3+y^3+z^3) \ge \sum_{\text{cyc}} \frac{2xy}{(x+z)(y+z)} \sum_{\text{cyc}} (x^3y+x^3z),$$

即

$$(x+y)(y+z)(z+x)(x+y+z)(x^3+y^3+z^3)$$
$$\ge \sum_{\text{cyc}} 2xy(x+y) \sum_{\text{cyc}} (x^3y+x^3z).$$

将上式展开,我们得到不等式

$$\sum_{\text{cyc}} \big[(x^6y+x^6z)-(x^4y^3+x^4z^3)+$$
$$2(x^4y^2z+x^4yz^2)-2x^3y^3z-2x^3y^2z^2\big] \ge 0,$$

这等价于

$$[(6,1,0)]-[(4,3,0)]+2[(4,2,1)]-[(3,3,1)]-[(3,2,2)] \ge 0.$$

这由以下 Muirhead 不等式即得:

$$[(6,1,0)] \ge [(4,3,0)],$$
$$[(4,2,1)] \ge [(3,3,1)],$$
$$[(4,2,1)] \ge [(3,2,2)].$$

等号成立当且仅当 $x=y=z$. $\qquad\square$

例 11 设非负实数 x,y,z 满足 $xyz=1$,证明:

$$x+y+z \ge \frac{3}{x+2}+\frac{3}{y+2}+\frac{3}{z+2}.$$

解　消去分母,整理之后,原不等式等价于

$$2\sum_{cyc}(x^2y + x^2z) + 4(x^2 + y^2 + z^2)+$$

$$5(xy + yz + zx) - 3(x + y + z) - 30 \geq 0.$$

作代换

$$x = \frac{a^2}{bc}, y = \frac{b^2}{ca}, z = \frac{c^2}{ab}, a, b, c > 0,$$

那么原不等式可以写成以下形式:

$$2\sum_{cyc}\left(\frac{a^3}{c^3} + \frac{a^3}{b^3}\right) + 4\sum_{cyc}\frac{a^4}{b^2c^2} + 5\sum_{cyc}\frac{ab}{c^2} - 3\sum_{cyc}\frac{a^2}{bc} - 30 \geq 0,$$

$$2\sum_{cyc}(a^6b^3 + a^6c^3) + 4\sum_{cyc}a^7bc + 5\sum_{cyc}a^4b^4c - 3\sum_{cyc}a^5b^2c^2 - 30a^3b^3c^3 \geq 0,$$

$$2[(6,3,0)] + 2[(7,1,1)] + \frac{5}{2}[(4,4,1)] - \frac{3}{2}[(5,2,2)] - 5[(3,3,3)] \geq 0.$$

由 Muirhead 不等式,我们有

$$\frac{3}{2}[(6,3,0)] \geq \frac{3}{2}[(5,2,2)],$$

$$\frac{1}{2}[(6,3,0)] \geq \frac{1}{2}[(3,3,3)],$$

$$2[(7,1,1)] \geq 2[(3,3,3)],$$

$$\frac{5}{2}[(4,4,1)] \geq \frac{5}{2}[(3,3,3)].$$

将上述四个不等式加起来即得待证不等式,等号成立当且仅当 $a = b = c = 1$. □

例 12 (Pham Kim Hung) 设非负实数 a, b, c 满足 $a + b + c = 3$,证明:

$$\frac{a^2b}{4 - bc} + \frac{b^2c}{4 - ca} + \frac{c^2a}{4 - ab} \leq 1.$$

证　由于非负实数 a, b, c 满足 $a + b + c = 3$,我们有下面已知的不等式

$$a^2b + b^2c + c^2a + abc \leq 4, \tag{1}$$

那么

$$4\left(\frac{a^2b}{4-bc} + \frac{b^2c}{4-ca} + \frac{c^2a}{4-ab} - 1\right)$$

$$= a^2b\left(\frac{bc}{4-bc} + 1\right) + b^2c\left(\frac{ca}{4-ca} + 1\right) + c^2a\left(\frac{ab}{4-ab} + 1\right) - 4$$

$$\leqslant abc\left(\frac{ab}{4-bc} + \frac{bc}{4-ca} + \frac{ca}{4-ab} - 1\right).$$

所以只需证明

$$\frac{ab}{4-bc} + \frac{bc}{4-ca} + \frac{ca}{4-ab} \leqslant 1.$$

消去分母, 上述不等式变为

$$32(ab + bc + ca) + abc(a^2b + b^2c + c^2a + abc) -$$

$$64 - 8abc(a + b + c) - 4(a^2b^2 + b^2c^2 + c^2a^2) \leqslant 0.$$

应用不等式 (1), 之后再齐次化, 那么只需要证明

$$\frac{32}{9}(ab + bc + ca)(a + b + c)^2 + \frac{4}{3}abc(a + b + c) -$$

$$\frac{64}{81}(a + b + c)^4 - 8abc(a + b + c) - 4(a^2b^2 + b^2c^2 + c^2a^2) \leqslant 0.$$

再次消去分母, 然后展开, 不等式变为

$$16([(3, 1, 0)] - [(4, 0, 0)]) + 33([(2, 1, 1)] - [(2, 2, 0)]) \leqslant 0,$$

这由以下 Muirhead 不等式即得:

$$[(3, 1, 0)] \leqslant [(4, 0, 0)],$$

$$[(2, 1, 1)] \leqslant [(2, 2, 0)].$$

当 $a = b = c = 1$, 或 $a = 2, b = 1, c = 0$, 或取这些值之间任意排列时, 等号成立. $\qquad\square$

1.2　换元法

换元法是解决不等式问题最常用的方法之一，通过适当的代换，可以改变不等式的困难项，可以简化表达式，也可以约化其中的项.

例如，许多不等式问题都有一些变量约束，通过巧妙的换元，非齐次对称不等式有时可以转化为齐次对称不等式，这种齐次对称不等式可以用经典不等式来解决：AM-GM 不等式、Cauchy-Schwarz 不等式、Schur 不等式、Muirhead 不等式、Hölder 不等式或者很多其他的不等式.

此外，我们也可以作逆变换，就是从一个齐次不等式出发，作换元以后，得到一个更简单的不等式，但带有限制条件.

我们还可以通过换元把代数不等式转化为几何不等式，对几何不等式，我们可以应用三角形中的各种关系.

我们给出一些例子来将上述讨论具体化.

例 13 设实数 x, y 满足 $x^2 + xy + y^2 = 1$，求表达式 $x^3 y + xy^3 + 4$ 的最值.

解　作极坐标代换，即 $x = r\cos\alpha, y = r\sin\alpha, r > 0, \alpha \in [0, 2\pi)$，我们可知所给条件变为

$$r^2(\sin^2\alpha + \cos^2\alpha) + r^2\sin\alpha\cos\alpha = 1 \Leftrightarrow \sin 2\alpha = \frac{2(1 - r^2)}{r^2}.$$

但 $-1 \leq \sin 2\alpha \leq 1$，这意味着

$$-1 \leq \frac{2(1 - r^2)}{r^2} \leq 1 \Leftrightarrow \frac{2}{3} \leq r^2 \leq 2.$$

注意到

$$
\begin{aligned}
E &= x^3 y + xy^3 + 4 \\
&= r^4 \sin\alpha\cos\alpha(\sin^2\alpha + \cos^2\alpha) + 4 \\
&= \frac{r^4}{2}\sin 2\alpha + 4 = -r^4 + r^2 + 4.
\end{aligned}
$$

我们可将最后的表达式写成 $\frac{1}{4}(17 - (2r^2 - 1)^2)$，这个式子显然当 $r^2 > \frac{1}{2}$ 时会单调递减，那么我们可知此式当 $r^2 = 2$ 时取最小值，而 $r^2 = \frac{2}{3}$ 时取

最大值. 因此

$$2 \leqslant E \leqslant -\frac{4}{9} + \frac{2}{3} + 4 = \frac{38}{9}.$$

我们得到,当 $(x, y) = (-1, 1)$ 或 $(1, -1)$ 时,最小值为 $E = 2$;当 $(x, y) = \left(\frac{1}{\sqrt{3}}, \frac{1}{\sqrt{3}}\right)$ 或 $\left(-\frac{1}{\sqrt{3}}, -\frac{1}{\sqrt{3}}\right)$ 时,最大值为 $E = \frac{38}{9}$. □

例 14 (Marius Stănean, Gazeta Matematică) 设 a, b, c 是非负实数,证明:

$$\left(\frac{b+c-a}{b-c}\right)^2 + \left(\frac{c+a-b}{c-a}\right)^2 + \left(\frac{a+b-c}{a-b}\right)^2 \geqslant 8.$$

证 令

$$x = \frac{b+c-a}{b-c}, y = \frac{c+a-b}{c-a}, z = \frac{a+b-c}{a-b}.$$

由此可得

$$x + 2 = \frac{3b-c-a}{b-c}, y + 2 = \frac{3c-a-b}{c-a}, z + 2 = \frac{3a-b-c}{a-b},$$

以及

$$x - 2 = \frac{3c-a-b}{b-c}, y - 2 = \frac{3a-b-c}{c-a}, z - 2 = \frac{3b-c-a}{a-b},$$

这意味着

$$(x+2)(y+2)(z+2) = (x-2)(y-2)(z-2) \Leftrightarrow xy + yz + zx = -4.$$

因此,我们有

$$x^2 + y^2 + z^2 = (x+y+z)^2 - 2(xy+yz+zx) = (x+y+z)^2 + 8 \geqslant 8.$$

等号成立当且仅当 $x + y + z = 0$ 且 $xy + yz + zx = -4$. □

例 15 (Vasile Cîrtoaje) 设非负实数 x, y, z 满足 $xyz = 1$,证明:

$$\frac{1}{x^2+x+1} + \frac{1}{y^2+y+1} + \frac{1}{z^2+z+1} \geqslant 1.$$

解　令

$$x = \frac{b}{a}, y = \frac{c}{b}, z = \frac{a}{c},$$

其中 a, b, c 均为正数,那么不等式变为

$$\frac{a^2}{a^2 + ab + b^2} + \frac{b^2}{b^2 + bc + c^2} + \frac{c^2}{c^2 + ca + a^2} \geq 1.$$

消去分母,展开并化简,我们得到

$$a^4 b^2 + b^4 c^2 + c^4 a^2 - a^3 bc^2 - a^2 b^3 c - ab^2 c^3 \geq 0,$$

即

$$(a^2 b)^2 + (b^2 c)^2 + (c^2 a)^2 - (a^2 b)(b^2 c) - (b^2 c)(c^2 a) - (c^2 a)(a^2 b) \geq 0,$$

利用熟知的不等式 $u^2 + v^2 + w^2 \geq uv + vw + wu$,可知上式显然成立,等号成立当且仅当 $a = b = c$,即 $x = y = z = 1$.　□

例 16(Moldova TST 2018)设正实数 a, b, c, d 满足等式

$$\frac{1}{a+1} + \frac{1}{b+1} + \frac{1}{c+1} + \frac{1}{d+1} = 3.$$

证明不等式:

$$\sqrt[3]{abc} + \sqrt[3]{bcd} + \sqrt[3]{cda} + \sqrt[3]{dab} \leq \frac{4}{3}.$$

解　作代换

$$a = \frac{x}{y+z+t}, b = \frac{y}{z+t+x}, c = \frac{z}{t+x+y}, d = \frac{t}{x+y+z},$$

原不等式等价于

$$\sum_{\text{cyc}} \sqrt[3]{\frac{yzt}{(z+t+x)(t+x+y)(x+y+z)}} \leq \frac{4}{3}.$$

由 AM-GM 不等式,可得

$$(y+z)(z+t)(t+y) \geq 8yzt.$$

利用上述不等式以及 AM-GM 不等式,我们有

$$\sum_{\text{cyc}} \sqrt[3]{\frac{yzt}{(z+t+x)(t+x+y)(x+y+z)}}$$

$$\leqslant \frac{1}{2} \sum_{\text{cyc}} \sqrt[3]{\frac{(y+z)(z+t)(t+y)}{(z+t+x)(t+x+y)(x+y+z)}}$$

$$\leqslant \frac{1}{6} \sum_{\text{cyc}} \left(\frac{y+z}{x+y+z} + \frac{z+t}{z+t+x} + \frac{t+y}{x+y+t} \right)$$

$$= \frac{1}{6} \sum_{\text{cyc}} \left(\frac{y+z}{x+y+z} + \frac{z+x}{x+y+z} + \frac{x+y}{x+y+z} \right) = \frac{4}{3}.$$

等号成立当且仅当 $x = y = z = t$,即 $a = b = c = d = \dfrac{1}{3}$. □

例 17(An Zhenping,Mathematical Reflections) 设非负实数 a, b, c 满足 $ab + bc + ca + 2abc = 1$,证明:

$$\frac{1}{8a^2 + 1} + \frac{1}{8b^2 + 1} + \frac{1}{8c^2 + 1} \geqslant 1.$$

证 我们利用以下代换将不等式齐次化:

$$a = \frac{x}{y+z}, b = \frac{y}{z+x}, c = \frac{z}{x+y}, x, y, z > 0.$$

不等式变为

$$\frac{(y+z)^2}{8x^2 + (y+z)^2} + \frac{(z+x)^2}{8y^2 + (z+x)^2} + \frac{(x+y)^2}{8z^2 + (x+y)^2} \geqslant 1.$$

现在利用条件 $x + y + z = 3$,我们需要证明

$$\sum_{\text{cyc}} \frac{(x-3)^2}{8x^2 + (x-3)^2} \geqslant 1,$$

即

$$\sum_{\text{cyc}} \frac{x^2}{3x^2 - 2x + 3} \leqslant \frac{3}{4}.$$

由 AM-GM 不等式可得

$$\sum_{\text{cyc}} \frac{x^2}{3x^2 - 2x + 3} = \sum_{\text{cyc}} \frac{x^2}{3(x^2 + 1) - 2x} \leqslant \sum_{\text{cyc}} \frac{x^2}{6x - 2x} = \sum_{\text{cyc}} \frac{x}{4} = \frac{3}{4}.$$

当 $x = y = z = 1$, 即 $a = b = c = \dfrac{1}{2}$ 时, 等号成立. $\qquad\square$

例 18 设非负实数 a, b, c 满足 $a^2 + b^2 + c^2 + abc = 4$, 证明:

$$\frac{1}{4 - a} + \frac{1}{4 - b} + \frac{1}{4 - c} \geqslant 1.$$

证 我们利用以下代换将不等式齐次化:

$$a = \frac{2x}{\sqrt{(x + y)(x + z)}}, b = \frac{2y}{\sqrt{(x + y)(y + z)}}, c = \frac{2z}{\sqrt{(y + z)(z + x)}}.$$

不等式变为

$$\frac{1}{4 - \dfrac{2x}{\sqrt{(x + y)(x + z)}}} + \frac{1}{4 - \dfrac{2y}{\sqrt{(x + y)(y + z)}}} +$$

$$\frac{1}{4 - \dfrac{2z}{\sqrt{(y + z)(z + x)}}} \geqslant 1.$$

利用 AM-GM 不等式消除根号, 我们有

$$\sqrt{(x + y)(x + z)} \leqslant \frac{2x + y + z}{2},$$

于是

$$\frac{1}{4 - \dfrac{2x}{\sqrt{(x + y)(x + z)}}} \geqslant \frac{2x + y + z}{4(x + y + z)}.$$

类似地,

$$\frac{1}{4 - \dfrac{2y}{\sqrt{(x + y)(y + z)}}} \geqslant \frac{x + 2y + z}{4(x + y + z)},$$

$$\cfrac{1}{4 - \cfrac{2z}{\sqrt{(z+x)(y+z)}}} \geq \frac{x+y+2z}{4(x+y+z)}.$$

将以上三个不等式相加,即证得原不等式,且当 $x = y = z$,即 $a = b = c = 1$ 时,等号成立. $\square$

例 19 设非负实数 a, b, c 满足 $a^2 + b^2 + c^2 + abc = 4$,证明:

$$a^2b^2 + b^2c^2 + c^2a^2 + a^2b^2c^2 \leq 4.$$

证 我们利用以下代换将不等式齐次化:

$$a = \frac{2\sqrt{yz}}{\sqrt{(x+y)(z+x)}}, b = \frac{2\sqrt{zx}}{\sqrt{(x+y)(y+z)}}, c = \frac{2\sqrt{xy}}{\sqrt{(y+z)(z+x)}}.$$

不等式变为

$$\sum_{\text{cyc}} \frac{16xyz^2}{(x+y)^2(y+z)(z+x)} + \frac{64x^2y^2z^2}{(x+y)^2(y+z)^2(z+x)^2} \leq 4,$$

即

$$4xyz \sum_{\text{cyc}} x(x+y)(x+z) + 16x^2y^2z^2 \leq (x+y)^2(y+z)^2(z+x)^2.$$

展开以后可得

$$\sum_{\text{cyc}} x^4(y^2+z^2) + 2\sum_{\text{cyc}} x^3y^3 + 2\sum_{\text{cyc}} x^3yz(y+z) \geq 2\sum_{\text{cyc}} x^4yz + 18x^2y^2z^2,$$

此即

$$[(4,2,0)] + [(3,3,0)] + 2[(3,2,1)] \geq [(4,1,1)] + 3[(2,2,2)].$$

由 Muirhead 不等式可得

$$[(4,2,0)] \geq [(4,1,1)],$$
$$[(3,3,0)] \geq [(2,2,2)],$$
$$2[(3,2,1)] \geq 2[(2,2,2)],$$

将以上不等式相加即证得原不等式,且等号成立当且仅当 $a = b = c = 1$. $\square$

例 20（Titu Andreescu, Mathematical Reflections）对所有的正实数 a,b,c, 求以下表达式的最大值：

$$\left(\frac{9b+4c}{a}-6\right)\left(\frac{9c+4a}{b}-6\right)\left(\frac{9a+4b}{c}-6\right).$$

证 最大值为 7^3, 当 $a=b=c$ 时取到. 只需要证明

$$(9b+4c-6a)(9c+4a-6b)(9a+4b-6c)\leqslant 7^3abc.$$

令 $x=9b+4c-6a, y=9c+4a-6b, z=9a+4b-6c$, 我们有

$$2x+3y=35c, 2y+3z=35a, 2z+3x=35b.$$

这意味着 x,y,z 中至多只有一个是非正的, 待证不等式约化为

$$xyz\leqslant\frac{1}{5^3}(2x+3y)(2y+3z)(2z+3x).$$

确切地说, 如果 x,y,z 中只有一个非正, 那么不等式是显然的. 如果 x,y,z 都是正的, 那么由 AM-GM 不等式可得

$$\sqrt[5]{x^2y^3}\leqslant\frac{1}{5}(x+x+y+y+y)=\frac{1}{5}(2x+3y),$$

$$\sqrt[5]{y^2z^3}\leqslant\frac{1}{5}(y+y+z+z+z)=\frac{1}{5}(2y+3z),$$

$$\sqrt[5]{z^2x^3}\leqslant\frac{1}{5}(z+z+x+x+x)=\frac{1}{5}(2z+3x),$$

将上述三个不等式相加, 结论得证. □

例 21（Michael Rozenberg）设非负实数 a,b,c 满足 $(ab+a+1)(bc+b+1)(ca+c+1)=27$, 证明：

$$a+b+c+ab+ac+bc+2abc\geqslant 8.$$

证 令 $ab+a+1=3x, bc+b+1=3y, ca+c+1=3z$, 那么

$$xyz=1, a+b+c+ab+ac+bc=3(x+y+z)-3.$$

此外,

$$(3x-1)(3y-1)(3z-1) = abc(1+a)(1+b)(1+c)$$
$$= abc[abc + 3(x+y+z) - 2],$$

这意味着

$$(abc)^2 + [3(x+y+z) - 2]abc - (3x-1)(3y-1)(3z-1) = 0.$$

解此二次方程,我们得到

$$2abc = 2 - 3(x+y+z) +$$
$$\sqrt{[3(x+y+z)-2]^2 + 4(3x-1)(3y-1)(3z-1)}$$
$$= 2 - 3(x+y+z) +$$
$$3\sqrt{x^2 + y^2 + z^2 - 2(xy+yz+zx) + 12}.$$

因此,只需要证明

$$3(x+y+z) - 3 + 2 - 3(x+y+z) +$$
$$3\sqrt{x^2 + y^2 + z^2 - 2(xy+yz+zx) + 12} \geq 8,$$

即

$$x^2 + y^2 + z^2 + 3 \geq 2(xy+xz+yz).$$

化成齐次形式为

$$x^2 + y^2 + z^2 + 3\sqrt[3]{x^2y^2z^2} \geq 2(xy+xz+yz),$$

此即

$$[(2,0,0)] + \left[\left(\frac{2}{3}, \frac{2}{3}, \frac{2}{3}\right)\right] \geq 2[(1,1,0)].$$

由 Schur 不等式

$$[(2,0,0)] + \left[\left(\frac{2}{3}, \frac{2}{3}, \frac{2}{3}\right)\right] \geq 2\left[\left(\frac{4}{3}, \frac{2}{3}, 0\right)\right],$$

和 Muirhead 不等式

$$\left[\left(\frac{4}{3}, \frac{2}{3}, 0\right)\right] \geq [(1,1,0)],$$

即可得到. 等号成立当且仅当 $x = y = z = 1$. □

例 22（Walker 不等式） 在任意锐角三角形中,成立不等式

$$s^2 \geqslant 2R^2 + 8Rr + 3r^2,$$

其中 s 是三角形的周长, R 和 r 分别是三角形的外接圆和内切圆的半径.

证 原不等式可以改写为

$$\frac{s^2 - 4Rr - r^2}{2R^2} \geqslant \left(1 + \frac{r}{R}\right)^2,$$

即

$$2 + \frac{s^2 - 4R^2 - 4Rr - r^2}{2R^2} \geqslant \left(1 + \frac{r}{R}\right)^2,$$

也即

$$2 + \frac{s^2 - (2R + r)^2}{2R^2} \geqslant \left(1 + \frac{r}{R}\right)^2.$$

利用三角形中熟知的关系式:

$$\cos A \cos B \cos C = \frac{s^2 - (2R + r)^2}{4R^2},$$
$$\cos A + \cos B + \cos C = 1 + \frac{r}{R},$$
$$\cos^2 A + \cos^2 B + \cos^2 C + 2\cos A \cos B \cos C = 1,$$

我们可以将不等式改写为

$$\sin^2 A + \sin^2 B + \sin^2 C \geqslant (\cos A + \cos B + \cos C)^2.$$

作变换: $A \to \dfrac{\pi - A'}{2}, B \to \dfrac{\pi - B'}{2}, C \to \dfrac{\pi - C'}{2}$,其中 A', B', C' 也是一个三角形的顶点,不等式变为

$$\cos^2 \frac{A'}{2} + \cos^2 \frac{B'}{2} + \cos^2 \frac{C'}{2} \geqslant \left(\sin \frac{A'}{2} + \sin \frac{B'}{2} + \sin \frac{C'}{2}\right)^2,$$

或者利用 Ravi 代换,即 $B'C' = y + z, C'A' = z + x, A'B' = x + y, x, y, z > 0$,可得

$$\sum_{\text{cyc}} \frac{x(x + y + z)}{(x + y)(x + z)} \geqslant \left(\sum_{\text{cyc}} \sqrt{\frac{yz}{(x + y)(x + z)}}\right)^2,$$

消去分母以后展开即得

$$\sum_{\text{cyc}} (x^2y + x^2z) + 6xyz \geqslant 2 \sum_{\text{cyc}} \sqrt{x^2yz(x+y)(x+z)}.$$

利用 AM-GM 不等式可得

$$\begin{aligned} \sum_{\text{cyc}} (x^2y + x^2z) + 6xyz &= \sum_{\text{cyc}} (x^2y + xyz + x^2z + xyz) \\ &= \sum_{\text{cyc}} [xy(x+z) + xz(x+y)] \\ &\geqslant 2 \sum_{\text{cyc}} \sqrt{x^2yz(x+y)(x+z)} \quad \square \end{aligned}$$

例 23（Marius Stănean, Mathematical Reflections）　设正实数 a, b, c 满足 $a^2 + b^2 + c^2 + abc = 4$,而 k 是一个非负实数,证明:

$$a + b + c + \sqrt{k\left(k - 1 + \frac{a^2 + b^2 + c^2}{3}\right)} \leqslant k + 3.$$

证　由假设条件,我们可以作代换:

$$a = 2\cos A, b = 2\cos B, c = 2\cos C,$$

其中 $\triangle ABC$ 是一个锐角三角形. 因此,原不等式等价于

$$\cos A + \cos B + \cos C \leqslant \frac{k+3}{2} - \sqrt{\frac{k^2}{4} + \frac{k}{12} - \frac{2k}{3}\cos A \cos B \cos C}.$$

利用三角形中熟知的关系式:

$$\sum \cos A = 1 + \frac{r}{R}, \prod \cos A = \frac{s^2 - (2R+r)^2}{4R^2},$$

我们需要证明

$$\frac{k^2}{4} + \frac{k}{12} - k\frac{s^2 - (2R+r)^2}{6R^2} \leqslant \frac{k^2}{4} + \frac{k}{2} + \frac{1}{4} - k\frac{r}{R} - \frac{r}{R} + \frac{r^2}{R^2},$$

即

$$\frac{k(2s^2 - 3R^2 - 20Rr - 2r^2)}{12R^2} + \frac{(R-2r)^2}{4R^2} \geqslant 0,$$

由 Walker 不等式,我们有 $s^2 \geqslant 2R^2 + 8Rr + 3r^2$,于是

$$2s^2 - 3R^2 - 20Rr - 2r^2 \geqslant 4R^2 + 16Rr + 6r^2 - 3R^2 - 20Rr - 2r^2$$
$$= (R - 2r)^2 \geqslant 0.$$

当 $a = b = c = 1$ 时等号成立. □

例 24（Gerretsen 不等式） 在任意三角形中,我们有双边不等式

$$16Rr - 5r^2 \leqslant s^2 \leqslant 4R^2 + 4Rr + 3r^2.$$

证 Gerretsen 不等式在几何不等式上有广泛的应用,且是证明几何不等式的一个强大工具. 此不等式可以改写为

$$16 \cdot \frac{abc}{4S} \cdot \frac{S}{s} - 5\left(\frac{S}{s}\right)^2 \leqslant s^2 \leqslant 4\left(\frac{abc}{4S}\right)^2 + 4 \cdot \frac{abc}{4S} \cdot \frac{S}{s} + 3\left(\frac{S}{s}\right)^2,$$

即

$$4abc - 5(s-a)(s-b)(s-c) \leqslant s^3$$
$$\leqslant \frac{a^2b^2c^2}{4(s-a)(s-b)(s-c)} + abc + 3(s-a)(s-b)(s-c).$$

作 Ravi 代换,即 $a = y + z, b = z + x, c = x + y$,其中 $x, y, z > 0$,那么

$$4\prod_{\text{cyc}}(x+y) - 5xyz \leqslant (x+y+z)^3 \leqslant \frac{\left(\prod\limits_{\text{cyc}}(x+y)\right)^2}{4xyz} + \prod_{\text{cyc}}(x+y) + 3xyz.$$

我们先来证明左边的不等式. 通过简单地计算,左边变为

$$[(3,0,0)] + [(1,1,1)] \geqslant 2[(2,1,0)],$$

这由 Schur 不等式即得.

对右边的不等式,消去分母后再展开,等价于

$$\sum_{\text{cyc}} x^4(y^2+z^2)+2\sum_{\text{cyc}} x^3y^3+6x^2y^2z^2 \geq 2\sum_{\text{cyc}} x^4yz+2\sum_{\text{cyc}}(x^3y^2z+x^3yz^2),$$

即

$$[(4,2,0)]+[(3,3,0)]+[(2,2,2)] \geq [(4,1,1)]+2[(3,2,1)],$$

由 Muirhead 不等式

$$[(4,2,0)] \geq [(4,1,1)]$$

与 Schur 不等式

$$[(3,3,0)]+[(2,2,2)] \geq 2[(3,2,1)]$$

即得. 原不等式中, 等号成立当且仅当 $x=y=z$, 这意味着三角形是等边的. □

例 25 设正实数 a,b,c 满足 $a+b+c=abc$, 证明:

$$(a^2-1)(b^2-1)(c^2-1) \leq 8.$$

证 作代换

$$x=\frac{1}{a}, y=\frac{1}{b}, z=\frac{1}{c},$$

我们有 $xy+yz+zx=1$, 原不等式变为

$$(1-x^2)(1-y^2)(1-z^2) \leq 8x^2y^2z^2.$$

条件 $xy+yz+xz=1$ 意味着可以作代换

$$x=\tan\frac{A}{2}, y=\tan\frac{B}{2}, z=\tan\frac{C}{2},$$

其中 A,B,C 是三角形的三个内角. 因此, 我们需要证明

$$\cos A \cos B \cos C \leq 8\left(\sin\frac{A}{2}\sin\frac{B}{2}\sin\frac{C}{2}\right)^2.$$

24

利用三角形中熟知的关系:

$$\prod \sin \frac{A}{2} = \frac{r}{4R}, \prod \cos A = \frac{s^2 - (2R+r)^2}{4R^2},$$
$$\frac{s^2 - (2R+r)^2}{4R^2} \leqslant \frac{r^2}{2R^2},$$

即

$$s^2 \leqslant 4R^2 + 4Rr + 3r^2,$$

这就是 Gerretsen 不等式. 等号成立当且仅当 $a = b = c = \sqrt{3}$. □

例 26 (Vasile Cîrtoaje) 如果 a, b, c, d 为非负实数,那么

$$a^4 + b^4 + c^4 + d^4 + 8abcd \geqslant \sum_{\mathrm{cyc}} abc(a+b+c).$$

证 不失一般性,我们可以假定 $d = \min\{a, b, c, d\}$,且设 $a = d + x, b = d + y, c = d + z$,其中 $x, y, z \geqslant 0$. 因此,原不等式可以写为

$$(d+x)^4 + (d+y)^4 + (d+z)^4 + d^4 + 12d(d+x)(d+y)(d+z)$$
$$\geqslant (4d + x + y + z)\left[(d+x)(d+y)(d+z) + d\sum_{\mathrm{cyc}}(d+x)(d+y)\right].$$

展开以后化简,不等式变为

$$\left(\sum_{\mathrm{cyc}}(3x^2 - 2yz)\right)d^2 + 2\left(2\sum_{\mathrm{cyc}}x^3 - \sum_{\mathrm{cyc}}xy(x+y) + xyz\right)d +$$
$$\sum_{\mathrm{cyc}}x^4 - xyz\sum_{\mathrm{cyc}}x \geqslant 0,$$

这只需对 x, y, z 应用以下 Muirhead 不等式即可:

$$[(2, 0, 0)] \geqslant [(1, 1, 0)],$$
$$[(3, 0, 0)] \geqslant [(2, 1, 0)],$$
$$[(4, 0, 0)] \geqslant [(2, 1, 1)].$$

当 $a = b = c, d = 0$ 或 $a = b = c = d$ 时等号成立. □

1.3 切线法

切线法经常用于当不等式的一边涉及一个一元函数的和式的情形, 该方法涉及将每个表达式作为一个单变量函数的值, 与它的切线在切点处的值是恰好相等的.

此方法的一个概述如下: 假定我们要在条件 $x_1 + x_2 + \cdots + x_n = C'$ 下证明不等式

$$f(x_1) + f(x_2) + \cdots + f(x_n) \geqslant C,$$

其中 C, C' 都是常数. 要证明此不等式, 我们寻求常数 p, q, 使得 $f(x) \geqslant px + q$. 将此不等式对 $x_1, x_2, \cdots, x_n$ 求和, 我们得到

$$f(x_1) + f(x_2) + \cdots + f(x_n) \geqslant pC' + nq,$$

且 $pC' + nq = C$. 等号必然在 $x_1 = x_2 = \cdots = x_n = x_0$ 时取到, 这意味着 $f(x_0) = px_0 + q$, 因此 $y = px + q$ 就是 $y = f(x)$ 在 $x = x_0$ 处的切线.

我们将用两个结论来实现上述操作.

引理 1 (切线特征) 设 f 是一个实值函数, 且 p, q, c, x_0 为实数. 假定:

(1) $f(x_0) = px_0 + q$;

(2) $f(x) \geqslant px + q$ 对任意 $x \in (x_0 - c, x_0 + c)$ 成立;

(3) f 在点 x_0 处可导.

那么直线 $y = px + q$ 是函数 f 在点 x_0 处的切线.

证 定义函数 $h : (x_0 - c, x_0 + c) \mapsto \mathbf{R}$ 为 $h(x) = f(x) - px - q$. 由于 f 在点 x_0 处可导, 我们得到 $h'(x_0) = f'(x_0) - p$. 由假定 (1) 和 (2), 我们可知 h 在点 x_0 处取极小值. 所以由 Fermat 定理, 可知 $0 = h'(x_0) = f'(x_0) - p$, 所以 $p = f'(x_0)$, 且 $q = f(x_0) - px_0 = f(x_0) - f'(x_0)x_0$. 于是 $y = px + q = f'(x_0)(x - x_0) + f(x_0)$ 是函数 f 在点 x_0 处的切线. $\square$

定理 2 设函数 $f : [a, b] \mapsto \mathbf{R}$, 且 $x_0 \in [a, b]$, $p, q \in \mathbf{R}$ 满足

$$f(x_0) = q,$$

$$f(x) \geqslant p(x - x_0) + q, \forall x \in [a, b].$$

设 $\alpha_1, \alpha_2, \cdots, \alpha_n > 0$ 满足 $\alpha_1 + \alpha_2 + \cdots + \alpha_n = 1$，且 $x_1, x_2, \cdots, x_n \in [a, b]$ 满足 $\alpha_1 x_1 + \alpha_2 x_2 + \cdots + \alpha_n x_n = x_0$，那么成立不等式：

$$\alpha_1 f(x_1) + \alpha_2 f(x_2) + \cdots + \alpha_n f(x_n) \geqslant q.$$

证　由条件可得

$$\alpha_1 f(x_1) + \alpha_2 f(x_2) + \cdots + \alpha_n f(x_n)$$
$$\geqslant p \sum_{\text{cyc}} \alpha_i (x_i - x_0) + q \sum_{\text{cyc}} \alpha_i$$
$$= p(\alpha_1 x_1 + \alpha_2 x_2 + \cdots + \alpha_n x_n - x_0) + q$$
$$= q = f(\alpha_1 x_1 + \alpha_2 x_2 + \cdots + \alpha_n x_n).$$

$\square$

批注 5　在上述结论中，如果我们将符号"$\geqslant$"换成"$\leqslant$"，结论同样成立. 因为我们只需要把定理中的 f, p, q 换为 $-f, -p, -q$.

批注 6　如果 $f : [a, b] \to \mathbf{R}$ 是一个在 (a, b) 内二阶可导的凸函数，且设 $x_0 \in (a, b)$，那么 $f(x) \geqslant f'(x_0)(x - x_0) + f(x_0)$.

证　由 Taylor 定理知，存在 θ_x 介于 x_0 与 x 之间，使得

$$f(x) = f(x_0) + (x - x_0) f'(x_0) + \frac{(x - x_0)^2}{2} f''(\theta_x)$$
$$\geqslant f'(x_0)(x - x_0) + f(x_0).$$

$\square$

所以，由批注 6 和定理 2，我们得到可微函数的 Jensen 不等式：设 $f : [a, b] \to \mathbf{R}$ 是一个在 (a, b) 内二阶可导的凸函数，且设 $\alpha_1, \alpha_2, \cdots, \alpha_n > 0$ 满足 $\alpha_1 + \alpha_2 + \cdots + \alpha_n = 1$. 那么对所有的 $x_1, x_2, \cdots, x_n \in [a, b]$，有

$$\alpha_1 f(x_1) + \alpha_2 f(x_2) + \cdots + \alpha_n f(x_n) \geqslant f(\alpha_1 x_1 + \alpha_2 x_2 + \cdots + \alpha_n x_n).$$

注意，对多项式或有理函数 f，求常数 p, q 的时候，我们可以不用求导，因为在取等的条件下，必然有一个二重根.

例 27 (Titu Andreescu) 给定正实数 a, b, c，满足 $a + b + c \geqslant 3$，证明：

$$\frac{1}{a^2 + b + c} + \frac{1}{a + b^2 + c} + \frac{1}{a + b + c^2} \leqslant 1.$$

证 我们需要对 $a+b+c=3$ 来证明

$$\frac{1}{a^2-a+3}+\frac{1}{b^2-b+3}+\frac{1}{c^2-c+3}\leqslant 1,$$

即

$$f(a)+f(b)+f(c)\leqslant 1,$$

其中 $f:(0,3)\mapsto\mathbf{R}, f(x)=\dfrac{1}{x^2-x+3}.$

由于取等条件为 $a=b=c=1$，我们首先要求出 m，使得对任意 $x\in(0,3)$，有 $f(x)\leqslant m(x-1)+\dfrac{1}{3}$，这意味着

$$\frac{1}{x^2-x+3}\leqslant m(x-1)+\frac{1}{3},$$

即

$$\frac{x-x^2}{3(x^2-x+3)}\leqslant m(x-1),$$

也即

$$\frac{(x-1)\big[3mx^2-(3m-1)x+9m\big]}{x^2-x+3}\geqslant 0.$$

我们需要上述不等式左边以 $(x-1)^2$ 作为一个因子，因为这是非负的. 这就意味着方括号里面的式子包含 $x-1$ 为一个因子，所以 $3m-3m+1+9m=0\Rightarrow m=-\dfrac{1}{9}$. 因此，最后的不等式变为

$$\frac{(x-1)^2(3-x)}{x^2-x+3}\geqslant 0,$$

这是显然成立的. 因此，

$$\frac{1}{a^2-a+3}\leqslant\frac{1-a}{9}+\frac{1}{3}.$$

类似地，也可以得到关于 b,c 的不等式，将这些不等式加起来就得到了待证不等式. 如果我们在 $x=1$ 处构造切线，我们也可以找到 m（见图 1）：

$$y=f'(1)(x-1)+f(1)=-\frac{1}{9}(x-1)+\frac{1}{3},$$

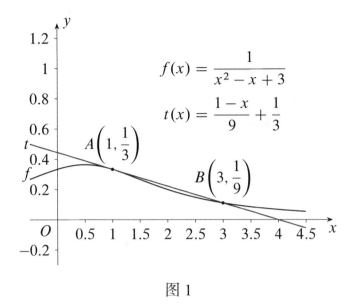

$$f(x) = \frac{1}{x^2 - x + 3}$$

$$t(x) = \frac{1-x}{9} + \frac{1}{3}$$

图 1

但我们仍然需要跟上面一样的计算, 来确定函数的图像何时在其切线的上方. □

例 28（Titu Andreescu, Mathematical Reflections）设 a, b, c 是正实数, 证明:

$$\frac{a^2}{\sqrt{4a^2 + ab + 4b^2}} + \frac{b^2}{\sqrt{4b^2 + bc + 4c^2}} + \frac{c^2}{\sqrt{4c^2 + ca + 4a^2}} \geqslant \frac{a+b+c}{3}.$$

证　我们首先要求出 p, q, 使得

$$\frac{a^2}{\sqrt{4a^2 + ab + 4b^2}} \geqslant pa + qb$$

对任意 $a, b > 0$ 成立. 为了能让上式得到我们所要证明的不等式, 我们需要 $p + q \geqslant \frac{1}{3}$. 而取 $a = b = 1$ 时, 我们得到 $p + q \leqslant \frac{1}{3}$, 因此我们假定 $p + q = \frac{1}{3}$. 注意到这个不等式是齐次的, 所以令 $x = \frac{a}{b}$, 我们有

$$\frac{x^2}{\sqrt{4x^2 + x + 4}} \geqslant px + q = p(x-1) + \frac{1}{3}.$$

29

令

$$f(x) = \frac{x^2}{\sqrt{4x^2 + x + 4}}$$

由于不等式的等号在 $x = 1$ 时取到, 由 $x = 1$ 处的切线方程可得 $p = f'(1) = \frac{1}{2}$. 所以, 我们断言, 对 $x > 0$ 有

$$f(x) = \frac{x^2}{\sqrt{4x^2 + x + 4}} \geqslant \frac{3x - 1}{6}.$$

这对 $x \leqslant \frac{1}{3}$ 显然成立, 否则两边平方以后再乘开, 上式等价于

$$36x^4 \geqslant (3x - 1)^2(4x^2 + x + 4),$$

即

$$(x - 1)^2(15x - 4) \geqslant 0,$$

这显然成立. 因此,

$$\frac{a^2}{\sqrt{4a^2 + ab + 4b^2}} \geqslant \frac{3a - b}{6}$$

对任意 $a, b > 0$ 成立. 类似的不等式对 a, c 与 b, c 都成立, 将这些不等式相加, 我们得到

$$\sum_{\text{cyc}} \frac{a^2}{\sqrt{4a^2 + ab + 4b^2}} \geqslant \sum_{\text{cyc}} \frac{3a - b}{6} = \frac{a + b + c}{3},$$

不等式得证. □

例 29 设 $x_1, x_2, \cdots, x_n > 0$ 满足 $x_1 + x_2 + \cdots + x_n = 1$, 证明:

$$\frac{x_1}{\sqrt{1 - x_1}} + \frac{x_2}{\sqrt{1 - x_2}} + \cdots + \frac{x_n}{\sqrt{1 - x_n}} \geqslant \frac{\sqrt{x_1} + \sqrt{x_2} + \cdots + \sqrt{x_n}}{\sqrt{n - 1}}.$$

证 我们需要证明

$$f(x_1) + f(x_2) + \cdots + f(x_n) \geqslant 0,$$

其中 $f : (0, 1) \mapsto \mathbf{R}$, $f(x) = \dfrac{x}{\sqrt{1-x}} - \dfrac{\sqrt{x}}{\sqrt{n-1}}$.

由于取等条件为 $x_1 = x_2 = \cdots = x_n = \dfrac{1}{n}$, 我们考虑函数 $f(x)$ 的图像及其在 $x = \dfrac{1}{n}$ 处的切线, 切线方程为

$$y = f'\left(\frac{1}{n}\right)\left(x - \frac{1}{n}\right) = \frac{\sqrt{n}(nx-1)}{2(n-1)\sqrt{n-1}},$$

因此我们断言, 对 $x \in (0, 1)$ 有

$$f(x) = \frac{x}{\sqrt{1-x}} - \frac{\sqrt{x}}{\sqrt{n-1}} \geqslant \frac{\sqrt{n}(nx-1)}{2(n-1)\sqrt{n-1}}.$$

由于上述不等式两边函数的图像在 $x = \dfrac{1}{n}$ 处取等, 我们期望 $1 - nx$ 是一个因子. 通过简单地计算, 我们发现最后的不等式可以简化为

$$\frac{\sqrt{x}}{\sqrt{1-x}}\left(\sqrt{(n-1)x} - \sqrt{1-x}\right) \geqslant \frac{\sqrt{n}(nx-1)}{2(n-1)},$$

即

$$\frac{\sqrt{x}(nx-1)}{\sqrt{1-x}\left(\sqrt{(n-1)x} + \sqrt{1-x}\right)} \geqslant \frac{\sqrt{n}(nx-1)}{2(n-1)},$$

即

$$(nx-1)\left((n-1)\sqrt{x} - \sqrt{n}(1-x) + (n-1)\sqrt{x} - \sqrt{n(n-1)x(1-x)}\right) \geqslant 0,$$

也即

$$(nx-1)^2\left(\frac{n-x}{(n-1)\sqrt{x} + \sqrt{n}(1-x)} + \frac{\sqrt{x(n-1)}}{\sqrt{n-1} + \sqrt{n(1-x)}}\right) \geqslant 0,$$

这显然成立. 因此,

$$f(x_1) + f(x_2) + \cdots + f(x_n) \geqslant \sum_{i=1}^{n} \frac{\sqrt{n}(nx_i-1)}{2(n-1)\sqrt{n-1}} = 0. \qquad \square$$

存在一些情况,我们需要考虑的不是切线,而是更复杂的多项式,或者有理函数,或者其他的一些函数. 我们需要对满足条件

$$g(x_1) + g(x_2) + \cdots + g(x_n) = C'$$

的实数 $x_1, x_2, \cdots, x_n$,来证明形如

$$f(x_1) + f(x_2) + \cdots + f(x_n) \geqslant C$$

的不等式,其中 f, g 是函数,而 C, C' 是常数. 要证明此不等式,我们需要求出常数 p, q,使得 $f(x) \geqslant pg(x) + q$. 将此不等式对 $x_1, x_2, \cdots, x_n$ 求和,我们得到 $f(x_1) + f(x_2) + \cdots + f(x_n) \geqslant pC' + nq$,且 $pC' + nq = C$. 等号在 $x_1 = x_2 = \cdots = x_n = x_0$ 时取到,这意味着 $f(x_0) = pg(x_0) + q$,类似于引理 1 的证明,我们得到第二个条件 $f'(x_0) = pg'(x_0)$,这意味着 f 和 g 的图像在 $x = x_0$ 处是相切的.

这种技巧将会通过下述例子体现得更清晰.

例 30 设正实数 a, b, c 满足 $a^2 + b^2 + c^2 = 3$,证明:

$$\frac{a+b+c}{6} \leqslant \frac{a}{2a+b^2+c^2+2} + \frac{b}{a^2+2b+c^2+2} + \frac{c}{a^2+b^2+2c+2} \leqslant \frac{1}{2}.$$

证 我们需要对 $a^2 + b^2 + c^2 = 3$,来证明

$$\frac{a}{5+2a-a^2} + \frac{b}{5+2b-b^2} + \frac{c}{5+2c-c^2} \leqslant \frac{1}{2}.$$

注意到当 $a = b = c = 1$ 时,不等式取等号,考虑函数 $f, g : (0, \sqrt{3}) \mapsto \mathbf{R}$,其定义为

$$f(x) = \frac{x}{5+2x-x^2}, g(x) = px^2 + q.$$

常数 p, q 需要满足 $f(1) = g(1)$ 且 $f'(1) = g'(1)$,即

$$p + q = \frac{1}{6}, \ \text{且} \ 2p = \left.\frac{x^2+5}{(5+2x-x^2)^2}\right|_{x=1} = \frac{1}{6}.$$

因此,$p = \frac{1}{12}, q = \frac{1}{12}$,且 $g(x) = \frac{x^2+1}{12}$. 且 $x = 1$ 处的切线方程为 $y = \frac{1}{6}(x-1) + \frac{1}{6} = \frac{x}{6}$. 由于

$$\frac{x}{6} \leqslant \frac{x}{5+2x-x^2} \Leftrightarrow x(x-1)^2 \geqslant 0,$$

$$\frac{x}{5+2x-x^2} \le \frac{x^2+1}{12} \Leftrightarrow \frac{(x-1)^2(5-x^2)}{12(5+2x-x^2)} \ge 0,$$

这对任意 $x \in (0, \sqrt{3})$ 都是成立的（见图 2）.

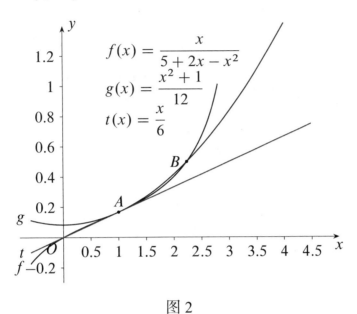

图 2

因此，

$$\frac{a+b+c}{6} \le f(a)+f(b)+f(c) \le g(a)+g(b)+g(c)$$

$$= \frac{a^2+b^2+c^2+3}{12} = \frac{1}{2}.$$ □

例 31（AoPS）设正实数 a, b, c, d 满足

$$\frac{1}{a+3} + \frac{1}{b+3} + \frac{1}{c+3} + \frac{1}{d+3} = 1,$$

证明：

$$\frac{a}{a^3+3} + \frac{b}{b^3+3} + \frac{c}{c^3+3} + \frac{d}{d^3+3} \le 1.$$

证 注意到当 $a = b = c = d = 1$ 时，不等式取等. 考虑函数 f, g : $[0, +\infty) \to \mathbf{R}$，其定义为

$$f(x) = \frac{x}{x^3+3}, g(x) = \frac{p}{x+3} + q.$$

33

常数 p, q 需要满足 $f(1) = g(1)$, 且 $f'(1) = g'(1)$, 即

$$p + 4q = 1, \text{ 且 } \left.\frac{3 - 2x^3}{(x^3 + 3)^2}\right|_{x=1} = -\left.\frac{p}{(x + 3)^2}\right|_{x=1}.$$

因此, $p = -1, q = \dfrac{1}{2}$, 且 $g(x) = -\dfrac{1}{x + 3} + \dfrac{1}{2} = \dfrac{x + 1}{2(x + 3)}$. 由于

$$\frac{x}{x^3 + 3} \leq \frac{x + 1}{2(x + 3)} \Leftrightarrow \frac{(x - 1)^2(x^2 + 3x + 3)}{2(x + 3)(x^3 + 3)} \geq 0,$$

所以 $f(x) \leq g(x)$ 对任意 $x \in (0, +\infty)$ 都成立（见图 3）.

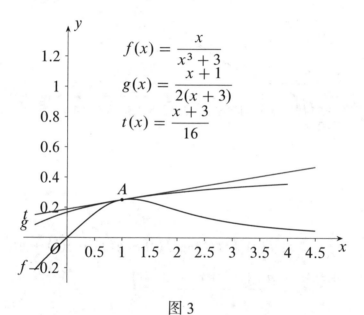

图 3

因此,

$$f(a) + f(b) + f(c) + f(d) \leq g(a) + g(b) + g(c) + g(d) = 1. \quad \square$$

例 32 设正实数 a, b, c, d 满足 $a + b + c + d = 4$, 证明：

$$(a^2 + 2)(b^2 + 2)(c^2 + 2)(d^2 + 2) \geq (a + 2)(b + 2)(c + 2)(d + 2).$$

证 我们需要证明

$$f(a) + f(b) + f(c) + f(d) \geq 0,$$

其中 $f : (0, 4) \mapsto \mathbf{R}$，$f(x) = \ln(x^2 + 2) - \ln(x + 2)$.

由于等号当 $a = b = c = d = 1$ 时成立，我们考虑 $f(x)$ 的图像在 $x = 1$ 处的切线（见图 4），切线方程为

$$y = f'(1)(x - 1) = \frac{x - 1}{3}.$$

定义 $h : (0, 4) \mapsto \mathbf{R}$ 为

$$h(x) = f(x) - \frac{x - 1}{3} = \ln(x^2 + 2) - \ln(x + 2) - \frac{x - 1}{3}.$$

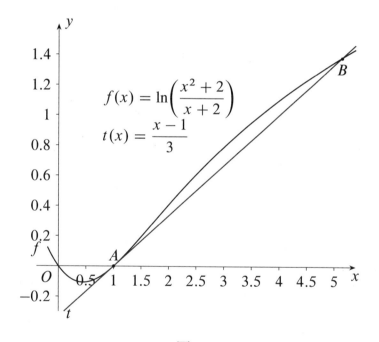

图 4

由于

$$h'(x) = \frac{(10 - x^2)(x - 1)}{3(x + 2)(x^2 + 2)},$$

我们得到函数 h 在 $(0, 1]$ 和 $[\sqrt{10}, 4)$ 内单调递减，在 $(1, \sqrt{10})$ 内单调递增. 而 $h(4) = \ln 3 - 1 > 0$，因此 $h(x) \geqslant h(1) = 0$ 对任意 $x \in (0, 4)$ 成立.

因此,

$$f(a) + f(b) + f(c) + f(d) \geqslant \frac{a-1}{3} + \frac{b-1}{3} + \frac{c-1}{3} + \frac{d-1}{3} = 0,$$

证毕. □

对于有些不等式,切线法无法在变量的整个定义域上应用,只能在定义域的某一个子集上应用. 要完全解决这类问题,我们需要用其他的技巧,比如接下来的这些例子.

例 33 设正实数 a, b, c 满足 $a + b + c = 3$,证明:

$$\frac{1}{a^3 + b + c} + \frac{1}{a + b^3 + c} + \frac{1}{a + b + c^3} \leq 1.$$

证 我们需要对 $a + b + c = 3$,来证明

$$\frac{1}{a^3 - a + 3} + \frac{1}{b^3 - b + 3} + \frac{1}{c^3 - c + 3} \leq 1.$$

我们有 $0 < a, b, c < 3$. 考虑函数 $f : (0, 3) \mapsto \mathbf{R}$,其定义为

$$f(x) = \frac{1}{x^3 - x + 3}.$$

由于当 $a = b = c = 1$ 时取等号,我们考虑 f 的图像(见图 5)及其在 $x = 1$ 处的切线.

在区间 $(0, 2]$ 上,此切线在 f 的图像的上方. $x = 1$ 处的切线方程为

$$y = f'(1)(x - 1) + f(1) = -\frac{2(x-1)}{9} + \frac{1}{3} = \frac{5 - 2x}{9}.$$

但

$$f(x) - \frac{5 - 2x}{9} = \frac{(x-2)(x-1)^2(2x+3)}{9(x^3 - x + 3)},$$

所以对 $0 < x \leq 2$,我们有

$$f(x) \leq \frac{5 - 2x}{9}.$$

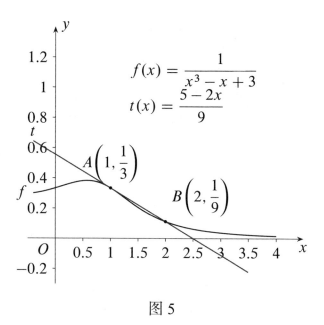

图 5

因此,如果 $a, b, c \in (0, 2]$,那么

$$f(a) + f(b) + f(c) \leqslant \frac{15 - 2(a+b+c)}{9} = 1.$$

如果 $a > 2$,那么 $b, c \in (0, 1)$,由于

$$f'(x) = \frac{1 - 3x^2}{(x^3 - x + 3)^2},$$

我们得到 f 在 $\left(0, \dfrac{1}{\sqrt{3}}\right]$ 上单调递增,而在 $\left(\dfrac{1}{\sqrt{3}}, 3\right)$ 上单调递减,所以

$$f(a) + f(b) + f(c) \leqslant f(2) + 2f\left(\frac{1}{\sqrt{3}}\right) = 0.875\,9 \cdots < 1. \qquad \square$$

例 34 设 a, b, c 为正实数,证明:

$$\sqrt{\frac{6a+b}{6b+a}} + \sqrt{\frac{6b+c}{6c+b}} + \sqrt{\frac{6c+a}{6a+c}} \geqslant 3.$$

37

证　令 $x = \dfrac{b}{a}, y = \dfrac{c}{b}, z = \dfrac{a}{c}$,那么不等式等价于对满足 $xyz = 1$ 的正实数 x, y, z,有

$$\sqrt{\frac{x+6}{6x+1}} + \sqrt{\frac{y+6}{6y+1}} + \sqrt{\frac{z+6}{6z+1}} \geqslant 3,$$

注意到 $x = y = z = 1$ 时等号成立. 定义函数 $f, g : (0, +\infty) \mapsto \mathbf{R}$ 为

$$f(x) = \sqrt{\frac{x+6}{6x+1}}, g(x) = p \ln x + q.$$

常数 p, q 需要满足 $f(1) = g(1)$ 和 $f'(1) = g'(1)$,即

$$q = 1\text{且} p = -\left. \frac{35}{2\sqrt{(x+6)(6x+1)^3}} \right|_{x=1} = -\frac{5}{14}$$

因此, $g(x) = 1 - \dfrac{5}{14} \ln x$.

定义 $h : (0, +\infty) \mapsto \mathbf{R}$ 为

$$h(x) = f(x) - g(x) = \sqrt{\frac{x+6}{6x+1}} + \frac{5}{14} \ln x - 1.$$

那么 $h(x) = 0$ 对 $x > 0$ 恰有两个根,分别为 $x = 1$ 和 $x = x_0 \approx 0.029$. 进一步,

$$h(x) \begin{cases} < 0, & 0 < x < x_0 \\ \geqslant 0, & x \geqslant x_0 \end{cases}.$$

所以,如果 $x, y, z \in [x_0, \infty)$,我们得到

$$\sqrt{\frac{x+6}{6x+1}} + \sqrt{\frac{y+6}{6y+1}} + \sqrt{\frac{z+6}{6z+1}} \geqslant \sum_{\text{cyc}} \left(1 - \frac{5}{14} \ln x\right) = 3.$$

如果 $x < x_0 < 0.03$,由于 $6(6+t) - (6t+1) > 0$ 对任意 $t > 0$ 成立,我们得到

$$\sqrt{\frac{x+6}{6x+1}} + \sqrt{\frac{y+6}{6y+1}} + \sqrt{\frac{z+6}{6z+1}} \geqslant \sqrt{\frac{x_0+6}{6x_0+1}} + \frac{2}{\sqrt{6}}$$

$$\geqslant \sqrt{\frac{6.03}{1.18}} + \frac{2}{\sqrt{6}} \approx 3.07 > 3. \quad \square$$

例 35（AoPS）设非负实数 a, b, c, d 满足 $a + b + c + d = 2$，证明：

$$\frac{1}{1 + 3a^2} + \frac{1}{1 + 3b^2} + \frac{1}{1 + 3c^2} + \frac{1}{1 + 3d^2} \geqslant \frac{16}{7}.$$

证 定义函数 $f : [0, +\infty) \mapsto \mathbf{R}$ 为

$$f(x) = \frac{1}{1 + 3x^2},$$

那么

$$f'(x) = -\frac{6x}{(1 + 3x^2)^2} \text{ 且 } f''(x) = \frac{6(9x^2 - 1)}{(1 + 3x^2)^3}.$$

于是 f 在 $[0, 2]$ 上单调递减，且 $x = \frac{1}{3}$ 是拐点．由于当 $a = b = c = d = \frac{1}{2}$ 时，等号成立，我们考虑函数 f 的图像（见图 6）及其在 $x = \frac{1}{2}$ 处的切线．切线方程为

$$y = f\left(\frac{1}{2}\right) + f'\left(\frac{1}{2}\right)\left(x - \frac{1}{2}\right) \Leftrightarrow y = \frac{4}{7} - \frac{48}{49}\left(x - \frac{1}{2}\right).$$

但

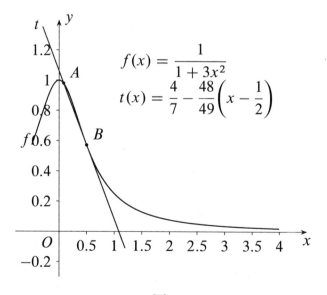

图 6

39

$$f(x) - \frac{4}{7} + \frac{48}{49}\left(x - \frac{1}{2}\right) = \frac{3(2x-1)^2(12x-1)}{49(1+3x^2)},$$

所以, 对 $\frac{1}{12} \leqslant x \leqslant 2$, 我们有

$$f(x) \geqslant \frac{4}{7} - \frac{48}{49}\left(x - \frac{1}{2}\right).$$

因此, 如果 $a, b, c, d \in \left[\frac{1}{12}, 2\right]$, 那么

$$f(a) + f(b) + f(c) + f(d) \geqslant \frac{16}{7} - \frac{48}{49}(a+b+c+d-2) = \frac{16}{7},$$

不等式得证.

现在假定至少有某个 $a, b, c, d < \frac{1}{12}$, 不妨设 $a < \frac{1}{12}$. 令

$$t = \frac{b+c+d}{3} = \frac{2-a}{3},$$

由于 $a \in \left[0, \frac{1}{12}\right]$, 那么 $t \in \left(\frac{23}{36}, \frac{2}{3}\right]$.

函数 f 在 $x = t$ 处的切线方程的形式为

$$y = f(t) + f'(t)(x - t),$$

我们要求出切点的横坐标 x_0, 使得其切线过点 $(0, f(0))$, 我们必有

$$f(0) - f(x_0) = f'(x_0)(0 - x_0) \Rightarrow x_0 = \sqrt{\frac{1}{3}}.$$

由于 $t > \frac{23}{36} > \sqrt{\frac{1}{3}} > \frac{1}{3}$ ($\frac{1}{2}$ 是拐点的横坐标), 那么 f 在 $x = t$ 处的切线在函数 f 的图像下方, 因为

$$f(x) \geqslant f(t) + f'(t)(x - t).$$

与定理 2 一样, 将上述不等式应用于 $x = b, c, d$, 我们得到

$$f(a) + f(b) + f(c) + f(d) \geqslant f(a) + 3f(t) + f'(t)(b+c+d-3t)$$

$$= f(a) + 3f\left(\frac{2-a}{3}\right).$$

剩下就只需要证明

$$f(a) + 3f\left(\frac{2-a}{3}\right) \geqslant \frac{16}{7},$$

即

$$\frac{12a(3-a)(2a-1)^2}{7(1+3a^2)(a^2-4a+7)} \geqslant 0,$$

这显然成立. 当 $a = 0$ 时等号成立, 此时 $b = c = d = \dfrac{2}{3}$. □

1.4　待定系数法

不等式的证明通常可以通过将它们分解成系数待定的简单不等式来完成, 使得它们是正确的, 或者得到我们所期望的结果. 我们还可以引入待定系数并求解这些系数来证明不等式, 特别是对于非对称不等式. 这些构造必须在整个求解过程中保持相等. 在许多情况下, 该方法的成功取决于解题者的创造性和经验.

例 36　给定三个正数 a, b, c, 求以下表达式的最大值:

$$\frac{a+b+c}{(4a^2+2b^2+1)(4c^2+3)}.$$

证　要求出上面表达式的最大值, 我们只需要证明, 存在常数 M, 使得

$$\frac{a+b+c}{(4a^2+2b^2+1)(4c^2+3)} \leqslant M,$$

且等号对某个 a, b, c 成立. 不等式可以改写为

$$(4a^2+2b^2+1)(4c^2+3) \geqslant \frac{a+b+c}{M}.$$

不等式的左边提示我们可以用 Cauchy-Schwarz 不等式. 因此, 我们取常数 α, β, 使得 $\alpha^2 + \beta^2 = 1$, 以及常数 γ, δ, ρ, 使得 $\gamma^2 + \delta^2 + \rho^2 = 3$. 那么, 由 Cauchy-Schwarz 不等式,

$$(4a^2+2b^2+1)(4c^2+3) = (4a^2+2b^2+\alpha^2+\beta^2)(\gamma^2+\delta^2+4c^2+\rho^2)$$

$$\geq \left(2\gamma a + \sqrt{2}\delta b + 2\alpha c + \beta\rho\right)^2.$$

我们想要得到一个关于 $a+b+c$ 的较小的上界,所以我们取 $\gamma = \alpha$ 和 $\delta = \sqrt{2}\alpha$. 于是 $\beta = \sqrt{1-\alpha^2}$ 且 $\rho = \sqrt{3(1-\alpha^2)}$,不等式变为

$$(4a^2 + 2b^2 + 1)(4c^2 + 3) \geq [2\alpha(a+b+c) + \sqrt{3(1-\alpha^2)}]^2.$$

这并不完全是我们想要的形式,因为右边是一个关于 $a+b+c$ 的二次式,而我们想要的是 $a+b+c$ 的一个倍数. 但是这里 AM-GM 不等式可以给我们帮助,我们得到

$$(4a^2 + 2b^2 + 1)(4c^2 + 3) \geq 8\sqrt{3}\alpha(1-\alpha^2)(a+b+c).$$

这就给出了一个我们想要的不等式形式

$$\frac{1}{M} = 8\sqrt{3}\alpha(1-\alpha^2).$$

为了让 M 是我们所需要的上界,我们必须让上面所有的不等式都取等号. Cauchy-Schwarz 不等式中的等号要求

$$\frac{2a}{\gamma} = \frac{b\sqrt{2}}{\delta} = \frac{\alpha}{2c} = \frac{\beta}{\rho} \Rightarrow \frac{2a}{\alpha} = \frac{b}{\alpha} = \frac{\alpha}{2c} = \frac{1}{\sqrt{3}},$$

因此,

$$a = \frac{\alpha}{2\sqrt{3}}, b = \frac{\alpha}{\sqrt{3}}, c = \frac{\alpha\sqrt{3}}{2}.$$

而 AM-GM 不等式中的等号要求

$$a + b + c = \frac{\sqrt{3}(1-\alpha^2)}{2\alpha},$$

于是我们得到

$$a + b + c = \alpha\sqrt{3} = \frac{\sqrt{3}(1-\alpha^2)}{2\alpha},$$

解得 $\alpha = \frac{1}{\sqrt{3}}$. 因此我们得到 $M = \frac{3}{16}$,且等号在 $a = \frac{1}{6}, b = \frac{1}{3}, c = \frac{1}{2}$ 时取到. $\qquad\square$

例 37 设非负实数 a, b, c 满足 $ab + bc + ca = 1$,证明:

$$5a^2 + 2b^2 + c^2 \geqslant 2.$$

证 原不等式可以改写为

$$5a^2 + 2b^2 + c^2 \geqslant 2(ab + bc + ca). \tag{1}$$

我们取正数 α, β, γ,使得 $\alpha \in (0, 5)$,$\beta \in (0, 2)$,$\gamma \in (0, 1)$,由 AM-GM 不等式有

$$\alpha a^2 + (2 - \beta)b^2 \geqslant 2\sqrt{\alpha(2 - \beta)}ab,$$
$$\beta b^2 + (1 - \gamma)c^2 \geqslant 2\sqrt{\beta(1 - \gamma)}bc,$$
$$\gamma c^2 + (5 - \alpha)a^2 \geqslant 2\sqrt{\gamma(5 - \alpha)}ca.$$

将这些式子相加,我们得到

$$5a^2 + 2b^2 + c^2 \geqslant 2\left(\sqrt{\alpha(2 - \beta)}ab + \sqrt{\beta(1 - \gamma)}bc + \sqrt{\gamma(5 - \alpha)}ca\right).$$

要得到不等式 (1),我们必有

$$\begin{cases} \alpha(2 - \beta) = 1 \\ \beta(1 - \gamma) = 1 \\ \gamma(5 - \alpha) = 1 \end{cases}.$$

解得 $\alpha = 2, \beta = \dfrac{3}{2}, \gamma = \dfrac{1}{3}$,等号当 $a = \dfrac{b}{2} = \dfrac{c}{3}$ 时取到. □

例 38 设非负实数 a, b, c 满足 $a + b + c = 3$,求出以下表达式的最大值和最小值:

$$a^3 + b^2 + c.$$

解 最大值是容易得到的,因为 $a, b, c \leqslant 3$,我们得到

$$a^3 + b^2 + c \leqslant 9a + 3b + c \leqslant 9a + 9b + 9c = 27,$$

且等号当 $a = 3, b = c = 0$ 时取到.

对最小值,我们取正数 α, β, γ,由 AM-GM 不等式得

$$a^3 + \alpha^3 + \alpha^3 \geqslant 3\alpha^2 a,$$
$$b^2 + \beta^2 \geqslant 2\beta b.$$

所以,

$$a^3 + b^2 + c \geqslant 3\alpha^2 a + 2\beta b + c - 2\alpha^3 - \beta^2.$$

现在,取 $\alpha = \dfrac{1}{\sqrt{3}}, \beta = \dfrac{1}{2}$,我们得到

$$a^3 + b^2 + c \geqslant a + b + c - \frac{2}{3\sqrt{3}} - \frac{1}{4}$$

$$= \frac{11}{4} - \frac{2}{3\sqrt{3}}.$$

等号当 $a = \dfrac{1}{\sqrt{3}}, b = \dfrac{1}{2}, c = 3 - a - b = \dfrac{5}{2} - \dfrac{1}{\sqrt{3}}$ 时取到. □

例 39 设正实数 x, y, z 满足 $x^3 + y^2 + z = 2\sqrt{3} + 1$,求出以下表达式的最小值:

$$P = \frac{1}{x} + \frac{1}{y^2} + \frac{1}{z^3}.$$

解 我们取正数 α,由 AM-GM 不等式可得

$$\frac{1}{3x} + \frac{1}{3x} + \frac{1}{3x} + \alpha x^3 \geqslant 4\sqrt[4]{\frac{\alpha}{27}},$$

$$\frac{1}{y^2} + \alpha y^2 \geqslant 2\sqrt{\alpha},$$

$$\frac{1}{z^3} + \frac{\alpha z}{3} + \frac{\alpha z}{3} + \frac{\alpha z}{3} \geqslant 4\sqrt[4]{\frac{\alpha^3}{27}}.$$

三个不等式的取等条件说明

$$3\alpha x^4 = 1, \alpha y^4 = 1, \alpha z^4 = 3,$$

这意味着

$$\sqrt[4]{\frac{1}{27\alpha^3}} + \sqrt{\frac{1}{\alpha}} + \sqrt[4]{\frac{3}{\alpha}} = 2\sqrt{3} + 1,$$

44

此方程的解为 $\alpha = \dfrac{1}{3}$.

将上面所有不等式相加,我们得到

$$P \geqslant \frac{4}{3} + \frac{2}{\sqrt{3}} + \frac{4}{3\sqrt{3}} - \frac{2\sqrt{3}+1}{3}$$
$$= 1 + \frac{4}{3\sqrt{3}}.$$

等号当 $x = 1, y = \sqrt[4]{3}, z = \sqrt{3}$ 时取到. $\qquad\square$

例 40 (Korean Mathematical Olympiad) 对正实数 a, b, c, d,求出以下表达式的最大值:

$$\frac{ab + 4bc + cd}{a^2 + b^2 + c^2 + d^2}.$$

解 要求出表达式的最大值,我们需要证明存在常数 M,使得

$$\frac{ab + 4bc + cd}{a^2 + b^2 + c^2 + d^2} \leqslant M, \tag{1}$$

且等号对某个 a, b, c, d 成立. 不等式 (1) 可以改写为

$$a^2 + b^2 + c^2 + d^2 \geqslant \frac{1}{M}(ab + 4bc + cd).$$

设 α, β 为正数,由 AM-GM 不等式,我们有

$$\alpha^2 a^2 + \beta^2 b^2 \geqslant 2\alpha\beta ab,$$
$$\alpha^2 d^2 + \beta^2 c^2 \geqslant 2\alpha\beta cd,$$
$$b^2 + c^2 \geqslant 2bc,$$

所以

$$ab + 4bc + cd \leqslant \frac{\alpha}{2\beta}a^2 + \left(\frac{\beta}{2\alpha} + 2\right)b^2 + \left(\frac{\beta}{2\alpha} + 2\right)c^2 + \frac{\alpha}{2\beta}d^2.$$

我们取 α, β,使得

$$\frac{\alpha}{2\beta} = \frac{\beta}{2\alpha} + 2 \Rightarrow \frac{\alpha}{\beta} = \sqrt{5} + 2,$$

因此，

$$\frac{ab + 4bc + cd}{a^2 + b^2 + c^2 + d^2} \leq \frac{\alpha}{2\beta} = \frac{\sqrt{5} + 2}{2}.$$

且当 $a = d = \sqrt{5} - 2, b = c = 1$ 时，等号成立，因此最大值就是

$$M = \frac{\sqrt{5} + 2}{2}. \qquad \square$$

例 41（Switzerland MO 2018）设 a, b, c, d, e 为正实数，求以下表达式的最大可能值：

$$\frac{ab + bc + cd + de}{2a^2 + b^2 + 2c^2 + d^2 + 2e^2}.$$

解 要求出表达式的最大值，我们需要证明存在常数 M，使得

$$\frac{ab + bc + cd + de}{2a^2 + b^2 + 2c^2 + d^2 + 2e^2} \leq M, \tag{1}$$

且等号对某个 a, b, c, d, e 成立. 不等式 (1) 可以改写为

$$2a^2 + b^2 + 2c^2 + d^2 + 2e^2 \geq \frac{1}{M}(ab + bc + cd + de).$$

我们取正数 α, β，使得

$$2a^2 + b^2 + 2c^2 + d^2 + 2e^2 = 2a^2 + (\alpha + \beta)b^2 + (1 + 1)c^2 + (\beta + \alpha)d^2 + 2e^2,$$

这意味着 $\alpha + \beta = 1$.

由 AM-GM 不等式，我们有

$$2a^2 + b^2 + 2c^2 + d^2 + 2e^2$$
$$= (2a^2 + \alpha b^2) + (\beta b^2 + c^2) + (c^2 + \beta d^2) + (\alpha d^2 + 2e^2)$$
$$\geq 2\sqrt{2\alpha}ab + 2\sqrt{\beta}bc + 2\sqrt{\beta}cd + 2\sqrt{2\alpha}de.$$

因为 $2\alpha = \beta$，所以 $\alpha = \frac{1}{3}, \beta = \frac{2}{3}$. 因此，

$$\frac{ab + bc + cd + de}{2a^2 + b^2 + 2c^2 + d^2 + 2e^2} \leq \frac{1}{2\sqrt{\beta}} = \frac{\sqrt{6}}{4}.$$

等号当 $a = e = 1, b = d = \sqrt{6}, c = 2$ 时取到，因此最大值为

$$M = \frac{\sqrt{6}}{4}. \qquad \square$$

例 42（Marius Stǎnean）设正实数 a, b, c, d 满足 $a + b + c + d = 4$，证明：

$$3a^2 + 8b^2 + 8c^2 + 24d^2 \geqslant 36abcd.$$

证　将不等式齐次化，可得

$$(a + b + c + d)^2(3a^2 + 8b^2 + 8c^2 + 24d^2) \geqslant 24^2 abcd. \tag{1}$$

由于条件以及不等式关于 b 和 c 是对称的，我们可以假定等号当 $\dfrac{a}{\alpha} = \dfrac{b}{\beta} = \dfrac{c}{\beta} = \dfrac{d}{\gamma}$ 时取到，其中 α, β, γ 是正实数，我们现在尝试求出这些数.

由加权 AM-GM 不等式，我们有

$$a + b + c + d$$

$$= \alpha \cdot \frac{a}{\alpha} + \beta \cdot \frac{b}{\beta} + \beta \cdot \frac{c}{\beta} + \gamma \cdot \frac{d}{\gamma}$$

$$\geqslant (\alpha + 2\beta + \gamma)\left(\frac{a}{\alpha}\right)^{\frac{\alpha}{\alpha + 2\beta + \gamma}}\left(\frac{b}{\beta}\right)^{\frac{\beta}{\alpha + 2\beta + \gamma}}\left(\frac{c}{\beta}\right)^{\frac{\beta}{\alpha + 2\beta + \gamma}}\left(\frac{d}{\gamma}\right)^{\frac{\gamma}{\alpha + 2\beta + \gamma}},$$

且

$$3a^2 + 8b^2 + 8c^2 + 24d^2$$

$$= 3\alpha^2\left(\frac{a}{\alpha}\right)^2 + 8\beta^2\left(\frac{b}{\beta}\right)^2 + 8\beta^2\left(\frac{c}{\beta}\right)^2 + 24\gamma^2\left(\frac{d}{\gamma}\right)^2$$

$$\geqslant (3\alpha^2 + 16\beta^2 + 24\gamma^2) \cdot$$

$$\left(\frac{a}{\alpha}\right)^{\frac{6\alpha^2}{3\alpha^2 + 16\beta^2 + 24\gamma^2}}\left(\frac{b}{\beta} \cdot \frac{c}{\beta}\right)^{\frac{16\beta^2}{3\alpha^2 + 16\beta^2 + 24\gamma^2}}\left(\frac{d}{\gamma}\right)^{\frac{48\gamma^2}{3\alpha^2 + 16\beta^2 + 24\gamma^2}}.$$

要得到不等式 (1)，我们需要右边的部分等于 1. 这就得到了

$$\begin{cases} \dfrac{2\alpha}{\alpha + 2\beta + \gamma} + \dfrac{6\alpha^2}{3\alpha^2 + 16\beta^2 + 24\gamma^2} = 1 \\[3mm] \dfrac{2\beta}{\alpha + 2\beta + \gamma} + \dfrac{16\beta^2}{3\alpha^2 + 16\beta^2 + 24\gamma^2} = 1 \\[3mm] \dfrac{2\gamma}{\alpha + 2\beta + \gamma} + \dfrac{48\gamma^2}{3\alpha^2 + 16\beta^2 + 24\gamma^2} = 1 \end{cases}.$$

此方程组的解为 $\dfrac{\alpha}{4} = \dfrac{\beta}{3} = \dfrac{\gamma}{2}$.

所以上述不等式可以写为

$$a + b + c + d \geqslant 12\left(\frac{a}{4}\right)^{\frac{1}{3}}\left(\frac{b}{3}\right)^{\frac{1}{4}}\left(\frac{c}{3}\right)^{\frac{1}{4}}\left(\frac{d}{2}\right)^{\frac{1}{6}},$$

将两边平方,

$$(a + b + c + d)^2 \geqslant 12^2\left(\frac{a}{4}\right)^{\frac{2}{3}}\left(\frac{b}{3}\right)^{\frac{1}{2}}\left(\frac{c}{3}\right)^{\frac{1}{2}}\left(\frac{d}{2}\right)^{\frac{1}{3}}.$$

且

$$3a^2 + 8b^2 + 8c^2 + 24d^2 \geqslant 2^5 3^2\left(\frac{a}{4}\right)^{\frac{1}{3}}\left(\frac{b}{3}\right)^{\frac{1}{2}}\left(\frac{c}{3}\right)^{\frac{1}{2}}\left(\frac{d}{2}\right)^{\frac{2}{3}}.$$

将这些不等式相乘,我们得到

$$(a + b + c + d)^2(3a^2 + 8b^2 + 8c^2 + 24d^2) \geqslant 24^2 abcd.$$

等号当 $\dfrac{a}{4} = \dfrac{b}{3} = \dfrac{c}{3} = \dfrac{d}{2}$ 时取到,即 $a = \dfrac{4}{3}, b = c = 1, d = \dfrac{2}{3}$.　　□

例 43 设 x, y, z 为正实数,证明:

$$\frac{x^2 + y^2}{z + 1} + \frac{y^2 + z^2}{x + 1} + \frac{z^2 + x^2}{y + 1} \geqslant \frac{3}{2}(x + y + z - 1).$$

证 我们对 $x, y, z > 0$,寻求一种不等式形如

$$\frac{x^2 + y^2}{z + 1} \geqslant \alpha x + \beta y + \gamma z + \delta, \tag{1}$$

由于当 $x = y = z = 1$ 时,等号成立,那么 $\delta = 1 - \alpha - \beta - \gamma$. 当 $z = y$ 时,不等式 (1) 变为

$$x^2 + (1 - \beta - \gamma)y^2 \geqslant \alpha xy + \alpha x + (1 - \alpha)y + 1 - \alpha - \beta - \gamma. \tag{2}$$

在式 (2) 中令 $y = 1$,我们得到

$$x^2 - 2\alpha x - 1 + 2\alpha \geqslant 0,$$

即

$$(x-1)(x+1-2\alpha) \geqslant 0,$$

所以,要想式 (2) 对任意 $x > 0$ 成立,我们必有 $2\alpha - 1 = 1 \Rightarrow \alpha = 1$. 在式 (2) 中令 $x = 1$,我们有

$$(1 - \beta - \gamma)y^2 - y + \beta + \gamma \geqslant 0,$$

即

$$(y-1)[(1 - \beta - \gamma)y - \beta - \gamma] \geqslant 0,$$

这个不等式要对任意 $y > 0$ 成立,所以 $1 - \beta - \gamma = \beta + \gamma \Rightarrow \beta + \gamma = \dfrac{1}{2}$.
由于不等式 (1) 关于 x 和 y 是对称的,我们还得到 $\beta = 1$ 和 $\alpha + \gamma = \dfrac{1}{2}$.
由此得到 $\alpha = \beta = 1, \gamma = -\dfrac{1}{2}$,且不等式 (1) 可以写成

$$\frac{x^2 + y^2}{z + 1} \geqslant \frac{2x + 2y - z - 1}{2}. \tag{3}$$

我们需要验证不等式 (3) 对任意 $x, y, z > 0$ 成立. 当然,由 AM-GM 不等式与 Cauchy-Schwarz 不等式,有

$$\frac{x^2 + y^2}{z + 1} + \frac{z + 1}{2} \geqslant 2\sqrt{\frac{x^2 + y^2}{2}} \geqslant x + y.$$

将不等式 (3) 分别应用于数组 $(x, y, z), (y, z, x)$ 和 (z, x, y),将所得的不等式相加,我们就得到了待证不等式,且等号当 $x = y = z = 1$ 时成立. $\qquad\square$

例 44 (Maths. vn 2009) 设 a, b, c 为正实数,证明:

$$\frac{1}{a + 2b} + \frac{1}{b + 2c} + \frac{1}{c + 2a}$$
$$\geqslant 4\left(\frac{1}{3a + 4b + 5c} + \frac{1}{3b + 4c + 5a} + \frac{1}{3c + 4a + 5b}\right).$$

证 我们对 $a, b, c > 0$,寻求一种不等式形如

$$\frac{\alpha}{a+2b} + \frac{\beta}{b+2c} + \frac{\gamma}{c+2a} \geq \frac{4}{3a+4b+5c}. \tag{1}$$

当 $a = b = c = 1$ 时,等号成立,那么 $\alpha + \beta + \gamma = 1$.

如果我们成功得到了不等式 (1),那么我们有

$$\frac{\alpha}{b+2c} + \frac{\beta}{c+2a} + \frac{\gamma}{a+2b} \geq \frac{4}{3b+4c+5a},$$
$$\frac{\alpha}{c+2a} + \frac{\beta}{a+2b} + \frac{\gamma}{b+2c} \geq \frac{4}{3c+4a+5b}.$$

将这些不等式相加,即可证得所需要的的结论.

回到式 (1),由 Cauchy-Schwarz 不等式,我们有

$$\frac{\alpha}{a+2b} + \frac{\beta}{b+2c} + \frac{\gamma}{c+2a} = \frac{\alpha^2}{a\alpha+2b\alpha} + \frac{\beta^2}{b\beta+2c\beta} + \frac{\gamma^2}{c\gamma+2a\gamma}$$
$$\geq \frac{(\alpha+\beta+\gamma)^2}{(2\gamma+\alpha)a + (2\alpha+\beta)b + (2\beta+\gamma)c}$$
$$= \frac{1}{(2\gamma+\alpha)a + (2\alpha+\beta)b + (2\beta+\gamma)c}.$$

那么必有

$$\begin{cases} 2\gamma + \alpha = \dfrac{3}{4} \\ 2\alpha + \beta = 1, \\ 2\beta + \gamma = \dfrac{5}{4} \end{cases}$$

由此可得 $\alpha = \gamma = \dfrac{1}{4}, \beta = \dfrac{1}{2}$,这意味着我们确实找到了一组 α, β, γ,使得不等式 (1) 成立. 在所有不等式中, 等号成立当且仅当 $a + 2b = b + 2c = c + 2a \Leftrightarrow a = b = c$. □

例 45 (AoPS) 设正数 x, y, z 满足 $xyz = 1$,证明:

$$\sqrt{\frac{x+4}{4x+1}} + \sqrt{\frac{y+4}{4y+1}} + \sqrt{\frac{z+4}{4z+1}} \geq 3.$$

证　由例 15, 条件 $xyz = 1$ 意味着对任意 $\gamma > 0$, 我们有

$$\frac{1}{x^{2\gamma} + x^{\gamma} + 1} + \frac{1}{y^{2\gamma} + y^{\gamma} + 1} + \frac{1}{z^{2\gamma} + z^{\gamma} + 1} \geq 1.$$

因此, 我们对 $x > 0$ 寻求一个不等式形如

$$\sqrt{\frac{x + 4}{4x + 1}} \geq \alpha + \frac{\beta}{x^{2\gamma} + x^{\gamma} + 1}, \tag{1}$$

其中 $\alpha, \beta, \gamma > 0$. 由于当 $x = y = z = 1$ 时, 等号成立, 那么 $\alpha + \dfrac{\beta}{3} = 1$.
现在, 考虑函数 $f : (0, +\infty) \mapsto \mathbf{R}$,

$$f(x) = \sqrt{\frac{x + 4}{4x + 1}} - \alpha - \frac{\beta}{x^{2\gamma} + x^{\gamma} + 1}.$$

为了保证 $f(x) \geq 0$ 对任意 $x > 0$ 成立, 那么 $x = 1$ 是 f 的一个二重根, 这意味着 $f'(1) = 0$. 而

$$f'(x) = \frac{\beta(\gamma x^{\gamma-1} + 2\gamma x^{2\gamma-1})}{(x^{2\gamma} + x^{\gamma} + 1)^2} - \frac{15}{2\sqrt{(4x+1)^3(x+4)}},$$

所以, $f'(1) = 0$ 意味着 $\dfrac{\beta\gamma}{3} - \dfrac{3}{10} = 0 \Rightarrow \beta\gamma = \dfrac{9}{10}$.

我们必有 $f(0) \geq 0 \Rightarrow \alpha + \beta \leq 2$, 且 $\lim\limits_{x \to \infty} f(x) \geq 0 \Rightarrow \alpha \leq \dfrac{1}{2}$.

如果我们取 $\alpha = \dfrac{1}{2}$, 那么 $\beta = \dfrac{3}{2}$, $\gamma = \dfrac{3}{5}$. 不等式 (1) 可以写为

$$\sqrt{\frac{x + 4}{4x + 1}} \geq \frac{1}{2} + \frac{3}{2(x^{\frac{6}{5}} + x^{\frac{3}{5}} + 1)}. \tag{2}$$

我们仍然需要验证, 不等式 (2) 对任意 $x > 0$ 成立. 令 $x = t^5$, 我们需要证明

$$\sqrt{\frac{t^5 + 4}{4t^5 + 1}} \geq \frac{1}{2} + \frac{3}{2(t^6 + t^3 + 1)}.$$

不等式两边平方, 然后化简可得

$$t^3(t - 1)^2(5t^7 + 2t^6 - t^5 + 6t^4 + 5t^3 + 4t^2 + 16t + 8) \geq 0,$$

这显然是成立的 ($t^6 + t^4 \geq 2t^5$). 将不等式 (2) 分别应用于 x, y, z, 然后利用例 15 中提到的不等式, 就证得了所需的结论. $\qquad\square$

1.5 反证法

反证法是强有力的证明方法. 一些不等式很难直接根据题设进行证明, 那么利用反证法, 我们可以从结论出发, 假定另一个不等式成立, 而这个不等式是容易证明的.

此方法概述如下: 假定我们需要证明不等式 $f(x_1, x_2, \cdots, x_n) \geqslant 0$, 那么我们假定其逆命题, 即存在 $x_1, x_2, \cdots, x_n$, 使得 $f(x_1, x_2, \cdots, x_n) < 0$ 成立. 利用换元和已知的不等式进行计算, 我们得到此不等式的结果. 如果我们得到了一个错误的不等式, 这就意味着我们的假设是不对的, 原不等式得证. 我们来通过下面的例子展示更多的细节.

例 46 设正实数 a, b, c 满足

$$\frac{1}{a+b+1} + \frac{1}{b+c+1} + \frac{1}{c+a+1} \geqslant 1,$$

证明: $ab + bc + ca \leqslant 3$.

证 所给条件可以改写为

$$2(a+b+c+1) \geqslant (a+b)(a+c)(b+c).$$

假定对某个 a, b, c, 有 $ab + bc + ca > 3$, 那么由 Cauchy-Schwarz 不等式, 我们有 $(a+b+c) \geqslant \sqrt{3(ab+bc+ca)} > 3$. 利用熟知的不等式

$$9(a+b)(b+c)(c+a) \geqslant 8(a+b+c)(ab+bc+ca) \Leftrightarrow \sum_{\text{cyc}} a(b-c)^2 \geqslant 0,$$

可得

$$(a+b)(b+c)(c+a) \geqslant \frac{8}{3}(a+b+c) > 2(a+b+c+1),$$

矛盾, 因此有 $ab + bc + ca \leqslant 3$. $\qquad\qquad\square$

例 47 (Nguyen Viet Hung, Mathematical Reflections) 设正实数 a, b, c 满足

$$\frac{1}{a^3+b^3+1} + \frac{1}{b^3+c^3+1} + \frac{1}{c^3+a^3+1} \geqslant 1,$$

证明:

$$(a+b)(b+c)(c+a) \leqslant 6 + \frac{2}{3}(a^3+b^3+c^3).$$

证　题设中的条件展开得到

$$2(a^3 + b^3 + c^3) + 2 \geq (a^3 + b^3)(b^3 + c^3)(c^3 + a^3). \tag{1}$$

利用反证法,我们假设存在三个正数 a, b, c,使得

$$(a + b)(b + c)(c + a) > 6 + \frac{2}{3}(a^3 + b^3 + c^3),$$

由式 (1),这意味着

$$3(a + b)(b + c)(c + a) > 16 + (a^3 + b^3)(b^3 + c^3)(c^3 + a^3). \tag{2}$$

而由 Hölder 不等式,我们有

$$(1 + 1)(1 + 1)(x^3 + y^3) \geq (x + y)^3,$$

其中 $x, y \in \{a, b, c\}$. 因此,式 (2) 可得

$$3(a + b)(b + c)(c + a) > 16 + \frac{(a + b)^3(b + c)^3(c + a)^3}{64},$$

即

$$[(a + b)(b + c)(c + a) - 8]^2[(a + b)(b + c)(c + a) + 16] < 0,$$

这显然是不成立的. 所以,

$$(a + b)(b + c)(c + a) \leq 6 + \frac{2}{3}(a^3 + b^3 + c^3). \qquad \square$$

例 48 (Konstantinos Metaxas, Mathematical Reflections)　设正实数 a, b, c 满足 $ab + bc + ca = 3$,证明:

$$\frac{1}{(1 + a)^2} + \frac{1}{(1 + b)^2} + \frac{1}{(1 + c)^2} \geq \frac{3}{4}.$$

证　令 $\dfrac{2}{1 + a} = x, \dfrac{2}{1 + b} = y, \dfrac{2}{1 + c} = z$,我们有 $a = \dfrac{2 - x}{x}, b = \dfrac{2 - y}{y}, c = \dfrac{2 - z}{z}$,所给条件变为

$$x + y + z = xy + yz + zx.$$

我们需要证明 $x^2 + y^2 + z^2 \geqslant 3, x, y, z \in (0, 2)$. 利用反证法,我们假定存在三个正数 x, y, z,使得 $x^2 + y^2 + z^2 < 3$. 令 $x = kx_1, y = ky_1, z = kz_1$,使得 $x_1^2 + y_1^2 + z_1^2 = 3$,那么 $k < 1$. 于是

$$x_1 + y_1 + z_1 = k(x_1 y_1 + y_1 z_1 + z_1 x_1) < x_1 y_1 + y_1 z_1 + z_1 x_1.$$

但

$$
\begin{aligned}
& x_1 + y_1 + z_1 - (x_1 y_1 + y_1 z_1 + z_1 x_1) \\
& = x_1 + y_1 + z_1 - \frac{(x_1 + y_1 + z_1)^2 - 3}{2} \\
& = \frac{(3 - x_1 - y_1 - z_1)(1 + x_1 + y_1 + z_1)}{2} \\
& \geqslant 0,
\end{aligned}
$$

由 Cauchy-Schwarz 不等式有

$$x_1 + y_1 + z_1 \leqslant \sqrt{3(x_1^2 + y_1^2 + z_1^2)} = 3,$$

所以我们得到了一个矛盾. 因此,$x^2 + y^2 + z^2 \geqslant 3$. □

例 49 (Lee Sang Hoon) 如果正实数 a, b, c 满足 $ab + bc + ca = 3$,那么

$$\sqrt{a^2 + 3} + \sqrt{b^2 + 3} + \sqrt{c^2 + 3} \geqslant a + b + c + 3.$$

证 作代换

$$x = \sqrt{a^2 + 3} - a, y = \sqrt{b^2 + 3} - b, z = \sqrt{c^2 + 3} - c, x, y, z > 0.$$

我们需要证明 $x + y + z \geqslant 3$. 我们有

$$
\begin{aligned}
xy + yz + zx & = \sum_{\text{cyc}} \left[\left(\sqrt{(a+b)(c+a)} - a \right) \left(\sqrt{(a+b)(b+c)} - b \right) \right] \\
& = \sum_{\text{cyc}} (a+b)\sqrt{(b+c)(c+a)} - \sum_{\text{cyc}} a\sqrt{(a+b)(b+c)} - \\
& \quad \sum_{\text{cyc}} b\sqrt{(a+b)(c+a)} + \sum_{\text{cyc}} ab
\end{aligned}
$$

$$= ab + bc + ca = 3.$$

假定对某个 x, y, z，我们有 $x + y + z < 3$，那么

$$3(xy + yz + zx) \leqslant (x + y + z)^2 < 9,$$

矛盾，因此 $x + y + z \geqslant 3$. □

例 50（MEMO 2012）如果正实数 a, b, c 满足 $abc = 1$，证明：

$$\sqrt{9 + 16a^2} + \sqrt{9 + 16b^2} + \sqrt{9 + 16c^2} \geqslant 3 + 4(a + b + c).$$

证 令 $x = \sqrt{9 + 16a^2} - 4a, y = \sqrt{9 + 16b^2} - 4b, z = \sqrt{9 + 16c^2} - 4c$，
我们有

$$a = \frac{9 - x^2}{8x}, b = \frac{9 - y^2}{8y}, c = \frac{9 - z^2}{8z},$$

题设条件变为

$$(9 - x^2)(9 - y^2)(9 - z^2) = 8^3 xyz.$$

我们需要证明 $x + y + z \geqslant 3$，其中 $x, y, z \in (0, 3)$. 利用反证法，我们假
定存在三个正数 x, y, z，使得 $x + y + z < 3$，那么

$$9 - x^2 > 3(x + y + z) - \frac{3x^2}{x + y + z} = \frac{3(y + z)(2x + y + z)}{x + y + z}.$$

所以，

$$(9 - x^2)(9 - y^2)(9 - z^2) > \frac{27 \prod_{\mathrm{cyc}}(x + y) \prod_{\mathrm{cyc}}(2x + y + z)}{(x + y + z)^3}.$$

利用熟知的不等式

$$9(x + y)(y + z)(z + x) \geqslant 8(x + y + z)(xy + yz + zx),$$

且由 AM-GM 不等式，我们有

$$9 \prod_{\mathrm{cyc}}(2x + y + z) \geqslant 16(x + y + z) \sum_{\mathrm{cyc}}(x + y)(x + z)$$

$$= 16(x + y + z)\left[(x + y + z)^2 + xy + yz + zx\right]$$

$$\geqslant 32(x + y + z)\left[\frac{(x + y + z)^2}{3} + xy + yz + zx\right]$$

$$\geqslant 64(x + y + z)^2 \sqrt{\frac{xy + yz + zx}{3}}.$$

因此,

$$(9 - x^2)(9 - y^2)(9 - z^2) > 8^3 \sqrt{\frac{(xy + yz + zx)^3}{27}} \geqslant 8^3 xyz,$$

这是不成立的,所以 $x + y + z \geqslant 3$,且当 $x = y = z = 1$,即 $a = b = c = 1$ 时,等号成立. $\qquad\square$

例 51 设正实数 a, b, c, d 满足 $3(a^2 + b^2 + c^2 + d^2) + 4abcd = 16$,证明:

$$a + b + c + d \leqslant 4.$$

证 利用反证法,我们假定存在四个正数 a, b, c, d,使得 $a + b + c + d > 4$. 令 $a = kx, b = ky, c = kz, d = kt$,其中 $x + y + z + t = 4$. 因此, $k(x + y + z + t) > 4 \Rightarrow k > 1$. 题设条件变为

$$\begin{aligned}
16 &= 3(a^2 + b^2 + c^2 + d^2) + 4abcd \\
&= 3(x^2 + y^2 + z^2 + t^2)k^2 + xyztk^4 \\
&> 3(x^2 + y^2 + z^2 + t^2) + 4xyzt.
\end{aligned}$$

但我们将会对任意满足 $x + y + z + t = 4$ 的非负数 x, y, z, t,来证明

$$3(x^2 + y^2 + z^2 + t^2) + 4xyzt \geqslant 16. \tag{1}$$

不失一般性,我们假定 $t = \min\{x, y, z, t\}$. 令 $x = t + u, y = t + v, z = t + w$,其中 $u, v, w \geqslant 0$. 将这些式子代入式 (1) 并齐次化,我们得到

$$3[(t + u)^2 + (t + v)^2 + (t + w)^2 + t^2](4t + u + v + w)^2 +$$
$$64t(t + u)(t + v)(t + w)$$
$$\geqslant (4t + u + v + w)^4,$$

经过计算可得

$$2t^2[3(u^2 + v^2 + w^2) - 2(uv + vw + +wu)]+$$

$$t\left[7\sum_{cyc}u^3 - 3\sum_{cyc}u^2(v + w) + 2uvw\right]+$$

$$(u + v + w)^2(u^2 + v^2 + w^2 - uv - vw - wu) \geqslant 0,$$

这是成立的,因为 $u^2 + v^2 + w^2 - uv - vw - wu \geqslant 0$,且

$$2\sum_{cyc}u^3 - \sum_{cyc}u^2(v + w) = \sum_{cyc}\left(u^3 + v^3 - uv(u + v)\right)$$

$$= \sum_{cyc}(u + v)(u - v)^2 \geqslant 0. \qquad \square$$

例 52 设 a, b, c 为正实数,α, β 是方程 $t^2 - 9t + 9 = 0$ 的根,证明:

$$\sqrt{\frac{a}{\alpha b + \beta c}} + \sqrt{\frac{b}{\alpha c + \beta a}} + \sqrt{\frac{c}{\alpha a + \beta b}} \geqslant 1.$$

证 令

$$x = 3\sqrt{\frac{a}{\alpha b + \beta c}}, y = 3\sqrt{\frac{b}{\alpha c + \beta a}}, z = 3\sqrt{\frac{c}{\alpha a + \beta b}},$$

我们得到方程组

$$\begin{cases} \alpha x^2 b + \beta x^2 c = 9a \\ \alpha y^2 c + \beta y^2 a = 9b \\ \alpha z^2 a + \beta z^2 b = 9c \end{cases}.$$

因此,

$$\frac{a}{b} = \frac{\alpha^2 x^2 y^2 + 9\beta x^2}{\beta^2 x^2 y^2 + 9\alpha y^2}, \frac{b}{c} = \frac{\alpha^2 y^2 z^2 + 9\beta y^2}{\beta^2 y^2 z^2 + 9\alpha z^2}, \frac{c}{a} = \frac{\alpha^2 z^2 x^2 + 9\beta z^2}{\beta^2 z^2 x^2 + 9\alpha x^2}.$$

将上述不等式相乘,利用 $\alpha + \beta = 9, \alpha\beta = 9$(因此 $\alpha^3 + \beta^3 = 486$),我们得到

$$(\alpha^2 y^2 + 9\beta)(\alpha^2 z^2 + 9\beta)(\alpha^2 x^2 + 9\beta) = (\beta^2 x^2 + 9\alpha)(\beta^2 y^2 + 9\alpha)(\beta^2 z^2 + 9\alpha),$$

即

$$9\alpha\beta(x^2y^2 + y^2z^2 + z^2x^2) + (\alpha^3 + \beta^3)x^2y^2z^2 = 729,$$

也即

$$x^2y^2 + y^2z^2 + z^2x^2 + 6x^2y^2z^2 = 9.$$

因此, 我们需要证明 $x + y + z \geq 3$. 利用反证法, 我们假定存在三个正数 x, y, z, 使得 $x + y + z < 3$. 令 $x = kx_1, y = ky_1, z = kz_1$, 且 $x_1 + y_1 + z_1 = 3$, 因此 $k < 1$. 于是

$$9 = k^4(x_1^2y_1^2 + y_1^2z_1^2 + z_1^2x_1^2) + 6k^6x_1^2y_1^2z_1^2$$
$$< x_1^2y_1^2 + y_1^2z_1^2 + z_1^2x_1^2 + 6x_1^2y_1^2z_1^2,$$

这是矛盾的, 因为我们即将证明, 对所有满足 $x + y + z = 3$ 的非负数 x, y, z, 有

$$x^2y^2 + y^2z^2 + z^2x^2 + 6x^2y^2z^2 \leq 9.$$

在齐次化形式下, 不等式变为

$$(x + y + z)^2\big[(x + y + z)^4 - 9(x^2y^2 + y^2z^2 + z^2x^2)\big] \geq 486x^2y^2z^2,$$

这很容易得到, 因为我们有

$$(x + y + z)^4 - 9\sum_{\text{cyc}} x^2y^2$$

$$= (x^2 + y^2 + z^2 + 2xy + 2yz + 2zx)^2 - 9\sum_{\text{cyc}} x^2y^2$$

$$\geq (x^2 + y^2 + z^2)^2 + 8(xy + yz + zx)^2 - 9\sum_{\text{cyc}} x^2y^2$$

$$= x^4 + y^4 + z^4 + x^2y^2 + y^2z^2 + z^2x^2 + 16xyz(x + y + z)$$

$$\geq 18xyz(x + y + z),$$

且 $(x + y + z)^3 \geq 27xyz$. □

例 53 设 a, b, c 为正实数, 证明:

$$\sqrt[3]{\frac{a}{a + 26b}} + \sqrt[3]{\frac{b}{b + 26c}} + \sqrt[3]{\frac{c}{c + 26a}} \geq 1.$$

证　令
$$x = \sqrt[3]{\frac{a}{a+26b}}, y = \sqrt[3]{\frac{b}{b+26c}}, z = \sqrt[3]{\frac{c}{c+26a}},$$

我们得到方程组
$$\begin{cases} x^3 a + 26x^3 b = a \\ y^3 b + 26y^3 c = b, \\ z^3 c + 26z^3 a = c \end{cases}$$

于是
$$(1-x^3)(1-y^3)(1-z^3) = 26^3 x^3 y^3 z^3.$$

我们需要证明 $x+y+z \geqslant 1$,其中 $x,y,z \in (0,1)$. 利用反证法,我们假定存在三个正数 x,y,z,使得 $x+y+z < 1$. 令 $x = kx_1, y = ky_1, z = kz_1$,且 $x_1+y_1+z_1 = 1$,因此 $k < 1$,且 $x_1, y_1, z_1 \in (0,1)$. 于是

$$\begin{aligned} 26^3 &= \left(\frac{1}{x^3}-1\right)\left(\frac{1}{y^3}-1\right)\left(\frac{1}{z^3}-1\right) \\ &= \left(\frac{1}{k^3 x_1^3}-1\right)\left(\frac{1}{k^3 y_1^3}-1\right)\left(\frac{1}{k^3 z_1^3}-1\right) \\ &> \left(\frac{1}{x_1^3}-1\right)\left(\frac{1}{y_1^3}-1\right)\left(\frac{1}{z_1^3}-1\right). \end{aligned}$$

这是矛盾的,因为我们将证明,对任意满足 $x+y+z = 3$ 的非负数 x,y,z,有
$$\left(\frac{1}{x^3}-1\right)\left(\frac{1}{y^3}-1\right)\left(\frac{1}{z^3}-1\right) \geqslant 26^3.$$

在齐次化形式下,不等式变为

$$[(x+y+z)^3 - x^3][(x+y+z)^3 - x^3][(x+y+z)^3 - x^3] \geqslant 26^3 x^3 y^3 z^3.$$

由 AM-GM 不等式,我们有

$$\begin{aligned} \prod_{\text{cyc}}[(x+y+z)^3 - x^3] &= \prod_{\text{cyc}}(y+z)[(x+y+z)^2 + x(x+y+z) + x^2] \\ &= \prod_{\text{cyc}}(y+z)(3x^2 + y^2 + z^2 + 3xy + 2yz + 3zx) \end{aligned}$$

59

$$\geq \prod_{\text{cyc}} 2\sqrt{yz} \cdot 13 \sqrt[13]{x^{12}y^7z^7} = 26^3 x^3 y^3 z^3,$$

证毕. $\qquad\qquad\qquad\qquad\qquad\qquad\qquad\qquad\qquad\qquad\qquad$ □

例 54（Alijadallah Belabess，AoPS） 设非负实数 a,b,c 满足 $8 + abc \leq 3(a^2 + b^2 + c^2)$，证明：

$$a^3 + b^3 + c^3 \geq 3.$$

证 利用反证法，我们假定存在三个非负数 a,b,c，使得 $a^3 + b^3 + c^3 < 3$，我们将要证明

$$8 + abc > 3(a^2 + b^2 + c^2).$$

令 $a = kx, b = ky, c = kz$，使得 $x^3 + y^3 + z^3 = 3$，且 $k < 1$.

$$8 + abc > 3(a^2 + b^2 + c^2) \Leftrightarrow 8 > 3k^2(x^2 + y^2 + z^2) - k^3 xyz.$$

但

$$3k^2(x^2 + y^2 + z^2) - k^3 xyz < 3(x^2 + y^2 + z^2) - xyz$$
$$\Leftrightarrow 3(1 - k^2)(x^2 + y^2 + z^2) > (1 - k^3)xyz$$
$$\Leftrightarrow 3(1 + k)(x^2 + y^2 + z^2) > (1 + k + k^2)xyz.$$

由 AM-GM 不等式，有 $xyz \leq \dfrac{x^3 + y^3 + z^3}{3} = 1$，且

$$3(x^2 + y^2 + z^2)(1 + k) \geq 9\sqrt[3]{x^2 y^2 z^2}(1 + k)$$
$$\geq 9(1 + k)xyz \geq (1 + k + k^2)xyz.$$

因此，只需要证明

$$8 + xyz \geq 3(x^2 + y^2 + z^2),$$

或者我们将上式齐次化，可得

$$[8(x^3 + y^3 + z^3) + 3xyz]^3 \geq 3^5(x^2 + y^2 + z^2)^3(x^3 + y^3 + z^3).$$

由 Schur 不等式，只需要证明

$$2(x^3 + y^3 + z^3) + 3xyz \geq (x^2 + y^2 + z^2)(x + y + z),$$

由 AM-GM 不等式与 Cauchy-Schwarz 不等式,我们有

LHS

$$\geq [3(x^3 + y^3 + z^3) + 3(x^3 + y^3 + z^3) + (x^2 + y^2 + z^2)(x + y + z)]^3$$
$$\geq 3^5(x^3 + y^3 + z^3)^2(x^2 + y^2 + z^2)(x + y + z)$$
$$\geq 3^5(x^2 + y^2 + z^2)^3(x^3 + y^3 + z^3) = \text{RHS},$$

证毕. □

1.6　三元不等式的证明方法

在本节中,我们将展示一些三元不等式的证明方法.

定理 3 设实数 $a \leq b \leq c$ 满足

$$a + b + c = p,\ ab + bc + ca = q,$$

其中 p, q 是给定的实数,且 $p^2 \geq 3q$. 证明:乘积式 abc 当 $a = b$ 时取最大值,当 $b = c$ 时取最小值.

证法一 设 $x \in \{a, b, c\}$,那么由 AM-GM 不等式,我们有

$$q = x(p - x) + \prod_{a \neq x} a \leq x(p - x) + \frac{(p - x)^2}{4},$$

这导致

$$3x^2 - 2px + 4q - p^2 \leq 0,$$

解得

$$m \leq x \leq M, \tag{1}$$

其中 $m = \dfrac{p - 2\sqrt{p^2 - 3q}}{3}, M = \dfrac{p + 2\sqrt{p^2 - 3q}}{3}$ 是二次方程的两个根.
所以,

$$m \leq a \leq b \leq c \leq M.$$

由于 M 是方程

$$3M^2 - 2pM + 4q - p^2 = 0$$

的根, 我们有

$$M^2 - pM + q = \left(\frac{p - M}{2}\right)^2 = \frac{(p - \sqrt{p^2 - 3q})^2}{9}.$$

类似地,

$$m^2 - pm + q = \frac{(p + \sqrt{p^2 - 3q})^2}{9}.$$

现在考虑多项式 $r : \mathbf{R} \mapsto \mathbf{R}, r(X) = (X - a)(X - b)(X - c)$, 那么

$$r(M) \geqslant 0 \Leftrightarrow M^3 - pM^2 + qM - abc \geqslant 0,$$

等价于

$$abc \leqslant \frac{(p - \sqrt{p^2 - 3q})^2(p + 2\sqrt{p^2 - 3q})}{27}.$$

因此, 乘积式 abc 当 $r(M) = 0$ 时取最大值, 于是

$$c = M = \frac{p + 2\sqrt{p^2 - 3q}}{3},$$

由式 (1) 可得

$$a = b = \frac{p - \sqrt{p^2 - 3q}}{3}.$$

此外,

$$r(m) \leqslant 0 \Leftrightarrow m^3 - pm^2 + qm - abc \leqslant 0,$$

等价于

$$abc \geqslant \frac{(p + \sqrt{p^2 - 3q})^2(p - 2\sqrt{p^2 - 3q})}{27}.$$

因此, 乘积式 abc 当 $r(m) = 0$ 时取最小值, 于是

$$a = m = \frac{p - 2\sqrt{p^2 - 3q}}{3},$$

由式 (1) 可得 $b = c = \dfrac{p + \sqrt{p^2 - 3q}}{3}.$

62

证法二 如果我们记 $p = a + b + c, q = ab + bc + ca, r = abc$, 由等式

$$(a-b)^2(b-c)^2(c-a)^2$$
$$= -27r^2 + 2(9pq - 2p^3)r + p^2q^2 - 4q^3$$
$$= \frac{4(p^2 - 3q)^3 - (2p^3 - 9pq + 27r)^2}{27} \geqslant 0, \tag{2}$$

我们得到 $r_1 \leqslant r \leqslant r_2$, 其中

$$r_1 = \frac{9pq - 2p^3 - 2\sqrt{(p^2 - 3q)^3}}{27},$$

$$r_2 = \frac{9pq - 2p^3 + 2\sqrt{(p^2 - 3q)^3}}{27}.$$

显然, 当 a, b, c 中有两个相等, 当 $a = b$ 或 $b = c$ 时, $r \in \{r_1, r_2\}$. 对 $a = b$, 我们得到

$$a = b = \frac{p - \sqrt{p^2 - 3q}}{3}, c = \frac{p + 2\sqrt{p^2 - 3q}}{3},$$

$$r = \frac{(p - \sqrt{p^2 - 3q})^2(p + 2\sqrt{p^2 - 3q})}{27} = r_2.$$

类似地, 对 $b = c$, 我们得到

$$b = c = \frac{p + \sqrt{p^2 - 3q}}{3}, a = \frac{p - 2\sqrt{p^2 - 3q}}{3},$$

$$r = \frac{(p + \sqrt{p^2 - 3q})^2(p - 2\sqrt{p^2 - 3q})}{27} = r_1. \qquad \square$$

此定理的一个结果就是下面的引理.

引理 2 设实数 a, b, c 满足 $a + b + c = p, ab + bc + ca = q$, 那么

$$\frac{9pq - 2p^3 - 2\sqrt{(p^2 - 3q)^3}}{27} \leqslant abc \leqslant \frac{9pq - 2p^3 + 2\sqrt{(p^2 - 3q)^3}}{27}.$$

定理 3 的一个非常有用的形式就是接下来的引理.

引理 3 (Vo Quoc Ba Can) 如果实数 a, b, c 满足 $a + b + c = 3$, 令 $ab + bc + ca = 3(1 - t^2), t \geqslant 0$, 那么成立不等式

$$(1 - 2t)(1 + t)^2 \leqslant abc \leqslant (1 + 2t)(1 - t)^2.$$

证 将引理 2 中的 p,q 分别替换为 3 和 $3(1-t^2)$，即得待证不等式. 左边的等号当 a,b,c 中有一个等于 $1-2t$，另外两个等于 $1+t$ 时取到. 而右边的等号当 a,b,c 中有一个等于 $1+2t$，另外两个等于 $1-t$ 时取到. □

推论 1 设非负实数 $a \leqslant b \leqslant c$ 满足

$$a + b + c = p, ab + bc + ca = q,$$

其中 p,q 是固定的实数，且 $p^2 \geqslant 3q$. 证明：乘积式 abc 当 $a=b$ 时取最大值，当 $b=c$ 或 $a=0$ 时取最小值.

证 要求出最大值，其证明类似于定理 3. 但是要求出最小值，我们有两种情形.

情形一：如果 $m > 0 \Leftrightarrow p^2 \leqslant 4q$，这和定理 3 的情形一样.

情形二：如果 $m \leqslant 0 \Leftrightarrow p^2 \geqslant 4q$，那么 $m \leqslant 0 \leqslant a \leqslant b \leqslant c$，所以 $r(0) \leqslant 0$，因此 $abc \geqslant 0$，等号当 $a = 0, b = \dfrac{p - \sqrt{p^2 - 4q}}{2}, c = \dfrac{p + \sqrt{p^2 - 4q}}{2}$ 时取到. □

批注 7 如果 a,b,c 是非负实数，在解决不等式问题中有下面一种非常有用的代换：

$$3u = a + b + c, \ 3v^2 = ab + bc + ca, \ w^3 = abc, u, v, w \geqslant 0.$$

与定理 3 的证法二一样，在新的记号下，等式 (2) 可以写成

$$(a-b)^2(b-c)^2(c-a)^2 = 27\left\{-\left[w^3 - (3uv^2 - 2u^3)\right]^2 + 4(u^2 - v^2)^3\right\}.$$

所以，我们得到下面关于 w^3 的范围（显然 $u^2 \geqslant v^2$）：

$$-\left[w^3 - (3uv^2 - 2u^3)\right]^2 + 4(u^2 - v^2)^3 \geqslant 0,$$

这意味着

$$3uv^2 - 2u^3 - 2\sqrt{(u^2 - v^2)^3} \leqslant w^3 \leqslant 3uv^2 - 2u^3 + 2\sqrt{(u^2 - v^2)^3}.$$

如果 $3uv^2 - 2u^3 - 2\sqrt{(u^2-v^2)^3} < 0$,那么 w^3 的最小值是 0,且在 $a = 0$ 时取到. 否则,类似于推论 1,w^3 在 a, b, c 中有两个相等时,取到其最小值与最大值.

从等式 (2) 出发,我们还有下面的不等式:

引理 4 设非负实数 a, b, c 满足

$$a + b + c = p, \quad ab + bc + ca = q,$$

那么

$$\frac{p^3 - 2\sqrt{(p^2-3q)^3}}{9} \leqslant a^2b + b^2c + c^2a \leqslant \frac{p^3 + 2\sqrt{(p^2-3q)^3}}{9}.$$

证 记 $X = a^2b + b^2c + c^2a$, $P = (a-b)(b-c)(c-a)$,我们有

$$2X = pq - 3r - P.$$

由于 $-|P| \leqslant P \leqslant |P|$,于是

$$pq - 3r - |P| \leqslant 2X \leqslant pq - 3r + |P|,$$

即

$$pq - 3r - \sqrt{P^2} \leqslant 2X \leqslant pq - 3r + \sqrt{P^2},$$

也即

$$-(2p^3 - 9pq + 27r) - 9\sqrt{P^2} \leqslant 2(9X - p^3) \leqslant -(2p^3 - 9pq + 27r) + 9\sqrt{P^2}.$$

记 $A = p^2 - 3q$, $B = 2p^3 - 9pq + 27r$,那么由 AM-GM 不等式,我们有

$$9\sqrt{P^2} = \sqrt{3(4(p^2-3q)^3 - (2p^3 - 9pq + 27r)^2)}$$
$$= \sqrt{3(4A^3 - B^2)} = \sqrt{\left(6\sqrt{A^3} - 3B\right)\left(2\sqrt{A^3} + B\right)}$$
$$\leqslant \frac{1}{2}\left(8\sqrt{A^3} - 2B\right)$$
$$= 4\sqrt{A^3} - B.$$

且有

$$9 = \sqrt{3(4A^3 - B^2)} = \sqrt{\left(6\sqrt{A^3} - 3B\right)}$$
$$= \sqrt{\left(2\sqrt{A^3} - B\right)\left(6\sqrt{A^3} + 3B\right)}$$
$$\leqslant \frac{1}{2}\left(8\sqrt{A^3} + 2B\right)$$
$$= 4\sqrt{A^3} + B.$$

回到我们的不等式, 我们得到

$$-4\sqrt{(p^2 - 3q)^3} \leqslant 2(9X - p^3) \leqslant 4\sqrt{(p^2 - 3q)^3},$$

即

$$\frac{p^3 - 2\sqrt{(p^2 - 3q)^3}}{9} \leqslant X \leqslant \frac{p^3 + 2\sqrt{(p^2 - 3q)^3}}{9},$$

得证.

左边的等号当

$$2p^3 - 9pq + 27r = \sqrt{(p^2 - 3q)^3},$$

时取到, 所以

$$r = \frac{9pq - 2p^3 + \sqrt{(p^2 - 3q)^3}}{27}.$$

类似地, 右边的等号当

$$2p^3 - 9pq + 27r = -\sqrt{(p^2 - 3q)^3},$$

时取到, 这意味着

$$r = \frac{9pq - 2p^3 - \sqrt{(p^2 - 3q)^3}}{27}.$$

在这两种情形下, 都有 $9P^2 = (p^2 - 3q)^3$. $\qquad\square$

注　如果实数 a, b, c 满足 $a+b+c=3$，令 $ab+bc+ca=3(1-t^2), t \geqslant 0$，前面的不等式变为

$$3(1-2t^3) \leqslant a^2b + b^2c + c^2a \leqslant 3(1+2t^3).$$

例 55（Tran Quoc Anh）如果实数 a, b, c 满足 $a+b+c=3$，那么

$$(a^2+1)(b^2+1)(c^2+1) \geqslant (a+1)(b+1)(c+1).$$

证　将不等式写成

$$a^2b^2c^2 + a^2b^2 + b^2c^2 + c^2a^2 + a^2 + b^2 + c^2 \geqslant abc + ab + bc + ca + 3.$$

由于 $a^2b^2c^2 + 1 \geqslant 2abc$，那么只需要证明

$$abc + a^2b^2 + b^2c^2 + c^2a^2 + a^2 + b^2 + c^2 \geqslant ab + bc + ca + 4,$$

又由于 $a+b+c=3$，这等价于证明

$$5(1-abc) \geqslant (ab+bc+ca)(3-ab-bc-ca).$$

令 $ab+bc+ca=q, abc=r$. 那么，我们需要证明 $f(r) \leqslant 0$，其中

$$f(r) = 5r + q(3-q) - 5.$$

显然函数 f 是单调递增的，因此只需要对最大的 r 证明上述不等式即可. 由推论 1，对固定的 q，乘积式 abc 当 a, b, c 中有两个相等时取最大值. 这意味着，如果我们设 $a \leqslant b \leqslant c$，那么 $a=b$.

因此，我们只需对 $a=b=t$ 且 $c=3-2t, t \leqslant 1$ 证明上述不等式即可. 此时不等式变为

$$5t^2(3-2t) + (6t-3t^2)(3-6t+3t^2) - 5 \leqslant 0,$$
$$15t^2 - 10t^3 + 18t - 36t^2 + 18t^3 - 9t^2 + 18t^3 - 9t^4 - 5 \leqslant 0,$$
$$9t^4 - 26t^3 + 30t^2 - 18t + 5 \geqslant 0,$$
$$(t-1)^2(9t^2 - 8t + 5) \geqslant 0,$$

这是成立的，且等号在 $a=b=c=1$ 时取到. $\qquad\square$

例 56 (Vasile Cîrtoaje) 设非负实数 a, b, c 满足 $ab + bc + ca = 3abc$,那么

$$4(a^2 + b^2 + c^2) + 9 \geqslant 7(ab + bc + ca).$$

证 如果 a, b, c 中有一个是 0, 那么不等式是显然的. 因此, 我们假定 $a, b, c \neq 0$,且作代换

$$x = \frac{1}{a}, y = \frac{1}{b}, z = \frac{1}{c},$$

不等式变为

$$4\left(\frac{1}{x^2} + \frac{1}{y^2} + \frac{1}{z^2}\right) + 9 \geqslant 7\left(\frac{1}{xy} + \frac{1}{yz} + \frac{1}{zx}\right),$$

其中实数 x, y, z 满足 $x + y + z = 3$.

不等式变为

$$4(x^2 y^2 + y^2 z^2 + z^2 x^2) + 9x^2 y^2 z^2 \geqslant 7xyz(x + y + z),$$
$$4(xy + yz + zx)^2 - 24xyz + 9x^2 y^2 z^2 - 21xyz \geqslant 0,$$
$$9x^2 y^2 z^2 - 45xyz + 4(xy + yz + zx)^2 \geqslant 0.$$

设 $xy + yz + zx = q, xyz = r$. 于是,我们需要证明 $f(r) \geqslant 0$,其中

$$f(r) = 9r^2 - 45r + 4q^2.$$

由 AM-GM 不等式,我们有

$$3 = x + y + z \geqslant 3\sqrt[3]{xyz} \Rightarrow r \leqslant 1.$$

由于 $r \leqslant 1 \leqslant \dfrac{45}{2 \times 9} = \dfrac{5}{2}$,我们得出 f 为单调递减函数.

因此我们只需要对最大的 r 证明不等式即可. 由推论 1,对固定的 q, 乘积式 $r = xyz$ 当 x, y, z 中有两个相等的时候是最大的,这意味着,如果我们假定 $x \leqslant y \leqslant z$,那么 $x = y$.

因此,我们只需对 $x = y = t, z = 3 - 2t, t \leqslant 1$ 证明不等式即可,此时不等式变为

$$9t^4(3 - 2t)^2 - 45t^2(3 - 2t) + 4(t^2 + 6t - 4t^2)^2 \geqslant 0,$$

$$t^4(9 - 12t + 4t^2) - 15t^2 + 10t^3 + 4t^2(4 - 4t + t^2) \geq 0,$$

$$4t^6 - 12t^5 + 13t^4 - 6t^3 + t^2 \geq 0,$$

$$t^2(t - 1)^2(2t - 1)^2 \geq 0,$$

这是显然成立的. 等号成立时, 或者 $t = \dfrac{1}{2}$, 此时 $x = y = \dfrac{1}{2}, z = 2$, 因此 $a = b = 2, c = \dfrac{1}{2}$; 或者 $t = 1$, 此时 $x = y = z = 1$, 即 $a = b = c = 1$. □

例 57 (Michael Rozenberg) 设正实数 x, y, z 满足 $x + y + z = 1$, 证明:

$$xyz\left(\frac{81}{4} + \frac{1}{x^2} + \frac{1}{y^2} + \frac{1}{z^2}\right) \geq \frac{7}{4}.$$

证 将原不等式写成

$$\frac{81}{4}xyz + \frac{x^2y^2 + y^2z^2 + z^2x^2}{xyz} - \frac{7}{4} \geq 0,$$

$$\frac{81}{4}xyz + \frac{(xy + yz + zx)^2 - 2xyz}{xyz} - \frac{7}{4} \geq 0,$$

$$81xyz + 4\frac{(xy + yz + zx)^2}{xyz} - 15 \geq 0.$$

设 $xy + yz + zx = q, xyz = r$. 因此, 我们需要证明 $f(r) \geq 0$, 其中

$$f(r) = 81r + 4\frac{q^2}{r} - 15.$$

由 AM-GM 不等式, 我们有

$$(x + y + z)(xy + yz + zx) \geq 9xyz \Rightarrow 9r \leq q,$$

且

$$f'(r) = 81 - 4\frac{q^2}{r^2} = \frac{(9r - 2q)(9r + 2q)}{r^2} \leq 0,$$

这说明 f 是一个单调递减的函数.

因此我们只需要对最大的 r 证明不等式即可. 由推论 1, 对固定的 q, 乘积式 $r = xyz$ 当 x, y, z 中有两个相等的时候是最大的, 这意味着, 如果我们假定 $x \leqslant y \leqslant z$, 那么 $x = y$.

因此, 我们只需对 $x = y = t, z = 3 - 2t, t \leqslant \dfrac{1}{3}$ 证明不等式即可, 此时不等式变为

$$81t^4(1 - 2t)^2 + 4(2t - 3t^2)^2 - 15t^2(1 - 2t) \geqslant 0,$$

即

$$t^2(6t - 1)^2(3t - 1)^2 \geqslant 0,$$

这是显然成立的.

当 $t = \dfrac{1}{6}$ 时等号成立, 此时 $x = y = \dfrac{1}{6}, z = \dfrac{2}{3}$; 或者 $t = \dfrac{1}{3}$ 时等号成立, 此时 $x = y = z = \dfrac{1}{3}$. $\qquad\square$

例 58 (Mathematics and Youth Magazine 2017) 给定三个非负数 a, b, c, 满足 $a + b + c = 3, a^2 + b^2 + c^2 = 5$, 证明:

$$a^3b + b^3c + c^3a \leqslant 8.$$

证 我们有

$$
\begin{aligned}
&a^3b + b^3c + c^3a + a^3c + b^3a + c^3b \\
={}& ab(a^2 + b^2) + bc(b^2 + c^2) + ca(c^2 + a^2) \\
={}& (a^2 + b^2 + c^2)(ab + bc + ca) - abc(a + b + c) \\
={}& 10 - 3abc.
\end{aligned}
$$

且我们还有

$$
\begin{aligned}
&a^3b + b^3c + c^3a - a^3c - b^3a - c^3b \\
={}& a^3(b - c) + b^3(c - a) + c^3(a - b) \\
={}& a^3(b - c) + b^3(c - b) + b^3(b - a) + c^3(a - b) \\
={}& (a^3 - b^3)(b - c) - (a - b)(b^3 - c^3) \\
={}& (a - b)(b - c)(a^2 + ab + b^2 - b^2 - bc - c^2)
\end{aligned}
$$

$$= (a-b)(b-c)(a-c)(a+b+c)$$
$$= 3(a-b)(b-c)(a-c).$$

因此,

$$2(a^3b + b^3c + c^3a) = 10 - 3abc + 3(a-b)(b-c)(c-a),$$

而我们需要证明

$$(a-b)(b-c)(a-c) \leqslant 2 + abc.$$

所以, 如果我们记 $p = a+b+c = 3, q = ab+bc+ca = 2, r = abc$, 那么只需要证明

$$(a-b)^2(b-c)^2(a-c)^2 \leqslant (2+abc)^2,$$

即

$$\frac{4(p^2 - 3q)^3 - (2p^3 - 9pq + 27r)^2}{27} \leqslant (2+r)^2,$$

即

$$4 - 27r^2 \leqslant 4 + 4r + r^2,$$

也即

$$r + 7r^2 \geqslant 0,$$

这是显然成立的.

等号当 $r = 0$ 时成立, 此时 $(a,b,c) \in \{(2,1,0);(0,2,1);(1,0,2)\}$.
$\square$

例 59 设 a,b,c 为正实数, 证明:

$$\frac{a^2+b^2+c^2}{ab+bc+ca} + \frac{2(a^2b+b^2c+c^2a)}{a^2c+b^2a+c^2b} \geqslant 3.$$

解 由不等式的齐次性, 我们可以假定 $a+b+c = 3$. 令 $ab+bc+ca = 3(1-t^2), t \in [0,1)$, 由引理 4 的注释, 我们有

$$3(1-2t^3) \leqslant a^2b+b^2c+c^2a \leqslant 3(1+2t^3),$$

71

$$3(1 - 2t^3) \leqslant a^2c + b^2a + c^2b \leqslant 3(1 + 2t^3).$$

现在,如果 $1 - 2t^3 \leqslant 0 \Leftrightarrow t^3 \geqslant \dfrac{1}{2}$,那么 $t^2 \geqslant \sqrt[3]{\dfrac{1}{4}} > \sqrt[3]{\dfrac{1}{8}} = \dfrac{1}{2}$,因此

$$\frac{a^2 + b^2 + c^2}{ab + bc + ca} = \frac{1 + 2t^2}{1 - t^2} > \frac{1 + 1}{1 - \frac{1}{2}} = 4 > 3.$$

如果 $1 - 2t^3 \geqslant 0$,那么只需要证明

$$\frac{1 + 2t^2}{1 - t^2} + \frac{2(1 - 2t^3)}{1 + 2t^3} \geqslant 3,$$

即

$$\frac{3t^2}{1 - t^2} \geqslant \frac{8t^3}{1 + 2t^3},$$

也即

$$\frac{t^2(14t^3 - 8t + 3)}{(1 - t^2)(1 + 2t^3)} \geqslant 0,$$

这是成立的,因为 $14t^3 + 3 = 14t^3 + 2 + 1 > 3\sqrt[3]{28t^3} > 9t > 8t$. 等号当 $t = 0$ 时成立,即 $a = b = c$. $\square$

例 60 (Marius Stănean, Mathematical Reflections) 设正实数 a, b, c 满足

$$(a + b + c)\left(\frac{1}{a} + \frac{1}{b} + \frac{1}{c}\right) = \frac{49}{4},$$

求以下表达式的最值:

$$P = \frac{a^2}{b^2} + \frac{b^2}{c^2} + \frac{c^2}{a^2}.$$

解 题设条件可以改写为

$$\left(\frac{a}{b} + \frac{b}{c} + \frac{c}{a}\right) + \left(\frac{a}{c} + \frac{b}{a} + \frac{c}{b}\right) = \frac{37}{4}.$$

我们记

$$Q = \frac{a}{b} + \frac{b}{c} + \frac{c}{a}, R = \frac{a}{c} + \frac{b}{a} + \frac{c}{b}.$$

于是

$$Q + R = \frac{37}{4},$$

且

$$P = Q^2 - 2R = Q^2 + 2Q - \frac{37}{2} = (Q + 1)^2 - \frac{39}{2}.$$

这对 $Q \geqslant -1$ 是一个单调递增的函数,所以 Q 的最值决定了 P 的最值.

此外,我们有

$$Q - R = \frac{a^2c + b^2a + c^2b - a^2b - b^2c - c^2a}{abc} = \frac{(a-b)(b-c)(c-a)}{abc},$$

由此得到

$$2Q - \frac{37}{4} = \frac{(a-b)(b-c)(c-a)}{abc},$$

即

$$\left(2Q - \frac{37}{4}\right)^2 = \frac{(a-b)^2(b-c)^2(c-a)^2}{a^2b^2c^2}.$$

作代换:$3u = a + b + c, 3v^2 = ab + bc + ca, w^3 = abc$,我们有下面的等式

$$(a-b)^2(b-c)^2(c-a)^2 = 27\left\{-\left[w^3 - (3uv^2 - 2u^3)\right]^2 + 4(u^2 - v^2)^3\right\},$$

于是假设中的条件等价于 $36uv^2 = 49w^3$. 所以,

$$\frac{(a-b)^2(b-c)^2(c-a)^2}{a^2b^2c^2} = \frac{27\left[-w^6 + 2(3uv^2 - 2u^3)w^3 + 3u^2v^4 - 4v^6\right]}{w^6}$$

$$= 27\left[-1 + \frac{49}{6} + \frac{3 \times 49^2}{36^2} - \frac{49}{9}\left(\frac{u^2}{v^2} + \frac{49}{36} \cdot \frac{v^2}{u^2}\right)\right]$$

$$\leqslant 27\left(-1 + \frac{49}{6} + \frac{3 \times 49^2}{36^2} - \frac{49}{9} \cdot 2\sqrt{\frac{u^2}{v^2} \cdot \frac{49}{36} \cdot \frac{v^2}{u^2}}\right)$$

$$= -27 + \frac{49 \times 9}{2} + \frac{49^2}{16} - 49 \times 7 = \frac{9}{16}.$$

因此,

$$\left(2Q - \frac{37}{4}\right)^2 \leqslant \frac{9}{16} \Leftrightarrow (2Q - 10)\left(2Q - \frac{17}{2}\right) \leqslant 0 \Leftrightarrow \frac{17}{4} \leqslant Q \leqslant 5.$$

73

等号成立要求 $6u^2 = 7v^2$,我们已经由题设条件得到 $36uv^2 = 49w^3$. 令 $a = wx, b = wy, c = wz$,满足 $xyz = 1$,所以

$$\begin{cases} 6u^2 = 7v^2 \\ 36uv^2 = 49w^3 \end{cases} \Leftrightarrow \begin{cases} x + y + z = \dfrac{7}{2} \\ xy + yz + zx = \dfrac{7}{2} \\ xyz = 1 \end{cases} \Leftrightarrow \{x, y, z\} = \left\{\dfrac{1}{2}, 1, 2\right\}.$$

所以,$Q = \dfrac{17}{4}$ 当且仅当 $a = w, b = \dfrac{w}{2}, c = 2w$,或 $Q = 5$ 当且仅当 $a = w, b = 2w, c = \dfrac{w}{2}$.

于是

$$\left(\dfrac{17}{4} + 1\right)^2 - \dfrac{39}{2} \leqslant P \leqslant 36 - \dfrac{39}{2} \Leftrightarrow \dfrac{129}{16} \leqslant P \leqslant \dfrac{33}{2}. \qquad \square$$

例 61 设非负实数 a, b, c 满足 $a + b + c = 3$,证明:

$$(a^2 b + b^2 c + c^2 a)(ab + bc + ca) \leqslant 9.$$

证法一 令 $ab + bc + ca = 3(1 - t^2), t \in [0, 1)$,由引理 4 的注释,我们有

$$a^2 b + b^2 c + c^2 a \leqslant 3(1 + 2t^3),$$

那么只需要证明

$$(1 + 2t^3)(1 - t^2) \leqslant 1,$$

即

$$t^2(2t^3 - 2t + 1) \geqslant 0,$$

这是成立的,因为

$$\begin{aligned} 2t^3 - 2t + 1 &= 1 - 2t(1 - t)(1 + t) \\ &\geqslant 1 - 2(1 + t)\left(\dfrac{t + 1 - t}{2}\right)^2 \\ &= 1 - \dfrac{1 + t}{2} \geqslant 0. \end{aligned}$$

74

当 $t = 0$,即 $a = b = c = 1$ 时,等号成立.

证法二　令 $a + b + c = 3u, ab + ac + bc = 3v^2, abc = w^3, u^2 = tv^2$. 因此, $t \geqslant 1 \Leftrightarrow a^2 + b^2 + c^2 \geqslant ab + bc + ca$,那么我们的不等式可以改写为

$$(a^2b + b^2c + c^2a)(ab + bc + ca) \leqslant 9,$$

$$3u^5 \geqslant (a^2b + b^2c + c^2a)v^2,$$

$$6u^5 - v^2 \sum_{\text{cyc}} (a^2b + a^2c) \geqslant v^2 \sum_{\text{cyc}} (a^2b - a^2c),$$

$$6u^5 - v^2[(a + b + c)(ab + bc + ca) - 3abc] \geqslant v^2 \sum_{\text{cyc}} (a^2b - a^2c),$$

$$6u^5 - 9uv^4 + 3v^2w^3 \geqslant (a - b)(a - c)(b - c)v^2.$$

如同在批注 4 中所注,我们有

$$w^3 \geqslant 3uv^2 - 2u^3 - 2\sqrt{(u^2 - v^2)^3}.$$

因此,

$$\begin{aligned}
2u^5 - 3uv^4 + v^2w^3 &\geqslant 2u^5 - 3uv^4 + v^2\left(3uv^2 - 2u^3 - 2\sqrt{(u^2 - v^2)^3}\right) \\
&= 2u^5 - 2u^3v^2 - 2v^2(u^2 - v^2)^{\frac{3}{2}} \\
&= 2v^5(t - 1)(t^{\frac{3}{2}} - \sqrt{t - 1}) \geqslant 0,
\end{aligned}$$

其中最后的不等式是显然的,因为 $t \geqslant 1$ 意味着 $t^{\frac{3}{2}} \geqslant \sqrt{t} \geqslant \sqrt{t - 1}$. 所以 $6u^5 - 9uv^4 + 3v^2w^3 \geqslant 0$,因此只需要证明

$$(6u^5 - 9uv^4 + 3v^2w^3)^2 \geqslant v^4(a - b)^2(a - c)^2(b - c)^2.$$

由于

$$(a - b)^2(a - c)^2(b - c)^2 = 27(3u^2v^4 - 4v^6 + 6uv^2w^3 - 4u^3w^3 - w^6),$$

我们仍然需要证明

$$(6u^5 - 9uv^4 + 3v^2w^3)^2 \geqslant 27v^4(3u^2v^4 - 4v^6 + 6uv^2w^3 - 4u^3w^3 - w^6),$$

即

$$v^4w^6 + uv^2(u^4 + 3u^2v^2 - 6v^4)w^3 + u^{10} - 3u^6v^4 + 3v^{10} \geqslant 0,$$

75

不等式左边是 w^3 的一个二次函数,其判别式为

$$u^2v^4(u^4 + 3u^2v^2 - 6v^4)^2 - 4v^4(u^{10} - 3u^6v^4 + 3v^{10})$$
$$= v^{14}\big[t(t^2 + 3t - 6)^2 - 4(t^5 - 3t^3 + 3)\big]$$
$$= -3v^{14}(t - 1)^2(t^3 - 4t + 4) \leqslant 0,$$

证毕. □

例 62 设正实数 a, b, c 满足 $a + b + c = 3$,证明:

$$\left(6a + \frac{1}{a} - 1\right)\left(6b + \frac{1}{b} - 1\right)\left(6c + \frac{1}{c} - 1\right) \geqslant 184.$$

证 令 $a + b + c = 3u, ab + ac + bc = 3v^2, abc = w^3$. 将原不等式展开,我们可以将之写成

$$216a^2b^2c^2 - 36abc(ab + bc + ca) + 36(a^2b^2 + b^2c^2 + c^2a^2) +$$
$$6abc(a + b + c) - 6\sum_{\text{cyc}}(a^2b + a^2c) + 6(a^2 + b^2 + c^2) +$$
$$ab + bc + ca - a - b - c - 185abc + 1 \geqslant 0,$$

这等价于

$$216a^2b^2c^2 - 36abc(ab + bc + ca) + 36(ab + bc + ca)^2 -$$
$$66abc(a + b + c) - 6(a + b + c)(ab + bc + ca) + 6(a + b + c)^2 -$$
$$11(ab + bc + ca) - (a + b + c) - 167abc + 1 \geqslant 0,$$

即

$$216w^6 - 108uv^2w^3 + 324u^2v^4 - 198u^3w^3 - 54u^4v^2 +$$
$$54u^6 - 33u^4v^2 - 2u^6 - 167u^3w^3 \geqslant 0,$$

也即

$$216w^6 - (365u^3 + 108uv^2)w^3 + u^2(52u^4 - 87u^2v^2 + 324v^4) \geqslant 0.$$

因此,我们需要证明 $f(w^3) \geqslant 0$,其中

$$f(w^3) = 216w^6 - (365u^3 + 108uv^2)w^3 + u^2(52u^4 - 87u^2v^2 + 324v^4)$$

是 w^3 的一个二次函数. 因为

$$\frac{365u^3 + 108uv^2}{2 \times 216} \geqslant \frac{365w^3 + 108w^3}{432} > w^3,$$

我们得到 f 是一个单调递减的函数.

因此,只需要对 w^3 的最大值证明不等式即可. 通过观察批注 4 与推论 1,知对固定的 v^2, w^3 当 a, b, c 中有两个相等时取最大值,这意味着如果我们假定 $a \leqslant b \leqslant c$,那么 $a = b$. 因此,只需对 $a = b = t, c = 3 - 2t, t \leqslant 1$ 证明不等式即可,此时

$$(6t^2 - t + 1)^2 \left[6(3 - 2t)^2 - 3 + 2t + 1\right] \geqslant 184t^2(3 - 2t),$$

即

$$2(2t - 1)^2(108t^4 - 243t^3 + 108t^2 + 17t + 26) \geqslant 0,$$

这是成立的,因为

$$108(t^4 + t^2) \geqslant 216t^3, 17t + 26 > 17t^3 + 10t^3 + 16 > 27t^3.$$

等号成立的时候,$a = b = \dfrac{1}{2}, c = 2$,或者是这三个数的置换. $\qquad \square$

例 63 设正实数 a, b, c 满足 $a + b + c = 3$,证明:

$$\frac{a}{b} + \frac{b}{c} + \frac{c}{a} \geqslant a^2 + b^2 + c^2.$$

证 令 $a + b + c = 3u, ab + ac + bc = 3v^2, abc = w^3$,那么 $1 = u^2 \geqslant v^2$. 于是我们有

$$2(ab^2 + bc^2 + ca^2)$$
$$= \sum_{\text{cyc}} ab(a + b) + (a - b)(b - c)(c - a)$$
$$= (a + b + c)(ab + bc + ca) - 3abc + (a - b)(b - c)(c - a)$$
$$\geqslant 9uv^2 - 3w^3 - \sqrt{(a - b)^2(b - c)^2(c - a)^2}$$
$$= 9v^2 - 3w^3 - \sqrt{(a - b)^2(b - c)^2(c - a)^2}.$$

将上面的不等式两边除以 $2abc = 2w^3$,我们得到

$$\frac{a}{b} + \frac{b}{c} + \frac{c}{a} \geqslant \frac{9v^2 - 3w^3 - \sqrt{(a-b)^2(b-c)^2(c-a)^2}}{2w^3}.$$

因此,只需要证明

$$\frac{9v^2 - 3w^3 - \sqrt{(a-b)^2(b-c)^2(c-a)^2}}{2w^3} \geqslant 9 - 6v^2,$$

即

$$9v^2 - 3w^3(7 - 4v^2) \geqslant \sqrt{(a-b)^2(b-c)^2(c-a)^2}. \tag{1}$$

我们将证明 $9v^2 - 3w^3(7 - 4v^2) \geqslant 0$. 如同在批注 4 中所述,我们有

$$w^3 \leqslant 3uv^2 - 2u^3 + 2\sqrt{(u^2 - v^2)^3},$$

即

$$w^3 \leqslant 3v^2 - 2 + 2\sqrt{(1 - v^2)^3}.$$

所以,

$$9v^2 - 3w^3(7 - 4v^2) \geqslant 9v^2 - 3(7 - 4v^2)(3v^2 - 2 + 2\sqrt{(1 - v^2)^3}).$$

所以,只需要证明

$$9v^2 - 3(7 - 4v^2)(3v^2 - 2 + 2\sqrt{(1 - v^2)^3}) \geqslant 0.$$

为了计算的方便,令 $t^2 = 1 - v^2 \in [0, 1]$,上述不等式变为

$$9 - 9t^2 - 3(3 + 4t^2)(1 - 3t^2 + 2t^3) \geqslant 0,$$
$$t^2(1 - t)(4t^2 - 2t + 1) \geqslant 0,$$

这是显然成立的.

现在,将不等式 (1) 两边平方,不等式变为

$$[9v^2 - 3w^3(7 - 4v^2)]^2 \geqslant (a-b)^2(b-c)^2(c-a)^2,$$
$$[9v^2 - 3w^3(7 - 4v^2)]^2 \geqslant 27[-(w^3 - 3v^2 + 2)^2 + 4(1 - v^2)^3],$$
$$[3v^2 - w^3(7 - 4v^2)]^2 + 3(w^3 - 3v^2 + 2)^2 - 12(1 - v^2)^3 \geqslant 0,$$

$$(4v^4 - 14v^2 + 13)w^6 + 3(2v^4 - 5v^2 + 1)w^3 + 3v^6 \geqslant 0.$$

由于 $4v^4 - 14v^2 + 13 = \left(2v^2 - \dfrac{7}{2}\right)^2 + \dfrac{3}{4} > 0$，那么第一项为正，所以如果 $2v^4 - 5v^2 + 1 \geqslant 0$，即 $v^2 \leqslant \dfrac{5 - \sqrt{17}}{4}$ 时，上述不等式是成立的. 假定 $2v^4 - 5v^2 + 1 \leqslant 0$，我们将证明上面的关于 w^3 的二次函数的判别式是非正的. 我们有

$$
\begin{aligned}
\Delta_{w^3} &= 9(2v^4 - 5v^2 + 1)^2 - 12v^6(4v^4 - 14v^2 + 13) \\
&= -3(v^2 - 1)^2(16v^6 - 36v^4 + 24v^2 - 3) < 0
\end{aligned}
$$

对 $v^2 \geqslant \dfrac{5 - \sqrt{17}}{4} > \dfrac{1}{5}$ 成立.

如果我们记

$$f(v^2) = 16v^6 - 36v^4 + 24v^2 - 3,$$

那么

$$f'(v^2) = 48v^4 - 72v^2 + 24 = 24(v^2 - 1)(2v^2 - 1).$$

因此，$f(v^2)$ 在区间 $\left[0, \dfrac{1}{2}\right]$ 上单调递增，在区间 $\left[\dfrac{1}{2}, 1\right]$ 上单调递减. 所以，只需要计算

$$f\left(\frac{1}{5}\right) = 16\left(\frac{1}{5}\right)^3 - \frac{36}{25} + \frac{24}{5} - 3 > 0, \; f(1) = 1 > 0.$$

等号当 $a = b = c$ 时成立. □

例 64（Blundon 不等式） 在任意三角形中，我们有双边不等式

$$2R^2 + 10Rr - r^2 - 2\sqrt{R(R - 2r)^3} \leqslant s^2 \leqslant 2R^2 + 10Rr - r^2 + 2\sqrt{R(R - 2r)^3}.$$

证 如果我们令 $p = a + b + c, q = ab + bc + ca, t = abc$，其中 a, b, c 是三角形的三边，那么我们有 $p = a + b + c = 2s$，且 $t = abc = 4srR$. 要计算 q，我们从 Heron 公式出发，

$$r^2 s^2 = s(s - a)(s - b)(s - c),$$

上式可以写成

$$r^2 s = s^3 - s^2(a+b+c) + s(ab+bc+ca) - abc,$$
$$r^2 = -s^2 + ab + bc + ca - 4Rr,$$
$$q = s^2 + r^2 + 4Rr.$$

我们利用上面的各个等式,可得

$$(a-b)^2(b-c)^2(c-a)^2 = -27t^2 + 2(9pq - 2p^3)t + p^2q^2 - 4q^3 \geqslant 0,$$

将 p, q, t 用上面的公式替换,我们得到等式

$$(a-b)^2(b-c)^2(c-a)^2$$
$$= -4r^2\left[s^4 - 2(2R^2 + 10Rr - r^2)s^2 + 64R^3r + 48R^2r^2 + 12Rr^3 + r^4\right]$$
$$= -4r^2\left[(s^2 - 2R^2 - 10Rr + r^2)^2 - 4R(R^3 - 6R^2r + 12Rr^2 - 8r^3)\right]$$
$$= -4r^2\left[(s^2 - 2R^2 - 10Rr + r^2)^2 - 4R(R - 2r)^3\right].$$

因此,

$$(s^2 - 2R^2 - 10Rs + r^2)^2 \leqslant 4R(R - 2r)^3,$$

不等式得证. □

定理 4 设正实数 $a \leqslant b \leqslant c$ 满足 $a + b + c = p, abc = r$,其中 p, r 是给定的正实数,且有 $p^3 \geqslant 27r$. 证明:$ab + bc + ca$ 当 $b = c$ 时最大,而当 $a = b$ 时最小.

证 设 $x \in \{a, b, c\}$,由 AM-GM 不等式,我们有

$$p - x \geqslant 2\sqrt{\frac{r}{x}} \Leftrightarrow x + 2\sqrt{\frac{r}{x}} - p \leqslant 0. \tag{1}$$

令

$$f(x) = x + 2\sqrt{\frac{r}{x}} - p, x \geqslant 0.$$

由

$$f'(x) = 1 - \sqrt{\frac{r}{x^3}}$$

可得 $f(x)$ 当 $x \leqslant \sqrt[3]{r}$ 时单调递减, 而当 $x \geqslant \sqrt[3]{r}$ 时单调递增. 由于

$$\lim_{x \to 0} f(x) = \infty, f(\sqrt[3]{r}) = 3\sqrt[3]{r} - p \leqslant 0, f(p) > 0,$$

存在两个正实数 $m \leqslant M$, 使得 $f(m) = f(M) = 0$. 因此

$$m \leqslant x \leqslant M,$$

所以

$$m \leqslant a \leqslant b \leqslant c \leqslant M.$$

又由于

$$f\left(\frac{p}{3}\right) = -\frac{2p}{3}\left(1 - \sqrt{\frac{27r}{p^3}}\right) \leqslant 0,$$

我们得到 $m \leqslant \dfrac{p}{3} \leqslant M$.

现在考虑多项式 $r : \mathbf{R} \mapsto \mathbf{R}, r(X) = (X - a)(X - b)(X - c)$, 那么

$$r(M) \geqslant 0 \Leftrightarrow M^3 - pM^2 + (ab + bc + ca)M - r \geqslant 0,$$

这等价于

$$ab + bc + ca \geqslant M(p - M) + \frac{r}{M}.$$

因此, $ab + bc + ca$ 当 $r(M) = 0$ 时最大, 于是 $c = M$. 由式 (1) 可得 $a = b = \dfrac{p - M}{2}$.

此外,

$$r(m) \leqslant 0 \Leftrightarrow m^3 - pm^2 + (ab + bc + ca)m - r \leqslant 0,$$

这等价于

$$ab + bc + ca \leqslant m(p - m) + \frac{r}{m}.$$

因此, $ab + bc + ca$ 当 $r(m) = 0$ 时最小, 于是 $a = m$. 由式 (1) 可得 $b = c = \dfrac{p - m}{2}$. □

例 65 (Vasile Cîrtoaje) 设正实数 a, b, c 满足 $abc = 1$, 证明:

$$\frac{1}{a} + \frac{1}{b} + \frac{1}{c} + \frac{6}{a + b + c} \geqslant 5.$$

证 令 $p = x + y + z, q = xy + yz + zx$. 于是我们需要证明 $f(q) \geq 0$, 其中

$$f(q) = q + \frac{6}{p} - 5.$$

显然函数 f 是单调递增的. 因此, 我们只需要对 q 的最小值来证明上述不等式即可. 由定理 4, 知对固定的 p, q 当 x, y, z 中有两个相等时取最小值, 这意味着如果我们假定 $x \leq y \leq z$, 那么 $x = y$. 因此, 我们只需要对 $x = y = t$ 和 $z = \frac{1}{t^2}, t \leq 1$ 证明上述不等式即可, 此即

$$t^2 + \frac{2}{t} + \frac{6t^2}{2t^3 + 1} - 5 \geq 0,$$

这等价于

$$\frac{(t-1)^2(2t^4 + 4t^3 - 4t^2 - t + 2)}{t(2t^3 + 1)} \geq 0,$$

这是显然成立的, 因为

$$2t^4 + 4t^3 - 4t^2 - t + 2 = 2t^4 + 4t^3 - 4t^2 + t - 2t + 2$$
$$= 2t^4 + t(2t - 1)^2 + 2(1 - t) > 0.$$

等号当 $t = 1$, 即 $x = y = z = 1$ 时取到. $\qquad\square$

例 66 设 a, b, c 为正实数, 证明:

$$\frac{a^3}{b^3} + \frac{b^3}{c^3} + \frac{c^3}{a^3} + \frac{64abc}{(a+b)(b+c)(c+a)} \geq 11.$$

证 令

$$x = \frac{a}{b}, y = \frac{b}{c}, z = \frac{c}{a}.$$

我们需要对满足 $xyz = 1$ 的正实数 x, y, z 证明

$$x^3 + y^3 + z^3 + \frac{64}{(x+1)(y+1)(z+1)} \geq 11.$$

令 $p = x + y + z, q = xy + yz + zx$. 因此, 我们需要证明 $f(q) \geq 0$, 其中

$$f(q) = p^3 - 3pq + \frac{64}{p + q + 2} - 8.$$

82

显然函数 f 是单调递减的. 因此,我们只需要对 q 的最小值来证明上述不等式即可. 由定理 4, 对固定的 p, q 当 x, y, z 中有两个相等时取最大值, 这意味着如果我们假定 $x \leqslant y \leqslant z$, 那么 $y = z$. 因此, 我们只需要对 $y = z = t$ 和 $z = \dfrac{1}{t^2}, t \geqslant 1$ 证明上述不等式即可, 此即

$$\frac{1}{t^6} + 2t^3 + \frac{64t^2}{(t+1)^2(t^2+1)} \geqslant 11,$$

展开即等价于

$$(t-1)^2(2t^{11} + 8t^{10} + 18t^9 + 21t^8 +$$

$$4t^7 + 29t^6 + 32t^5 + 24t^4 + 16t^3 + 9t^2 + 4t + 1) \geqslant 0,$$

这是显然成立的. □

例 67 设 a, b, c 为正实数, 证明:

$$\frac{a^2}{b^2} + \frac{b^2}{c^2} + \frac{c^2}{a^2} + 6 \geqslant \frac{3}{2}\left(\frac{a^2+b^2}{ab} + \frac{b^2+c^2}{bc} + \frac{c^2+a^2}{ca}\right).$$

证　令 $x = \dfrac{a}{b}, y = \dfrac{b}{c}, z = \dfrac{c}{a}$, 我们需要对满足 $xyz = 1$ 的正实数 x, y, z 证明

$$2(x^2 + y^2 + z^2) + 12 \geqslant 3(x + y + z + xy + yz + zx),$$

即

$$2(x + y + z)^2 + 12 \geqslant 3(x + y + z) + 7(xy + yz + zx).$$

令 $p = x + y + z, q = xy + yz + zx$. 因此, 我们需要证明 $f(q) \geqslant 0$, 其中

$$f(q) = 2p^2 - 3p + 12 - 7q.$$

显然函数 f 是单调递减的. 因此, 我们只需要对 q 的最小值来证明上述不等式即可. 由定理 4, 对固定的 p, q 当 x, y, z 中有两个相等时取最大值, 这意味着如果我们假定 $x \leqslant y \leqslant z$, 那么 $y = z$. 因此, 我们只需要对 $y = z = t$ 和 $z = \dfrac{1}{t^2}, t \geqslant 1$ 证明上述不等式即可, 此即

$$2\left(2t + \frac{1}{t^2}\right)^2 - 3\left(2t + \frac{1}{t^2}\right) + 12 - 7\left(\frac{2}{t} + t^2\right) \geqslant 0,$$

等价于

$$\frac{(t-1)^2(t^4 - 4t^3 + 3t^2 + 4t + 2)}{t^4} \geq 0,$$

这是成立的,因为

$$
\begin{aligned}
t^4 - 4t^3 + 3t^2 + 4t + 2 &= t^4 - 4t^3 + 6t^2 - 4t + 1 - 3t^2 + 8t + 1 \\
&= (t-1)^4 - 4t^2 + 8t - 4 + t^2 + 5 \\
&= \left((t-1)^2 - 2\right)^2 + t^2 + 1 \geq 0. \qquad \square
\end{aligned}
$$

从上述不等式出发,我们可以得到下面的不等式:

例 68 设 a, b, c 为正实数,证明:

$$\frac{a^2}{b^2} + \frac{b^2}{c^2} + \frac{c^2}{a^2} + \frac{96abc}{(a+b)(b+c)(c+a)} \geq 15.$$

证 考虑例 67,只需要证明

$$\frac{3}{2}\left(\frac{a^2+b^2}{ab} + \frac{b^2+c^2}{bc} + \frac{c^2+a^2}{ca}\right) + \frac{96abc}{(a+b)(b+c)(c+a)} \geq 21,$$

即

$$\frac{\sum\limits_{\text{cyc}} c(a^2+b^2)}{2abc} + 1 + \frac{32abc}{(a+b)(b+c)(c+a)} \geq 8,$$

也即

$$\frac{(a+b)(b+c)(c+a)}{8abc} + \frac{8abc}{(a+b)(b+c)(c+a)} \geq 2,$$

这由 AM-GM 不等式知是显然成立的. $\qquad \square$

例 69 (Marius Stănean, AoPS) 设正实数 a, b, c 满足

$$\frac{1}{a} + \frac{1}{b} + \frac{1}{c} = 3.$$

证明:

$$12(a+b+c) + \frac{32}{81}(a+b+c)^3 \geq 45abc.$$

84

证　令 $x = \dfrac{1}{a}, y = \dfrac{1}{b}, z = \dfrac{1}{c}$，原不等式等价于

$$12 + \frac{32}{81}\left(\frac{1}{x} + \frac{1}{y} + \frac{1}{z}\right)^2 \geqslant \frac{45}{xy + yz + zx},$$

其中 $x + y + z = 3$.

令 $q = xy + yz + zx, t = xyz$，因此，我们需要证明 $f(q) \geqslant 0$，其中

$$f(q) = 12 + \frac{32}{81} \cdot \frac{q^2}{r^2} - \frac{45}{q}.$$

显然函数 f 是单调递增的. 因此，我们只需要对 q 的最小值来证明上述不等式即可. 由定理 4，知对固定的 p, q 当 x, y, z 中有两个相等时取最小值，这意味着如果我们假定 $x \leqslant y \leqslant z$，那么 $x = y$. 因此，我们只需要对 $x = y = t$ 和 $z = 3 - 2t, t \leqslant 1$ 证明上述不等式即可，此即

$$12 + \frac{32}{81}\left(\frac{2}{t} + \frac{1}{3 - 2t}\right)^2 \geqslant \frac{45}{6t - 3t^2},$$

$$12 + \frac{32(2 - t)^2}{9t^2(3 - 2t)^2} \geqslant \frac{15}{2t - t^2},$$

$$108t^2(3 - 2t)^2(2 - t) + 32(2 - t)^3 \geqslant 135t(3 - 2t)^2,$$

$$(2t - 1)^2(-108t^3 + 432t^2 - 575t + 256) \geqslant 0,$$

这是成立的，因为由 AM-GM 不等式，我们有

$$-108t^3 + 432t^2 - 575t + 256 = -108t^3 + 108t^2 + 324t^2 - 575t + 256$$

$$= 108t^2(1 - t) + (18t)^2 + 16^2 - 575t$$

$$\geqslant 2 \cdot 18t \cdot 16 - 575t = t > 0.$$

等号在 $t = \dfrac{1}{2}$ 时取到，即 $x = y = \dfrac{1}{2}, z = 2$.　□

定理 5　设正实数 $a \leqslant b \leqslant c$ 满足

$$ab + bc + ca = q, abc = r,$$

其中 q, r 是给定的正实数，满足 $q^3 \geqslant 27r^2$. 那么 $a + b + c$ 当 $b = c$ 时取最小值，当 $a = b$ 时取最大值.

证 令 $a = \dfrac{1}{x}, b = \dfrac{1}{y}, c = \dfrac{1}{z}$,我们得到

$$z \leqslant y \leqslant x, x + y + z = \frac{q}{r}, xyz = \frac{1}{r},$$

且

$$a + b + c = r(xy + yz + zx).$$

因此,由定理 4, $\min\{a + b + c\} = \min\{xy + yz + zx\}$,在 $z = y$ 时取等号,此时 $b = c$. 同样地, $\max\{a + b + c\} = \max\{xy + yz + zx\}$,在 $x = y$ 时取等号,此时 $a = b$. □

1.7 n 元对称不等式的证明方法

接下来,我们将给出一些有用的引理,来证明超过三个变元的不等式.

定理 3 的一般形式就是下面的推论.

推论 2 设非负实数 $x_1 \leqslant x_2 \leqslant \cdots \leqslant x_n$ 满足

$$x_1 + x_2 + \cdots + x_n = p, x_1^2 + x_2^2 + \cdots + x_n^2 = q,$$

其中 p, q 是给定的实数,且满足 $p^2 \leqslant nq$. 那么乘积式 $x_1 x_2 \cdots x_n$ 当 $x_1 = x_2 = \cdots = x_{n-1}$ 时取最大值,当 $x_1 = 0$ 或 $x_2 = x_3 = \cdots = x_n$ 时取最小值.

证 由于满足 $x_1 + x_2 + \cdots + x_n = p$ 且 $x_1^2 + x_2^2 + \cdots + x_n^2 = q$ 的 n 元组 $(x_1, x_2, \cdots, x_n)$ 的集合闭有界,因此在此条件下, $x_1 x_2 \cdots x_n$ 的最大值和最小值是可以取到的.

用反证法,假定最大值在某个 n 元组取到,且此 n 元组不满足 $x_1 = x_2 = \cdots = x_{n-1} \leqslant x_n$. 因此,存在某个 $1 < j < n$,使得 $x_1 < x_j \leqslant x_n$,但乘积式 $x_1 x_2 \cdots x_n$ 取最大值. 由定理 3,我们可以将 x_1, x_j, x_n 替换为实数 $y_1 \leqslant y_j \leqslant y_n$(对其他指标,有 $y_i = x_i$),这些数满足条件

$$y_1 = y_j, y_1 + y_j + y_n = x_1 + x_j + x_n, y_1^2 + y_j^2 + y_n^2 = x_1^2 + x_j^2 + x_n^2.$$

那么乘积式 $x_1 x_2 \cdots x_n$ 的值就变大了, 矛盾.

当然, 如果我们记 $a = y_1 = y_j, b = y_n$, 则 $2a + b = x_1 + x_j + x_n$, 且 $2a^2 + b^2 = x_1^2 + x_j^2 + x_n^2$. 因此, a 是二次方程

$$3a^2 - 2a(x_1 + x_j + x_n) + x_1 x_j + x_j x_n + x_n x_1 = 0$$

的一个根, 其判别式为

$$\Delta = 4(x_1^2 + x_j^2 + x_n^2 - x_1 x_j - x_j x_n - x_n x_1) > 0.$$

因此, 我们取

$$y_1 = y_j = \frac{x_1 + x_j + x_n - \sqrt{x_1^2 + x_j^2 + x_n^2 - x_1 x_j - x_j x_n - x_n x_1}}{3},$$

$$y_n = \frac{x_1 + x_j + x_n + 2\sqrt{x_1^2 + x_j^2 + x_n^2 - x_1 x_j - x_j x_n - x_n x_1}}{3}.$$

由于这些数满足 $0 \leqslant y_1 = y_j < y_n$, 这就完成了证明.

因此, 最大值在

$$x_1 = x_2 = \cdots = x_{n-1} = \frac{(n-1)p - \sqrt{(n-1)(nq - p^2)}}{n(n-1)},$$

$$x_n = \frac{p + \sqrt{(n-1)(nq - p^2)}}{n}$$

时取到.

要求出 $x_1 x_2 \cdots x_n$ 的最小值, 我们分下面几种情形:

情形一: 由于 $(n-1)q < p^2 \leqslant nq$, 很明显 $x_1 > 0$. 显然, 如果 $x_1 = 0$, 那么由 Cauchy-Schwarz 不等式, 我们有

$$(n-1)(x_2^2 + x_3^2 + \cdots + x_n^2) \geqslant (x_2 + x_3 + \cdots + x_n)^2 \Leftrightarrow (n-1)q \geqslant p^2,$$

矛盾.

再用反证法, 假定最小值在某个 n 元组取到, 且此 n 元组不满足 $x_2 = x_3 = \cdots = x_n$. 因此存在某个 $1 < j < n$, 使得 $x_1 \leqslant x_j < x_n$, 但乘

积式 $x_1 x_2 \cdots x_n$ 取到最小值. 由推论 1, 我们可以将 x_1, x_j, x_n 替换为实数 $y_1 \leqslant y_j \leqslant y_n$（对其他指标, 有 $y_i = x_i$）, 这些数满足条件

$$y_j = y_n, \quad y_1 + y_j + y_n = x_1 + x_j + x_n, \quad y_1^2 + y_j^2 + y_n^2 = x_1^2 + x_j^2 + x_n^2.$$

那么乘积式 $x_1 x_2 \cdots x_n$ 的值就变小了, 矛盾.

如上所述, 我们得到

$$y_1 = \frac{x_1 + x_j + x_n - 2\sqrt{x_1^2 + x_j^2 + x_n^2 - x_1 x_j - x_j x_n - x_n x_1}}{3},$$

$$y_j = y_n = \frac{x_1 + x_j + x_n + \sqrt{x_1^2 + x_j^2 + x_n^2 - x_1 x_j - x_j x_n - x_n x_1}}{3}.$$

由以上讨论可知 $y_1 > 0$, 这显然满足 $y_1 < y_j = y_n$. 因此, $x_1 x_2 \cdots x_n$ 的最小值在

$$x_1 = \frac{p - \sqrt{(n-1)(nq - p^2)}}{n} > 0,$$

$$x_2 = x_3 = \cdots = x_n = \frac{(n-1)p + \sqrt{(n-1)(nq - p^2)}}{n(n-1)}$$

时取到.

情形二: 如果 $(n-k-1)q < p^2 \leqslant (n-k)q, k \in \{1, 2, \cdots, n-2\}$, 那么 $x_1 x_2 \cdots x_n$ 的最小值为 0, 且在

$$x_1 = x_2 = \cdots = x_k = 0,$$

$$x_{k+1} = \frac{p - \sqrt{(n-k-1)[(n-k)q - p^2]}}{n-k} > 0,$$

$$x_{k+2} = \cdots = x_{n-1} = x_n = \frac{(n-k-1)p + \sqrt{(n-k-1)[(n-k)q - p^2]}}{(n-k)(n-k-1)}.$$

时取到.

情形三: 如果 $p^2 = q$, 那么有 $x_1 = x_2 = \cdots = x_{n-1} = 0$ 且 $x_n = p$, 因此 $x_1 x_2 \cdots x_n = 0$. □

现在, 如果非负实数 $x_1, x_2, \cdots, x_n$ 满足

$$x_1 + x_2 + \cdots + x_n = n,$$

由于

$$\sum_{1 \leqslant i < j \leqslant n} (x_i - x_j)^2 \geqslant 0,$$

于是

$$\sum_{1 \leqslant i < j \leqslant n} x_i x_j \leqslant \frac{n(n-1)}{2},$$

所以, 存在 $t \in [0, 1]$ 使得

$$\sum_{1 \leqslant i < j \leqslant n} x_i x_j = \frac{n(n-1)}{2}(1 - t^2).$$

引理 5　如果非负实数 $x_1, x_2, \cdots, x_n$ 满足

$$x_1 + x_2 + \cdots + x_n = n,$$

并且令

$$\sum_{1 \leqslant i < j \leqslant n} x_i x_j = \frac{n(n-1)}{2}(1 - t^2), t \in [0, 1],$$

那么对任意 $x \in \{1, 2, \cdots, n\}$, 我们有

$$1 - (n-1)t \leqslant x_i \leqslant 1 + (n-1)t.$$

证　由 Cauchy-Schwarz 不等式, 我们有

$$n + n(n-1)t^2 = \sum_{i=1}^{n} x_i^2 \geqslant x_1^2 + \frac{(x_2 + x_3 + \cdots + x_n)^2}{n-1}$$

$$= x_1^2 + \frac{(n - x_1)^2}{n-1},$$

即

$$x_1^2 - 2x_1 + 1 - (n-1)^2 t^2 \leqslant 0,$$

这意味着

$$1 - (n-1)t \leqslant x_1 \leqslant 1 + (n-1)t.$$

类似地, 我们得到

$$1 - (n-1)t \leqslant x_2, x_3, \cdots, x_n \leqslant 1 + (n-1)t. \qquad \square$$

引理 6 如果非负实数 $x_1, x_2, \cdots, x_n$ 满足

$$x_1 + x_2 + \cdots + x_n = n,$$

并且令

$$\sum_{1 \leqslant i < j \leqslant n} x_i x_j = \frac{n(n-1)}{2}(1-t^2), t \in [0,1],$$

那么成立不等式

$$\max\{0, [1-(n-1)t](1+t)^{n-1}\} \leqslant x_1 x_2 \cdots x_n \leqslant [1+(n-1)t](1-t)^{n-1}.$$

证 我们有 $p = n$，且 $q = x_1^2 + x_2^2 + \cdots + x_n^2 = n + n(n-1)t^2$. 由推论 2，$x_1 x_2 \cdots x_n$ 的最大值当

$$x_1 = x_2 = \cdots = x_{n-1} = 1 - t, x_n = 1 + (n-1)t$$

时取到. 如果 $p^2 > (n-1)q \Leftrightarrow 1 - (n-1)t > 0$，则 $x_1 x_2 \cdots x_n$ 的最小值在 $x_1 = 1 - (n-1)t$ 和 $x_2 = x_3 = \cdots = x_n = 1 + t$ 时取到. 否则，最小值就是 0. □

定理 4 的一般形式就是接下来的推论.

推论 3 设正实数 $x_1 \leqslant x_2 \leqslant \cdots \leqslant x_n$ 满足

$$x_1 + x_2 + \cdots + x_n = p, x_1 x_2 \cdots x_n = r,$$

其中 p 和 r 是给定的正实数，且满足 $p^n \geqslant nr$，那么和式 $\dfrac{1}{x_1} + \dfrac{1}{x_2} + \cdots + \dfrac{1}{x_n}$ 的最大值当 $x_2 = x_3 = \cdots = x_n$ 时取到，而最小值当 $x_1 = x_2 = \cdots = x_{n-1}$ 时取到.

证 满足

$$x_1 + x_2 + \cdots + x_n = p, x_1 x_2 \cdots x_n = r,$$

的 n 元组 $(x_1, x_2, \cdots, x_n)$ 的集合是闭有界的，由 AM-GM 不等式，我们有

$$x_2 x_3 \cdots x_n \leqslant \left(\frac{x_2 + x_3 + \cdots + x_n}{n-1}\right)^{n-1} \leqslant \left(\frac{p}{n-1}\right)^{n-1},$$

因此

$$r\left(\frac{n-1}{p}\right)^{n-1} \leqslant x_1 \leqslant x_n \leqslant p.$$

记

$$q = \frac{1}{x_1} + \frac{1}{x_2} + \cdots + \frac{1}{x_n}.$$

再用反证法，假定最小值在某个 n 元组取到，且此 n 元组不满足 $x_1 = x_2 = \cdots = x_{n-1}$. 因此存在某个 $1 < j < n$，使得 $x_1 < x_j \leqslant x_n$. 由定理 4，q 是可以变小的. 我们可以将 x_1, x_j, x_n 替换为实数 $y_1 \leqslant y_j \leqslant y_n$，这些数满足条件

$$y_1 = y_j,\ y_1 + y_j + y_n = x_1 + x_j + x_n,\ y_1 y_j y_n = x_1 x_j x_n.$$

类似地，由反证法，假定最大值在某个 n 元组取到，且此 n 元组不满足 $x_2 = x_3 = \cdots = x_n$. 则存在某个 $1 < j < n$，使得 $x_1 \leqslant x_j < x_n$. 由定理 4，q 是可以变大的，矛盾. 我们可以将 x_1, x_j, x_n 替换为实数 $y_1 \leqslant y_j \leqslant y_n$，这些数满足条件

$$y_j = y_n,\ y_1 + y_j + y_n = x_1 + x_j + x_n,\ y_1 y_j y_n = x_1 x_j x_n.$$

证毕.　　　　　　　　　　　　　　　　　　　　　　　　　　$\square$

定理 5 的一般形式就是接下来的推论，这里只需要在推论 3 中将所有的 x_i 替换为 $\dfrac{1}{x_i}$ 即可.

推论 4 设正实数 $x_1 \leqslant x_2 \leqslant \cdots \leqslant x_n$ 满足

$$\frac{1}{x_1} + \frac{1}{x_2} + \cdots + \frac{1}{x_n} = q,\ x_1 x_2 \cdots x_n = r,$$

其中 q 和 r 是正实数，且满足

$$\left(\frac{q}{n}\right)^n \geqslant \frac{1}{r}.$$

那么，和式 $x_1 + x_2 + \cdots + x_n$ 当 $x_2 = x_3 = \cdots = x_n$ 时最小，而当 $x_1 = x_2 = \cdots = x_{n-1}$ 时最大.

下面,我们对满足条件 $x_1 + x_2 + \cdots + x_n = n$ 的 n 个变元 $x_1, x_2, \cdots, x_n$,给出一些有用的不等式.

引理 7 设整数 $n \geqslant 3$,如果正实数 $x_1, x_2, \cdots, x_n$ 满足 $x_1 + x_2 + \cdots + x_n$,并且令

$$\sum_{1 \leqslant i < j \leqslant n} x_i x_j = \frac{n(n-1)}{2}(1 - t^2),$$

那么成立不等式

$$\frac{1}{x_1} + \frac{1}{x_2} + \cdots + \frac{1}{x_n} \geqslant \frac{n[1 + (n-2)t]}{(1-t)[1 + (n-1)t]}, t \in [0, 1),$$

以及

$$\frac{1}{x_1} + \frac{1}{x_2} + \cdots + \frac{1}{x_n} \leqslant \frac{n[1 - (n-2)t]}{(1+t)[1 - (n-1)t]}, t \in \left[0, \frac{1}{n-1}\right).$$

证 由引理 5,我们有

$$1 - (n-1)t \leqslant x_1, x_2, x_3, \cdots, x_n \leqslant 1 + (n-1)t.$$

如果 $t = 0$,我们得到 $x_1 = x_2 = \cdots = x_n = 1$,不等式成立. 因此,我们可以假定 $0 < t < 1$.

如果 $x_1, x_2, \cdots, x_n$ 中有一个数等于 $1 + (n-1)t$,则其他的数都等于 $1 - t$,因此

$$\frac{1}{x_1} + \frac{1}{x_2} + \cdots + \frac{1}{x_n} = \frac{1}{1 + (n-1)t} + \frac{n-1}{1-t} = \frac{n[1 + (n-2)t]}{(1-t)[1 + (n-1)t]}.$$

我们考虑 $1 - (n-1)t < x_1, x_2, \cdots, x_n < 1 + (n-1)t$,那么由 Cauchy-Schwarz 不等式可得

$$\frac{1}{x_1} + \frac{1}{x_2} + \cdots + \frac{1}{x_n}$$

$$= \frac{n}{1 + (n-1)t} + \sum_{i=1}^{n} \left(\frac{1}{x_i} - \frac{1}{1 + (n-1)t} \right)$$

$$= \frac{n}{1 + (n-1)t} + \sum_{i=1}^{n} \frac{1 + (n-1)t - x_i}{x_i[1 + (n-1)t]}$$

$$\geqslant \frac{n}{1+(n-1)t} + \frac{\left(\sum\limits_{i=1}^{n}[1+(n-1)t-x_i]\right)^2}{\sum\limits_{i=1}^{n}[1+(n-1)t-x_i]x_i[1+(n-1)t]}$$

$$= \frac{n}{1+(n-1)t} + \frac{n^2(n-1)^2t^2}{n(n-1)t(1-t)[1+(n-1)t]}$$

$$= \frac{n[1+(n-2)t]}{(1-t)[1+(n-1)t]}.$$

类似地,

$$-\frac{1}{x_1} - \frac{1}{x_2} - \cdots - \frac{1}{x_n}$$

$$= -\frac{n}{1-(n-1)t} + \sum_{i=1}^{n}\left(\frac{1}{1-(n-1)t} - \frac{1}{x_i}\right)$$

$$= -\frac{n}{1-(n-1)t} + \sum_{i=1}^{n}\frac{x_i - 1 + (n-1)t}{x_i[1-(n-1)t]}$$

$$\geqslant -\frac{n}{1-(n-1)t} + \frac{\left(\sum\limits_{i=1}^{n}[x_i - 1 + (n-1)t]\right)^2}{\sum\limits_{i=1}^{n}[x_i - 1 + (n-1)t]x_i[1-(n-1)t]}$$

$$= -\frac{n}{1-(n-1)t} + \frac{n^2(n-1)^2t^2}{n(n-1)t(1+t)[1-(n-1)t]}$$

$$= -\frac{n[1-(n-2)t]}{(1+t)[1-(n-1)t]}.$$

因此,

$$\frac{1}{x_1} + \frac{1}{x_2} + \cdots + \frac{1}{x_n} \leqslant \frac{n[1-(n-2)t]}{(1+t)[1-(n-1)t]}. \qquad \Box$$

从引理 7 出发,我们能得到引理 6 的另一种表述.

引理 6' 设整数 $n \geqslant 3$,如果正实数 $x_1, x_2, \cdots, x_n$ 满足 $x_1 + x_2 + \cdots + x_n = n$,并且令

$$\sum_{1 \leqslant i < j \leqslant n} x_i x_j = \frac{n(n-1)}{2}(1-t^2), t \in [0, 1],$$

那么成立不等式

$$[1 - (n-1)t](1+t)^{n-1} \leqslant x_1 x_2 \cdots x_n \leqslant [1 + (n-1)t](1-t)^{n-1}.$$

证 注意到如果 $t \in \left[\dfrac{1}{n-1}, 1\right]$，那么左边的不等式是显然成立的. 且对 $t = 1$，右边的不等式也是成立的，因为显然有 $x_1 x_2 \cdots x_n = 0$. 所以，我们将会对 $t \in \left[0, \dfrac{1}{n-1}\right)$ 来证明左边的不等式，而对 $t \in [0, 1)$ 来证明右边的不等式.

下面对 $n \geqslant 3$ 用数学归纳法进行证明. $n = 3$ 的情形就是引理 3，这已经证明了.

我们考虑多项式 $P : \mathbf{R} \mapsto \mathbf{R}$，

$$\begin{aligned} P(x) &= (x - x_1)(x - x_2) \cdots (x - x_n) \\ &= x^n - nx^{n-1} + \frac{n(n-1)}{2}(1 - t^2)x^{n-2} + \cdots + nr_1 x + r, \end{aligned}$$

其中我们记

$$n \cdot r_1 = \sum_{\text{cyc}} x_1 x_2 \cdots x_{n-1}, \quad r = x_1 x_2 \cdots x_n.$$

由 Rolle 定理，P 的一阶导数 P' 有 $n - 1$ 个正的实根，设 $x_1', x_2', \cdots, x_{n-1}'$ 是 P' 的根，我们有

$$P'(x) = n\left[x^{n-1} - (n-1)x^{n-2} + \frac{(n-1)(n-2)}{2}(1-t^2)x^{n-3} + \cdots + r_1\right],$$

因此

$$x_1' + x_2' + \cdots + x_{n-1}' = n - 1, \quad \sum_{1 \leqslant i < j \leqslant n} x_i' x_j' = \frac{(n-1)(n-2)}{2}(1 - t^2).$$

假定结论对 $n - 1$ 是成立的，并且我们注意到 $x_1', x_2', \cdots, x_{n-1}'$ 满足题设条件，所以

$$[1 - (n-2)t](1+t)^{n-2} \leqslant r_1 = x_1' x_2' \cdots x_{n-1}' \leqslant [1 + (n-2)t](1-t)^{n-2}.$$

由引理 7,可得

$$\frac{nr_1}{r} = \frac{1}{x_1} + \frac{1}{x_2} + \cdots + \frac{1}{x_n} \geqslant \frac{n[1 + (n-2)t]}{(1-t)[1 + (n-1)t]},$$

即

$$r \leqslant r_1 \frac{(1-t)[1 + (n-1)t]}{[1 + (n-2)t]} \leqslant [1 + (n-1)t](1-t)^{n-1}.$$

且还有

$$\frac{nr_1}{r} = \frac{1}{x_1} + \frac{1}{x_2} + \cdots + \frac{1}{x_n} \leqslant \frac{n[1 - (n-2)t]}{(1+t)[1 - (n-1)t]},$$

即

$$r \geqslant r_1 \frac{(1+t)[1 - (n-1)t]}{[1 - (n-2)t]} \geqslant [1 - (n-1)t](1+t)^{n-1},$$

证毕.　　　　　　　　　　　　　　　　　　　　　　　　　□

引理 8　设整数 $n \geqslant 3$,如果非负实数 $x_1, x_2, \cdots, x_n$ 满足 $x_1 + x_2 + \cdots + x_n = n$,并且令

$$\sum_{1 \leqslant i < j \leqslant n} x_i x_j = \frac{n(n-1)}{2}(1 - t^2), t \in [0, 1],$$

那么成立不等式

$$\sum_{i=1}^{n} x_i^3 \geqslant n\left[1 + 3(n-1)t^2 - (n-1)(n-2)t^3\right], t \in \left[0, \frac{1}{n-1}\right]$$

以及

$$\sum_{i=1}^{n} x_i^3 \leqslant n\left[1 + 3(n-1)t^2 + (n-1)(n-2)t^3\right], t \in [0, 1].$$

证　由引理 5,我们有

$$1 - (n-1)t \leqslant x_1, x_2, x_3, \cdots, x_n \leqslant 1 + (n-1)t.$$

如果 $t \in \left[0, \dfrac{1}{n-1}\right]$，由 Cauchy-Schwarz 不等式，我们有

$$\sum_{i=1}^{n} x_i^2[x_i - 1 + (n-1)t] \sum_{i=1}^{n}[x_i - 1 + (n-1)t]$$
$$\geq \left(\sum_{i=1}^{n} x_i[x_i - 1 + (n-1)t]\right)^2,$$

即

$$\sum_{i=1}^{n} x_i^3 - n[1 - (n-1)t][1 + (n-1)t^2] \geq n(n-1)t(t+1)^2,$$

也即

$$\sum_{i=1}^{n} x_i^3 \geq n[1 + 3(n-1)t^2 - (n-1)(n-2)t^3],$$

这就是待证的第一个不等式. 对第二个不等式，由 Cauchy-Schwarz 不等式，我们有

$$\sum_{i=1}^{n} x_i^2[-x_i + 1 + (n-1)t] \sum_{i=1}^{n}[-x_i + 1 + (n-1)t]$$
$$\geq \left(\sum_{i=1}^{n} x_i[-x_i + 1 + (n-1)t]\right)^2,$$

即

$$n[1 + (n-1)t][1 + (n-1)t^2] - \sum_{i=1}^{n} x_i^3 \geq n(n-1)t(1-t)^2,$$

也即

$$\sum_{i=1}^{n} x_i^3 \leq n[1 + 3(n-1)t^2 + (n-1)(n-2)t^3],$$

第二个不等式得证. □

例 70（Marius Stǎnean, Mathematical Reflections）　设实数 a, b, c, d, e, f 满足

$$a + b + c + d + e + f = 15, a^2 + b^2 + c^2 + d^2 + e^2 + f^2 = 45.$$

证明：$abcdef \leqslant 160$.

证　由 Cauchy-Schwarz 不等式,我们有

$$
\begin{aligned}
45 &= a^2 + b^2 + c^2 + d^2 + e^2 + f^2 \\
&\geqslant a^2 + \frac{(b + c + d + e + f)^2}{5} \\
&= a^2 + \frac{(15 - a)^2}{5},
\end{aligned}
$$

即

$$6a^2 - 30a \leqslant 0 \Leftrightarrow 0 \leqslant a \leqslant 5.$$

类似地,我们得到

$$0 \leqslant b, c, d, e, f \leqslant 5.$$

由推论 2,乘积式 $abcdef$ 当

$$a = b = c = d = e \leqslant f$$

时最大. 因此,我们有

$$
\begin{cases} 5a + f = 15 \\ 5a^2 + f^2 = 45 \end{cases} \Leftrightarrow \begin{cases} a = 2 \\ f = 5 \end{cases}.
$$

所以,

$$abcdef \leqslant 2^5 \cdot 5 = 160. \qquad \square$$

例 71　设正实数 a, b, c, d 满足 $a + b + c + d = 4$,证明:

$$\frac{1}{a} + \frac{1}{b} + \frac{1}{c} + \frac{1}{d} \geqslant \frac{12}{2 + abcd}.$$

证 不失一般性,我们可以假定 $a \leqslant b \leqslant c \leqslant d$. 由推论 3,对固定的 $abcd$,$\dfrac{1}{a} + \dfrac{1}{b} + \dfrac{1}{c} + \dfrac{1}{d}$ 当 $a = b = c$ 时最大. 因此,我们只需要对 $a = b = c = t, d = 4 - 3t, 0 < t \leqslant 1$ 来证明我们的不等式即可,此时原不等式等价于

$$\frac{3}{t} + \frac{1}{4 - 3t} \geqslant \frac{12}{2 + t^3(4 - 3t)},$$

$$\frac{(t - 1)^2(6t^3 - 5t^2 - 4t + 6)}{t(4 - 3t)[2 + t^3(4 - 3t)]} \geqslant 0,$$

这是成立的,因为

$$6(t^3 + 1) \geqslant 6(t^2 + t) \geqslant 5t^2 + 4t. \qquad \square$$

例 72 (Tran Le Bach) 设非负实数 a, b, c, d 满足 $a + b + c + d = 4$,证明:

$$16 \leqslant 3(a^2 + b^2 + c^2 + d^2) + 4abcd \leqslant 48.$$

证 令 $\displaystyle\sum_{\text{cyc}} ab = 6(1 - t^2), t \in [0, 1]$,那么有

$$a^2 + b^2 + c^2 + d^2 = 4(1 + 3t^2),$$

由引理 6,我们有

$$\max\{0, (1 - 3t)(1 + t)^3\} \leqslant abcd \leqslant (1 + 3t)(1 - t)^3.$$

因此,对左边的不等式,我们有两种情形.

情形一:如果 $t \geqslant \dfrac{1}{3}$,那么

$$3(a^2 + b^2 + c^2 + d^2) + 4abcd \geqslant 3(a^2 + b^2 + c^2 + d^2)$$
$$= 12 + 36t^2 \geqslant 12 + 4 = 16.$$

情形二:如果 $0 \leqslant t < \dfrac{1}{3}$,那么

$$3(a^2 + b^2 + c^2 + d^2) + 4abcd \geqslant 4\big[3 + 9t^2 + (1 - 3t)(1 + t)^3\big]$$

$$= 4\left[4 + t^2(1 - 3t)(t + 3)\right] \geqslant 16.$$

等号当 $t = 0$ 时成立, 此时 $a = b = c = d = 1$; 或者 $t = \dfrac{1}{3}$, 此时 a, b, c, d 中有一个为 0, 剩下三个为 $\dfrac{4}{3}$.

对不等式的右边, 我们有

$$
\begin{aligned}
3(a^2 + b^2 + c^2 + d^2) + 4abcd &\leqslant 4\left[3 + 9t^2 + (1 + 3t)(1 - t)^3\right] \\
&= 4\left[12 + (t - 1)(8 + 8t + 5t^2 - 3t^3)\right] \\
&\leqslant 48.
\end{aligned}
$$

等号当 $t = 1$ 时成立, 此时 a, b, c, d 中有一个为 4, 剩下三个为 0.　　□

例 73　设正实数 a, b, c, d 满足 $a + b + c + d = 4$, 证明:

$$4\left(\frac{1}{a} + \frac{1}{b} + \frac{1}{c} + \frac{1}{d}\right) \geqslant 4 + 3(a^2 + b^2 + c^2 + d^2).$$

证　令 $\displaystyle\sum_{\mathrm{cyc}} ab = 6(1 - t^2), t \in [0, 1]$, 于是

$$a^2 + b^2 + c^2 + d^2 = 16 - 2\sum_{\mathrm{cyc}} ab = 16 - 12(1 - t^2) = 4(1 + 3t^2).$$

由引理 7, 我们有

$$\frac{1}{a} + \frac{1}{b} + \frac{1}{c} + \frac{1}{d} \geqslant \frac{4(1 + 2t)}{(1 - t)(1 + 3t)}, t \in [0, 1).$$

因此, 只需要证明

$$\frac{4(1 + 2t)}{(1 - t)(1 + 3t)} \geqslant 4 + 9t^2,$$

即

$$3t^2(3t^2 - 1) \geqslant 0,$$

这是显然的. 当 $t = 0$ 时等号成立, 此时 $a = b = c = d$; 或者 $t = \dfrac{1}{3}$, 此时 a, b, c, d 中有一个是 2, 其他都是 $\dfrac{2}{3}$.　　□

注 类似地,我们可以得到下面更强的不等式:

1.(Vasile Cîrtoaje, AoPS)如果正实数 a, b, c, d, e 满足

$$a + b + c + d + e = 5,$$

则

$$9\left(\frac{1}{a} + \frac{1}{b} + \frac{1}{c} + \frac{1}{d} + \frac{1}{e}\right) \geqslant 5 + 7(a^2 + b^2 + c^2 + d^2 + e^2),$$

等号成立时,$a = 3, b = c = d = e = \frac{1}{2}$.

2.(Vasile Cîrtoaje)设正实数 $a_1, a_2, \cdots, a_n$ 满足

$$a_1 + a_2 + \cdots + a_n = n.$$

证明:

$$n^2\left(\frac{1}{a_1} + \frac{1}{a_2} + \cdots + \frac{1}{a_n} - n\right) \geqslant 4(n-1)\left(a_1^2 + a_2^2 + \cdots + a_n^2 - n\right).$$

例 74(Vasile Cîrtoaje)设非负实数 $a_1, a_2, \cdots, a_n$ 满足 $a_1 + a_2 + \cdots + a_n = n$.

$$a_1^3 + a_2^3 + \cdots + a_n^3 + n^2 \leqslant (n+1)(a_1^2 + a_2^2 + \cdots + a_n^2).$$

证 令 $\displaystyle\sum_{1 \leqslant i < j \leqslant n} a_i a_j = \frac{n(n-1)}{2}(1 - t^2), t \in [0, 1]$,那么有

$$a_1^2 + a_2^2 + \cdots + a_n^2 = n + n(n-1)t^2,$$

且由引理 8,我们有

$$a_1^3 + a_2^3 + \cdots + a_n^3 \leqslant n\left[1 + 3(n-1)t^2 + (n-1)(n-2)t^3\right].$$

因此,只需要证明

$$1 + 3(n-1)t^2 + (n-1)(n-2)t^3 + n \leqslant n + 1 + (n^2 - 1)t^2,$$

即

$$(n-1)(n-2)t^2(1 - t) \geqslant 0,$$

这是显然成立的. 当 $t = 0$ 时等号成立,此时 $a_1 = a_2 = \cdots = a_n = 1$;或者 $t = 1$,此时 a_i 中有一个等于 n,其他的等于 0. □

1.8　平方和方法(SOS 方法)与 SOS-Schur 方法

定理 6 (SOS **方法**)考虑下面的表达式

$$S = S_a(b-c)^2 + S_b(a-c)^2 + S_c(a-b)^2,$$

其中 S_a, S_b, S_c 是变量 a, b, c 的表达式. 如果以下六个条件中至少成立一个,那么 $S \geqslant 0$:

1. $S_a, S_b, S_c \geqslant 0$.

2. $a \geqslant b \geqslant c$,且 $S_b, S_b + S_a, S_b + S_c \geqslant 0$.

3. $a \geqslant b \geqslant c$,且存在正数 p, q 使得

$$S_a, S_c, S_a + \frac{p+q}{q}S_b, S_c + \frac{p+q}{p}S_b \geqslant 0.$$

4. $a \geqslant b \geqslant c \geqslant 0$,且 $S_b, S_c, a^2 S_b + b^2 S_a \geqslant 0$.

5. $a \geqslant b \geqslant c$ 是一个三角形的三边长,且

$$S_a, S_b, b^2 S_b + c^2 S_c \geqslant 0.$$

6. $S_a + S_b + S_c \geqslant 0$,且 $S_a S_b + S_b S_c + S_c S_a \geqslant 0$.

证 1. 这是显然的.

2. 注意到 $(a-c)^2 \geqslant (a-b)^2 + (b-c)^2$,且由于 $S_b \geqslant 0$,我们有

$$S \geqslant (S_a + S_b)(b-c)^2 + (S_b + S_c)(a-b)^2.$$

3. 注意到由 Cauchy-Schwarz 不等式有

$$\frac{(a-b)^2}{p} + \frac{(b-c)^2}{q} \geqslant \frac{(a-b+b-c)^2}{p+q} = \frac{(a-c)^2}{p+q},$$

所以(如果 $S_b \leqslant 0$,这是唯一非平凡的情形)

$$S \geqslant \left(S_a + \frac{p+q}{q}S_b\right)(b-c)^2 + \left(S_c + \frac{p+q}{p}S_b\right)(a-b)^2.$$

4. 注意到 $\dfrac{a-c}{b-c} \geqslant \dfrac{a}{b}$，所以

$$S \geqslant S_a(b-c)^2 + S_b(c-a)^2 \geqslant S_a(b-c)^2 + \frac{a^2(b-c)^2 S_b}{b^2} \geqslant 0.$$

5. 这是条件 4 的变体，这里只是增加了假设 $b+c \geqslant a$. 注意到

$$a-c-\frac{b(a-b)}{c} = \frac{(b-c)(b+c-a)}{c} \geqslant 0 \Leftrightarrow \frac{a-c}{b} \geqslant \frac{a-b}{c}.$$

因此，如果 S_a，S_b 和 $b^2 S_b + c^2 S_c$ 都是非负的，那么

$$S \geqslant S_b(a-c)^2 + S_c(a-b)^2 \geqslant \frac{(a-b)^2}{c^2}(b^2 S_b + c^2 S_c) \geqslant 0.$$

6. 由于 $\dfrac{(S_a+S_b)}{(S_a+S_c)} = S_a^2 + S_a S_b + S_b S_c \geqslant 0$，由对称性可知，$S_a+S_b$，$S_a+S_c$，$S_b+S_c$ 的符号是相同的. 但由于 $S_a+S_b+S_c \geqslant 0$，这些符号一定都是非负的，所以我们有 $S_a+S_b \geqslant 0$. 因此，我们将 S 写成

$$S = (S_a+S_b)(b-c)^2 + 2S_b(b-c)(a-b) + (S_b+S_c)(a-b)^2,$$

将此式看成是 $\dfrac{a-b}{b-c}$ 的一个二次函数，其首项系数是非负的，判别式为

$$\Delta = 4\big[S_b^2 - (S_a+S_b)(S_b+S_c)\big] = -4(S_a S_b + S_b S_c + S_c S_a) \leqslant 0.$$

因此，二次式 S 是非负的. □

批注 8 结合 SOS 方法与 Schur 不等式，我们得到另一种解决不等式的方法，也就是所谓的 SOS-Schur 方法. SOS-Schur 方法的思想就是将三元不等式化为以下形式：

$$f(a,b,c) = M(a-b)^2 + N(c-a)(c-b) \geqslant 0,$$

通过某种技巧，我们将尝试证明：如果 $c = \min\{a,b,c\}$ 或 $c = \max\{a,b,c\}$，那么 M, N 是非负的.

下面的 SOS 表示法或者 SOS-Schur 表示法可以帮助你进行练习，你可以亲自发现更多的等式.

- $a^2 + b^2 + c^2 - ab - bc - ca = \dfrac{1}{2} \displaystyle\sum_{\text{cyc}} (a - b)^2.$

- $(a + b)(b + c)(c + a) - 8abc = \displaystyle\sum_{\text{cyc}} a(b - c)^2.$

- $(a + b + c)^3 - 27abc = \dfrac{1}{2} \displaystyle\sum_{\text{cyc}} (a + b + 7c)(a - b)^2.$

- $\dfrac{a}{b} + \dfrac{b}{c} + \dfrac{c}{a} - 3 = \dfrac{1}{6} \displaystyle\sum_{\text{cyc}} (a - b)^2 \left(\dfrac{3}{ab} + \dfrac{1}{bc} - \dfrac{1}{ca} \right).$

- $\dfrac{a^2}{b} + \dfrac{b^2}{c} + \dfrac{c^2}{a} = a + b + c + \displaystyle\sum_{\text{cyc}} \dfrac{(a - b)^2}{b}.$

- $\dfrac{a}{b + c} + \dfrac{b}{c + a} + \dfrac{c}{a + b} - \dfrac{3}{2} = \displaystyle\sum_{\text{cyc}} \dfrac{(a - b)^2}{2(a + c)(b + c)}.$

- $\dfrac{3}{2} - \dfrac{a}{a + b} + \dfrac{b}{b + c} + \dfrac{c}{c + a} = \dfrac{\displaystyle\sum_{\text{cyc}} (a - b)^3}{6(a + b)(b + c)(c + a)}.$

- $\dfrac{a^2}{a + b} + \dfrac{b^2}{b + c} + \dfrac{c^2}{c + a} = \dfrac{a + b + c}{2} + \displaystyle\sum_{\text{cyc}} \dfrac{(a - b)^2}{4(a + b)}.$

- $\displaystyle\sum_{i=1}^{n} \dfrac{1}{a_i} - \dfrac{n^2}{\displaystyle\sum_{i=1}^{n} a_i} = \dfrac{1}{\displaystyle\sum_{i=1}^{n} a_i} \displaystyle\sum_{1 \leqslant i < j \leqslant n} \dfrac{(a_i - a_j)^2}{a_i a_j}.$

- $\displaystyle\sum_{i=1}^{n} \dfrac{1}{a_i} - \dfrac{n^2}{\displaystyle\sum_{i=1}^{n} a_i} = \dfrac{1}{\displaystyle\sum_{i=1}^{n} a_i} \displaystyle\sum_{1 \leqslant i < j \leqslant n} \dfrac{(a_i - a_j)^2}{a_i a_j}.$

- $\sqrt{n \displaystyle\sum_{i=1}^{n} a_i^2 - \displaystyle\sum_{i=1}^{n} a_i} = \dfrac{\displaystyle\sum_{1 \leqslant i < j \leqslant n} (a_i - a_j)^2}{\sqrt{n \displaystyle\sum_{i=1}^{n} a_i^2 + \displaystyle\sum_{i=1}^{n} a_i}}.$

- $a^2 + b^2 + c^2 - ab - bc - ca = (a - b)^2 + (c - a)(c - b).$

- $(a + b)(b + c)(c + a) - 8abc = 2c(a - b)^2 + (a + b)(c - a)(c - b).$

103

- $\dfrac{a}{b} + \dfrac{b}{c} + \dfrac{c}{a} - 3 = \dfrac{(a-b)^2}{ab} + \dfrac{(c-a)(c-b)}{ac}.$

- $\displaystyle\sum_{\text{cyc}} \dfrac{a^2+bc}{b+c} - a - b - c = \dfrac{(a+b)(a-b)^2}{(a+c)(b+c)} + \dfrac{(c-a)(c-b)}{a+b}.$

- $\dfrac{a}{b+c} + \dfrac{b}{c+a} + \dfrac{c}{a+b} - \dfrac{3}{2} = \dfrac{(a-b)^2}{(a+c)(b+c)} + \dfrac{(a+b+2c)(c-a)(c-b)}{2(a+b)(b+c)(c+a)}.$

- $\dfrac{a}{b+c} + \dfrac{b}{c+a} + \dfrac{c}{a+b} - \dfrac{3}{2} = \dfrac{(a-b)^2}{(a+c)(b+c)} + \dfrac{(a+b+2c)(c-a)(c-b)}{2(a+b)(b+c)(c+a)}.$

- $\displaystyle\sum_{\text{cyc}} \dfrac{a^2}{b+c} - \dfrac{1}{2}\sum_{\text{cyc}} a$
  $= \dfrac{(a+b+c)\big[2(a+b)(a-b)^2 + (a+b+2c)(c-a)(c-b)\big]}{2(a+b)(b+c)(c+a)}.$

为了应用 SOS-Schur 方法，有必要将 SOS 的表达式转化为 SOS-Schur 的表达式. 注意到

$$\sum_{\text{cyc}} (a-b)^2 = 2(a-b)^2 + 2(c-a)(c-b),$$

所以，

$$\sum_{\text{cyc}} S_a(b-c)^2 = (S_a - S_c)(b-c)^2 + (S_b - S_c)(a-c)^2 + S_c\sum_{\text{cyc}}(a-b)^2$$

$$= \left[\dfrac{(b-c)(S_a-S_c)}{a-c} + \dfrac{(a-c)(S_b-S_c)}{b-c} + 2S_c\right](c-a)(c-b) + 2S_c(a-b)^2.$$

由 SOS 表达式，我们可以得到一个 Schur 表达式

$$\sum_{\text{cyc}} S_a(b-c)^2 = \sum_{\text{cyc}}(S_a+S_b)(c-a)(c-b).$$

由此，我们有下面的 SOS-Schur 表达式

$$\sum_{\text{cyc}} S_a(b-c)^2 = (S_a+S_b)(c-a)(c-b) +$$

$$\left[S_c + \dfrac{c(S_a-S_b)}{a-b} + \dfrac{aS_b - bS_a}{a-b}\right](a-b)^2.$$

在这个 SOS-Schur 表达式中，最简单的情形就是 $M, N \geq 0$. 否则的话，我们可以从我们已有的表达式，尝试去找一个实数 P，使得

$$M + P(a-c)(b-c) \geq 0, N - P(a-b)^2 \geq 0,$$

考虑到

$$M(a-b)^2 + N(a-c)(b-c) \geq 0,$$

这等价于

$$[M + P(a-c)(b-c)](a-b)^2 + [N - P(a-b)^2](a-c)(b-c) \geq 0.$$

例 75（Schur 不等式） 设 a, b, c 为非负实数，且 $n \in \mathbf{N}$，证明：

$$a^n(a-b)(a-c) + b^n(b-c)(b-a) + c^n(c-a)(c-b) \geq 0.$$

证 不失一般性，我们可以假定 $a \geq b \geq c$，则不等式可以改写为

$$(a-b)(a^{n+1} - b^{n+1} - ca^n + cb^n) + c^n(c-a)(c-b) \geq 0,$$

即

$$M(a-b)^2 + N(c-a)(c-b) \geq 0,$$

其中 $N = c^n \geq 0$ 且

$$\begin{aligned}
M &= a^n + a^{n-1}b + \cdots + ab^{n-1} + b^n - \\
&\quad c(a^{n-1} + a^{n-2}b + \cdots + ab^{n-2} + b^{n-1}) \\
&= a^n + (b-c)(a^{n-1} + a^{n-2}b + \cdots + ab^{n-2} + b^{n-1}) \geq 0.
\end{aligned}$$

当 $a = b = c$ 或者 a, b, c 中有两个相等，另一个为 0 时等号成立. □

例 76（AoPS, sqing） 设正实数 a, b, c 满足 $abc = 1$，证明：

$$\frac{a^2+1}{b+c} + \frac{b^2+1}{c+a} + \frac{c^2+1}{a+b} \geq a+b+c.$$

证 首先我们将不等式齐次化，得到下面的不等式：

$$\frac{a^2 + \sqrt[3]{a^2b^2c^2}}{b+c} + \frac{b^2 + \sqrt[3]{a^2b^2c^2}}{c+a} + \frac{c^2 + \sqrt[3]{a^2b^2c^2}}{a+b} \geq a+b+c.$$

由 AM-GM 不等式,我们有

$$a + b + c \geqslant 3\sqrt[3]{abc} \Leftrightarrow \sqrt[3]{a^2b^2c^2} \geqslant \frac{3abc}{a + b + c}.$$

因此,只需要证明

$$\frac{a^2 + \frac{3abc}{a+b+c}}{b + c} + \frac{b^2 + \frac{3abc}{a+b+c}}{c + a} + \frac{c^2 + \frac{3abc}{a+b+c}}{a + b} \geqslant a + b + c,$$

即

$$\sum_{\text{cyc}} \frac{a^3 + 3abc + a^2(b + c)}{b + c} \geqslant (a + b + c)^2,$$

也即

$$\sum_{\text{cyc}} \frac{a^3 + 3abc}{b + c} \geqslant 2(ab + bc + ca).$$

此不等式可以写成 SOS 形式

$$\sum_{\text{cyc}} \left[\frac{a^3 + 3abc}{b + c} - a(b + c) \right] = \sum_{\text{cyc}} \frac{a^3 - a(b^2 - bc + c^2)}{b + c}$$

$$= \sum_{\text{cyc}} \frac{a^3(b + c) - a(b^3 + c^3)}{(b + c)^2}$$

$$= \sum_{\text{cyc}} \frac{ab(a^2 - b^2) + ac(a^2 - c^2)}{(b + c)^2}$$

$$= \sum_{\text{cyc}} ab(a^2 - b^2) \left[\frac{1}{(b + c)^2} - \frac{1}{(a + c)^2} \right]$$

$$= \sum_{\text{cyc}} \frac{ab(a + b)(a + b + 2c)}{(a + c)^2(b + c)^2} (a - b)^2 \geqslant 0.$$

等号当 $a = b = c$ 时成立. □

例 77 (Titu Andreescu, Mathematical Reflections) 设实数 a, b, c 满足 $ab + bc + ca = 3$,证明:

$$a^2(b-c)^2 + b^2(c-a)^2 + c^2(a-b)^2 \leqslant [(a + b + c)^2 - 6[[(a + b + c)^2 - 9].$$

106

证法一 （SOS 方法）不等式等价于

$$a^2(b-c)^2 + b^2(c-a)^2 + c^2(a-b)^2$$
$$\leqslant (a^2+b^2+c^2)(a^2+b^2+c^2-ab-bc-ca),$$

即

$$2a^2(b-c)^2 + 2b^2(c-a)^2 + 2c^2(a-b)^2 \leqslant (a^2+b^2+c^2)\sum_{\text{cyc}}(b-c)^2,$$

也即

$$(b^2+c^2-a^2)(b-c)^2 + (c^2+a^2-b^2)(c-a)^2 + (a^2+b^2-c^2)(a-b)^2 \geqslant 0.$$

不失一般性,我们可以假定 $a \geqslant b \geqslant c$,则

$$S_b = c^2 + a^2 - b^2 \geqslant 0, S_a + S_b = 2c^2 \geqslant 0, S_b + S_c = 2a^2 \geqslant 0.$$

由 SOS 方法的第二个条件,不等式得证.

证法二 （SOS-Schur 方法）不等式可以改写为

$$(c^2 + ca + bc - ab)(a-b)^2 + (a^2+b^2)(c-a)(c-b)$$
$$\leqslant (a^2+b^2+c^2)\big[(a-b)^2 + (c-a)(c-b)\big],$$

即

$$(a^2 + b^2 + ab - bc - ca)(a-b)^2 + c^2(c-a)(c-b) \geqslant 0.$$

由对称性,我们可以假定 $a \geqslant b \geqslant c$. 进一步,由于我们将 a,b,c 都改为其相反数时,不等式不变,因此不妨假定 $a \geqslant b \geqslant 0$,那么

$$a^2 + b^2 + ab - bc - ca = a(a-c) + b(b-c) + ab \geqslant 0,$$

所以待证的不等式成立. 等号当 $a = b = c$ 或者 a,b,c 中有两个相等,另一个为 0 时成立. □

例 78 如果 $a,b,c > 0$,证明:

$$\frac{a^2+b^2+c^2}{ab+bc+ca} + \frac{8abc}{(a+b)(b+c)(c+a)} \geqslant 2.$$

证法一（SOS 方法）我们有

$$a^2 + b^2 + c^2 - ab - bc - ca = \frac{1}{2}\sum_{\text{cyc}}(a-b)^2,$$

且

$$(a+b)(b+c)(c+a) - 8abc = \sum_{\text{cyc}}a(b-c)^2.$$

因此，我们的不等式可以依次写成以下形式：

$$\frac{a^2+b^2+c^2}{ab+bc+ca} + \frac{8abc}{(a+b)(b+c)(c+a)} \geqslant 2,$$

$$\frac{a^2+b^2+c^2-ab-bc-ca}{ab+bc+ca} - \frac{(a+b)(b+c)(c+a)-8abc}{(a+b)(b+c)(c+a)} \geqslant 0,$$

$$\frac{1}{2(ab+bc+ca)}\sum_{\text{cyc}}(a-b)^2 - \frac{1}{(a+b)(b+c)(c+a)}\sum_{\text{cyc}}a(b-c)^2 \geqslant 0,$$

$$\sum_{\text{cyc}}\left[b^2(c+a)+c^2(a+b)-a^2(b+c)\right](b-c)^2 \geqslant 0,$$

$$\sum_{\text{cyc}}S_a(b-c)^2 \geqslant 0.$$

不失一般性，我们可以假定 $a \geqslant b \geqslant c$，那么

$$S_b \geqslant 0, S_b + S_a \geqslant 0, S_b + S_c \geqslant 0.$$

由 SOS 方法的第二个条件，不等式得证.

证法二（SOS-Schur 方法）不失一般性，我们可以假定 $c = \min\{a,b,c\}$. 记 $X = (a-b)^2, Y = (c-a)(c-b)$，我们得到

$$a^2 + b^2 + c^2 - ab - bc - ca = X + Y,$$

$$(a+b)(b+c)(c+a) - 8abc = 2cX + (a+b)Y.$$

不等式可以改写为

$$\frac{X+Y}{ab+bc+ca} - \frac{2cX+(a+b)Y}{(a+b)(b+c)(c+a)} \geqslant 0,$$

即

$$\left[a^2(b+c) + b^2(c+a) - c^2(a+b)\right]X + c^2(a+b)Y \geqslant 0,$$

这是显然成立的.　　　　　　　　　　　　　　　　　　　□

例 79 设正实数 a, b, c 满足 $a + b + c = 1$,证明:

$$\frac{1}{a} + \frac{1}{b} + \frac{1}{c} \geqslant \frac{25}{1 + 48abc}.$$

证 不失一般性,我们可以假定 $c = \max\{a, b, c\}$. 通过齐次化,不等式变为

$$\frac{3(ab + bc + ca)}{(a+b+c)^2} \geqslant \frac{75abc}{(a+b+c)^3 + 48abc},$$

$$\frac{3(ab + bc + ca)}{(a+b+c)^2} - 1 \geqslant \frac{75abc}{(a+b+c)^3 + 48abc} - 1,$$

$$\frac{(a+b+c)^3 - 27abc}{1 + 48abc} \geqslant a^2 + b^2 + c^2 - ab - bc - ca.$$

记 $X = (a - b)^2, Y = (c - a)(c - b)$,我们有

$$\begin{aligned}
(a+b+c)^3 - 27abc &= a^3 + b^3 + c^3 - 3abc + \\
&\quad 3(a+b)(b+c)(c+a) - 24abc \\
&= (a+b+c)X + (a+b+c)Y + \\
&\quad 6cX + 3(a+b)Y \\
&= (a + b + 7c)X + (4a + 4b + c)Y \\
&= (1 + 6c)X + (3a + 3b + 1)Y.
\end{aligned}$$

所以,不等式可以改写为

$$(1 + 6c)X + (3a + 3b + 1)Y \geqslant (1 + 48abc)(X + Y),$$

即

$$\frac{2}{ab}X + \frac{a+b}{abc}Y \geqslant 16(X + Y).$$

最后的不等式是成立的,因为

$$4ab \leqslant (a+b)^2 = (1-c)^2 \leqslant \left(1 - \frac{1}{3}\right)^2 = \frac{4}{9} \Rightarrow \frac{2}{ab} \geqslant 18 > 16,$$

且

$$\frac{a+b}{abc} = \frac{1}{c}\left(\frac{1}{a} + \frac{1}{b}\right) \geqslant \frac{1}{c} \cdot \frac{4}{a+b} = \frac{4}{c(1-c)} \geqslant 16. \qquad \square$$

例 80（Marius Stănean, Gazeta Matematica）设正实数 a, b, c 满足 $xyz = 1$ 且 $n \in \mathbf{N}^*$，证明：

$$n^2(x^{n+1} + 1)(y^{n+1} + 1)(z^{n+1} + 1) + 8(2n + 1)$$
$$\geqslant (n + 1)^2(x^n + 1)(y^n + 1)(z^n + 1).$$

证 令 $x = \dfrac{b}{c}, y = \dfrac{c}{a}, z = \dfrac{a}{b}$，其中 a, b, c 为正实数，不等式可以改写为

$$n^2\left[(a^{n+1} + b^{n+1})(b^{n+1} + c^{n+1})(c^{n+1} + a^{n+1}) - 8a^{n+1}b^{n+1}c^{n+1}\right]$$
$$\geqslant (n + 1)^2 abc[(a^n + b^n)(b^n + c^n)(c^n + a^n) - 8a^n b^n c^n].$$

利用等式

$$(a + b)(b + c)(c + a) - 8abc = a(b - c)^2 + b(c - a)^2 + c(a - b)^2,$$

不等式可以依次变为

$$n^2 \sum_{\text{cyc}} a^{n+1}(b^{n+1} - c^{n+1})^2 \geqslant (n + 1)^2 abc \sum_{\text{cyc}} a^n(b^n - c^n)^2,$$

$$n^2 \sum_{\text{cyc}} a^{n+1}\left(b^n + b^{n-1}c + \cdots + bc^{n-1} + c^n\right)^2(b - c)^2$$
$$\geqslant (n + 1)^2 abc \sum_{\text{cyc}} a^n\left(b^{n-1} + b^{n-2}c + \cdots + bc^{n-2} + c^{n-1}\right)^2(b - c)^2,$$

$$S_a(b - c)^2 + S_b(c - a)^2 + S_c(a - b)^2 \geqslant 0.$$

我们来证明 $S_a \geqslant 0, S_b \geqslant 0, S_c \geqslant 0$. 由对称性，只需要证明 $S_a \geqslant 0$，这等价于

$$\frac{b^n + b^{n-1}c + \cdots + bc^{n-1} + c^n}{n + 1} \geqslant \frac{\sqrt{bc}(b^{n-1} + b^{n-2}c + \cdots + bc^{n-2} + c^{n-1})}{n},$$

即

$$\frac{t^n + t^{n-1} + \cdots + t + 1}{n + 1} \geqslant \frac{\sqrt{t}(t^{n-1} + t^{n-2} + \cdots + t + 1)}{n}, \qquad (1)$$

其中我们记 $t = \dfrac{b}{c} > 0$.

但对任意 $k \in \{0, 1, \cdots, n\}$, 成立不等式

$$t^n + 1 \geqslant t^{n-k} + t^k,$$

因为此不等式等价于

$$(t^{n-k} - 1)(t^k - 1) \geqslant 0,$$

即

$$(t - 1)^2 (t^{n-k-1} + \cdots + t + 1)(t^{k-1} + \cdots + t + 1) \geqslant 0,$$

这是显然成立的.

将这些不等式对 k 从 1 到 $n - 1$ 相加, 我们得到

$$(n - 1)(t^n + 1) \geqslant 2(t^{n-1} + t^{n-2} + \cdots + t^2 + t),$$

即

$$2n(t^n + t^{n-1} + \cdots + t + 1) - (n + 1)(t^n + 1)$$
$$\geqslant 2(n + 1)(t^{n-1} + t^{n-2} + \cdots + t^2 + t).$$

也即

$$2n(t^n + t^{n-1} + \cdots + t + 1) \geqslant (n + 1)(t + 1)(t^{n-1} + t^{n-2} + \cdots + t + 1),$$

也即

$$\frac{t^n + t^{n-1} + \cdots + t + 1}{n + 1} \geqslant \frac{(t + 1)(t^{n-1} + t^{n-2} + \cdots + t + 1)}{2n},$$

再利用不等式 $t + 1 \geqslant 2\sqrt{t}$, 我们得到不等式 (1). □

例 81 (AoPS) 设非负实数 a, b, c 满足 $ab + bc + ca = a + b + c > 0$, 证明:

$$a^3 + b^3 + c^3 + 8(a + b + c) \geqslant 4(a^2 + b^2 + c^2) + 15abc.$$

111

证 不失一般性，我们可以假定 $c = \max\{a, b, c\}$. 通过齐次化，不等式可以依次变为

$$(a^3 + b^3 + c^3)(a + b + c) + 8(ab + bc + ca)^2$$
$$\geqslant 4(a^2 + b^2 + c^2)(ab + bc + ca) + 15abc(a + b + c),$$
$$(a^3 + b^3 + c^3)(a + b + c) + 16(ab + bc + ca)^2$$
$$\geqslant 4(a + b + c)^2(ab + bc + ca) + 15abc(a + b + c),$$
$$(a + b + c)(a^3 + b^3 + c^3 - 3abc) +$$
$$4\big[(ab + bc + ca)^2 - 3abc(a + b + c)\big]$$
$$\geqslant 4(ab + bc + ca)(a^2 + b^2 + c^2 - ab - bc - ca).$$

记 $X = (a - b)^2, Y = (a - c)(b - c)$，上述不等式变为

$$(a + b + c)^2(X + Y) + 4(c^2 X + abY) \geqslant 4(ab + bc + ca)(X + Y),$$

即

$$(a^2 + b^2 + 5c^2 - 2ab - 2bc - 2ca)X + (a + b - c)^2 Y \geqslant 0,$$

这是成立的，因为

$$a^2 + b^2 + 5c^2 - 2(ab + bc + ca) > 2a^2 + 2b^2 + 2c^2 - 2(ab + bc + ca) \geqslant 0.$$

等号成立当且仅当 $a = b = c$，或者 a, b, c 中有两个相等，且它们的和等于第三个数. □

例 82 (Ji Chen) 设 x, y, z 为正实数，证明：

$$\frac{1}{(x + y)^2} + \frac{1}{(y + z)^2} + \frac{1}{(z + x)^2} \geqslant \frac{9}{4(xy + yz + zx)}.$$

证 记 $a = y + z, b = z + x, c = x + y$. 不失一般性，我们可以假定 $c = \max\{a, b, c\}$，则 $a + b \geqslant c$. 原不等式可以改写为

$$(2ab + 2bc + 2ca - a^2 - b^2 - c^2)\left(\frac{1}{a^2} + \frac{1}{b^2} + \frac{1}{c^2}\right) \geqslant 9,$$

$$2(ab + bc + ca - a^2 - b^2 - c^2)\left(\frac{1}{a^2} + \frac{1}{b^2} + \frac{1}{c^2}\right) +$$

$$(a^2 + b^2 + c^2)\left(\frac{1}{a^2} + \frac{1}{b^2} + \frac{1}{c^2}\right) - 9 \geqslant 0,$$

$$M(a - b)^2 + N(c - a)(c - b) \geqslant 0,$$

其中我们记

$$M = \frac{2(a + b)^2}{a^2 b^2} - 2\left(\frac{1}{a^2} + \frac{1}{b^2} + \frac{1}{c^2}\right),$$

$$N = \frac{(a^2 + b^2)(c + a)(c + b)}{a^2 b^2 c^2} - 2\left(\frac{1}{a^2} + \frac{1}{b^2} + \frac{1}{c^2}\right).$$

只需要证明 $M, N \geqslant 0$,这是成立的,因为

$$M = \frac{4}{ab} - \frac{2}{c^2} \geqslant \frac{2}{ab} > 0,$$

$$a^2 b^2 c^2 N = c(a^2 + b^2)(a + b - c) + ab(a - b)^2 \geqslant 0.$$

等号成立当且仅当 $x = y = z$,或者 x, y, z 中有两个相等,另一个等于 0 □

例 83(Gazeta Matematică,Romania)设 a, b, c 为正实数,证明:

$$\frac{a^2}{b} + \frac{b^2}{c} + \frac{c^2}{a} + a + b + c \geqslant \frac{(a + b)^2}{b + c} + \frac{(b + c)^2}{c + a} + \frac{(c + a)^2}{a + b}.$$

证 我们有

$$\frac{x^2}{y} + \frac{y^2}{z} + \frac{z^2}{x} - x - y - z$$

$$= \frac{(x - y + y)^2}{y} + \frac{(y - z + z)^2}{z} + \frac{(z - x + x)^2}{x} - x - y - z$$

$$= \sum_{\text{cyc}} \frac{(x - y)^2}{y} + 2 \sum_{\text{cyc}} (x - y) + x + y + z - x - y - z$$

$$= \sum_{\text{cyc}} \frac{(x - y)^2}{y}.$$

因此,原不等式可以依次变为

$$\frac{a^2}{b} + \frac{b^2}{c} + \frac{c^2}{b} - a - b - c$$

$$\geqslant \frac{(a+b)^2}{b+c} + \frac{(b+c)^2}{c+a} + \frac{(c+a)^2}{a+b} - (b+c) - (c+a) - (a+b),$$

$$\sum_{\text{cyc}} \frac{(a-b)^2}{b} \geqslant \sum_{\text{cyc}} \frac{(a-b)^2}{c+a},$$

$$\sum_{\text{cyc}} \left(\frac{1}{b} - \frac{1}{c+a} \right)(a-b)^2 \geqslant 0 \Leftrightarrow \sum_{\text{cyc}} S_c(a-b)^2 \geqslant 0,$$

其中我们记

$$S_a = \frac{1}{c} - \frac{1}{a+b}, S_b = \frac{1}{a} - \frac{1}{b+c}, S_c = \frac{1}{b} - \frac{1}{c+a}.$$

注意到

$$S_a + S_b + S_c = \frac{1}{a} + \frac{1}{b} + \frac{1}{c} - \frac{1}{a+b} - \frac{1}{b+c} - \frac{1}{c+a} > 0,$$

这是因为

$$\frac{1}{a} + \frac{1}{b} \geqslant \frac{4}{a+b}, \frac{1}{b} + \frac{1}{c} \geqslant \frac{4}{b+c}, \frac{1}{c} + \frac{1}{a} \geqslant \frac{4}{c+a}.$$

所以,只需要证明

$$S_a S_b + S_b S_c + S_c S_a \geqslant 0,$$

这意味着

$$\sum_{\text{cyc}} \left(\frac{1}{a} - \frac{1}{b+c} \right) \left(\frac{1}{b} - \frac{1}{c+a} \right) \geqslant 0,$$

即

$$\sum_{\text{cyc}} \left[\frac{1}{ab} - \frac{1}{a(c+a)} - \frac{1}{b(b+c)} + \frac{1}{(b+c)(c+a)} \right] \geqslant 0.$$

这是成立的,因为

$$\sum_{\text{cyc}} \frac{1}{ab} - \sum_{\text{cyc}} \left[\frac{1}{a(a+b)} + \frac{1}{b(a+b)} \right] + \sum_{\text{cyc}} \frac{1}{(b+c)(c+a)}$$

$$= \sum_{\text{cyc}} \frac{1}{(b+c)(c+a)} > 0.$$

因此,由 SOS 方法的第六个条件,不等式得证. □

例 84 设 a, b, c 为正实数,证明:

$$\sum_{\text{cyc}} \left(\frac{a+b}{6c} \right)^2 + 1 \geqslant \frac{(a+b)(b+c)(c+a)}{6abc}.$$

证 不等式可以改写为

$$\sum_{\text{cyc}} \left(\frac{a+b}{c} \right)^2 - 12 \geqslant \frac{6(a+b)(b+c)(c+a)}{abc} - 48,$$

即

$$\sum_{\text{cyc}} \frac{(a+b+2c)(a-c+b-c)}{c^2} \geqslant \frac{6}{abc}[(a+b)(b+c)(c+a) - 8abc].$$

不等式的左边为

$$\sum_{\text{cyc}} (a-b) \left(\frac{a+2b+c}{b^2} - \frac{2a+b+c}{a^2} \right) = \sum_{\text{cyc}} \frac{a^2 + b^2 + 3ab + bc + ca}{a^2 b^2} (a-b)^2.$$

所以,不等式等价于

$$\sum_{\text{cyc}} \frac{a^2 + b^2 + 3ab + bc + ca}{a^2 b^2} (a-b)^2 \geqslant \frac{6}{abc} \sum_{\text{cyc}} c(a-b)^2,$$

即

$$\sum_{\text{cyc}} \frac{a^2 + b^2 - 3ab + bc + ca}{a^2 b^2} (a-b)^2 \geqslant 0.$$

不失一般性,我们可以假定 $a \geqslant b \geqslant c$,则

$$S_b = \frac{a^2 + c^2 - 3ca + bc + ab}{c^2 a^2} \geqslant \frac{2ca - 3ca + bc + ab}{c^2 a^2} > 0.$$

115

类似地，

$$S_a = \frac{b^2 + c^2 - 3bc + ab + ac}{b^2c^2} \geqslant \frac{2bc - 3bc + ab + ac}{b^2c^2} > 0,$$

所以

$$S_b + S_a \geqslant 0.$$

下面计算

$$\begin{aligned}
S_b + S_c &= \frac{a^2 + c^2 - 3ca + bc + ab}{c^2a^2} + \frac{a^2 + b^2 - 3ab + bc + ca}{a^2b^2} \\
&= \frac{1}{c^2} + \frac{1}{a^2} - \frac{3}{ca} + \frac{b}{ca^2} + \frac{b}{c^2a} + \frac{1}{b^2} + \frac{1}{a^2} - \frac{3}{ab} + \frac{c}{a^2b} + \frac{c}{ab^2} \\
&\geqslant \frac{1}{c^2} + \frac{1}{a^2} - \frac{3}{ca} + \frac{b}{ca^2} + \frac{b}{c^2a} + \frac{1}{b^2} + \frac{1}{a^2} - \frac{3}{ab} + \frac{c}{a^2a} + \frac{c}{aa^2} \\
&= \frac{2}{a^2} + \frac{1}{b^2} + \frac{1}{c^2} - \frac{3}{ab} - \frac{3}{ca} + \frac{b}{ca^2} + \frac{b}{c^2a} + \frac{2c}{a^3} \\
&\geqslant \frac{2}{a^2} + \frac{1}{b^2} + \frac{1}{c^2} - \frac{3}{ab} - \frac{3}{ca} + \frac{b}{ba^2} + \frac{b}{b^2a} + \frac{2c}{a^3} \\
&= \frac{3}{a^2} + \frac{1}{b^2} + \frac{1}{c^2} - \frac{2}{ab} - \frac{3}{ca} + \frac{2c}{a^3} \\
&\geqslant \frac{2}{a^2} + \frac{1}{c^2} - \frac{3}{ca} + \frac{2c}{a^3} \\
&= \frac{c}{a^3}\left(\frac{a^3}{c^3} - 3\frac{a^2}{c^2} + 2\frac{a}{c} + 2\right).
\end{aligned}$$

记 $t = \dfrac{a}{c} \geqslant 1$，我们有

$$t^3 - 3t^2 + 2t + 2 = t(t-1)(t-2) + 2.$$

如果 $t \geqslant 2$，那么 $S_b + S_c \geqslant 0$. 否则如果 $t \in [1,2]$，那么由 AM-GM 不等式，我们有

$$t(t-1)(2-t) \leqslant t\left(\frac{t-1+2-t}{2}\right)^2 = \frac{t}{4} \leqslant \frac{2}{4} = \frac{1}{2} < 2,$$

所以 $S_b + S_c \geqslant 0$. 由 SOS 方法的第二个条件，不等式得证. □

例 85（AoPS）设正实数 a, b, c 满足 $a + b + c \leqslant 1$，证明：

$$\frac{a}{4a + 4bc + 1} + \frac{b}{4b + 4ca + 1} + \frac{c}{4c + 4ab + 1} \leqslant \frac{9}{25}.$$

证 令 $a = kx, b = ky, c = kz, k > 0$ 满足 $x + y + z = 1$. 因此，$a + b + c \leqslant 1$ 意味着 $k(x + y + z) \leqslant 1$，这说明 $0 < k \leqslant 1$. 于是

$$\sum_{\text{cyc}} \frac{a}{4a + 4bc + 1} = \sum_{\text{cyc}} \frac{kx}{4kx + 4k^2 yz + 1} \leqslant \sum_{\text{cyc}} \frac{x}{4x + 4yz + 1},$$

由于

$$\frac{kx}{4kx + 4k^2 yz + 1} \leqslant \frac{x}{4x + 4yz + 1}$$

等价于

$$k(4x + 4yz + 1) \leqslant 4kx + 4k^2 yz + 1,$$

即

$$(1 - k)(1 - 4kyz) \geqslant 0,$$

这是成立的，因为

$$4kyz \leqslant 4yz \leqslant (y + z)^2 < 1.$$

现在我们来证明

$$\sum_{\text{cyc}} \frac{x}{4x + 4yz + 1} \leqslant \frac{9}{25}.$$

此不等式可以依次等价于

$$\sum_{\text{cyc}} \left(\frac{3}{25} - \frac{x}{4x + 4yz + 1} \right) \geqslant 0,$$

$$\sum_{\text{cyc}} \frac{3 - 13x + 12yz}{4x + 4yz + 1} \geqslant 0,$$

$$\sum_{\text{cyc}} \frac{3(x + y + z) - 9x - 4x(x + y + z) + 12yz}{4x + 4yz + 1} \geqslant 0,$$

$$\sum_{\text{cyc}} \frac{(z - x)(2x + 6y + 3) - (x - y)(2x + 6z + 3)}{4x + 4yz + 1} \geqslant 0,$$

117

$$\sum_{\text{cyc}}(x-y)\left(\frac{2y+6z+3}{4y+4zx+1}-\frac{2x+6z+3}{4x+4yz+1}\right)\geq 0,$$

$$\sum_{\text{cyc}}(x-y)^2(5+6z-4xz-4yz-12z^2)(4z+4xy+1)\geq 0,$$

$$\sum_{\text{cyc}}(x-y)^2(5+2z-8z^2)(4z+4xy+1)\geq 0 \Leftrightarrow \sum_{\text{cyc}}S_z(x-y)^2\geq 0.$$

不失一般性,我们可以假定 $x\geq y\geq z$. 由于 $z\leq\dfrac{1}{3}, y\leq\dfrac{1}{2}$,那么

$$5+2z-8z^2\geq 5+2z-\frac{8z}{3}=\frac{15-2z}{3}>0\Rightarrow S_z>0,$$

且

$$5+2y-8y^2>4+2y-4y=2(2-y)>0\Rightarrow S_y>0,$$

所以

$$S_y+S_z\geq 0.$$

下面计算

$$S_y+S_x$$
$$=(5+2y-8y^2)(4y+4zx+1)+(5+2x-8x^2)(4x+4yz+1)$$
$$=-32(x^3+y^3)-32xyz(x+y)+16xyz+20z(x+y)+$$
$$\quad 22(x+y)+10$$
$$\geq -32(x+y)^3-32xyz(x+y)+16xyz(x+y)+20xyz(x+y)+$$
$$\quad 22(x+y)+10(x+y)$$
$$=32(x+y)\big[1-(x+y)^2\big]+4xyz(x+y)\geq 0.$$

由 SOS 方法的第二个条件,不等式得证. $\square$

例 86 (Marius Stănean, AoPS) 设 a,b,c 为正实数,证明:

$$\frac{a^2+b^2}{a+b}+\frac{b^2+c^2}{b+c}+\frac{c^2+a^2}{c+a}\geq\frac{1}{2}\sqrt{13(a^2+b^2+c^2)-ab-bc-ca}.$$

证 不失一般性,假定 $c = \min\{a, b, c\}$,不等式可以依次改写为

$$\sum_{\text{cyc}} \left[\frac{2(a^2 + b^2)}{a + b} - a - b \right] \geqslant \sqrt{13(a^2 + b^2 + c^2) - ab - bc - ca} -$$

$$2(a + b + c),$$

$$\sum_{\text{cyc}} \frac{(a - b)^2}{a + b} \geqslant \frac{9(a^2 + b^2 + c^2 - ab - bc - ca)}{\sqrt{13(a^2 + b^2 + c^2) - ab - bc - ca} + 2(a + b + c)}.$$

我们将上述不等式的左边写成 SOS-Schur 方法的形式. 我们有

$$S_a = \frac{1}{b + c}, S_b = \frac{1}{c + a}, S_c = \frac{1}{a + b},$$

所以

$$\sum_{\text{cyc}} \frac{(a - b)^2}{a + b} = \frac{2}{a + b}(a - b)^2 +$$

$$\left[\frac{2}{a + b} + \frac{b - c}{(a + b)(b + c)} + \frac{a - c}{(a + b)(a + c)} \right].$$

$$(c - a)(c - b)$$

$$= \frac{2}{a + b}(a - b)^2 + \frac{2(2ab + bc + ac)}{(a + b)(b + c)(c + a)}(c - a)(c - b).$$

回到我们的不等式,我们需要证明

$$\frac{2}{a + b}(a - b)^2 + \frac{2(2ab + bc + ac)}{(a + b)(b + c)(c + a)}(c - a)(c - b)$$

$$\geqslant \frac{9(a - b)^2 + 9(c - a)(c - b)}{\sqrt{13(a^2 + b^2 + c^2) - ab - bc - ca} + 2(a + b + c)},$$

这意味着我们要证明

$$\frac{2}{a + b} \geqslant \frac{9}{\sqrt{13(a^2 + b^2 + c^2) - ab - bc - ca} + 2(a + b + c)} \quad (1)$$

和

$$\frac{2(2ab + bc + ac)}{(a + b)(b + c)(c + a)}$$

$$\geqslant \frac{9}{\sqrt{13(a^2 + b^2 + c^2) - ab - bc - ca} + 2(a + b + c)} \quad (2)$$

不等式 (1) 等价于

$$2\sqrt{13(a^2 + b^2 + c^2)} - ab - bc - ca \geqslant 5a + 5b - 4c,$$

即

$$3(a - b)^2 + 4c(a + b + c) \geqslant 0,$$

这是显然成立的.

对不等式 (2),注意到

$$\frac{2(2ab + bc + ac)}{(a + b)(b + c)(c + a)} = \frac{2}{a + b} + \frac{2(ab - c^2)}{(a + b)(b + c)(c + a)} \geqslant \frac{2}{a + b}.$$

因此不等式 (2) 可由不等式 (1) 得到. □

例 87 设正实数 a, b, c 满足

$$a + b + c = \frac{1}{a} + \frac{1}{b} + \frac{1}{c}.$$

证明：

$$\frac{1}{a^2 + 2bc} + \frac{1}{b^2 + 2ca} + \frac{1}{c^2 + 2ab} \leqslant 1.$$

证 首先,我们将不等式齐次化,可得

$$\frac{1}{a^2 + 2bc} + \frac{1}{b^2 + 2ca} + \frac{1}{c^2 + 2ab} \leqslant \frac{ab + bc + ca}{abc(a + b + c)}.$$

不失一般性,假定 $a \leqslant b \leqslant c$,并记

$$X = (a - b)^2, Y = (c - a)(c - b) \geqslant 0.$$

要得到一个 SOS-Schur 表达式,不等式可以依次改写为

$$\sum_{\text{cyc}} \left(\frac{1}{a^2 + 2bc} - \frac{1}{ab + bc + ca} \right) \leqslant \frac{ab + bc + ca}{abc(a + b + c)} - \frac{3}{ab + bc + ca},$$

$$\frac{a^2b^2 + b^2c^2 + c^2a^2 - abc(a + b + c)}{abc(a + b + c)} + \sum_{\text{cyc}} \frac{(a - b)(a - c)}{a^2 + 2bc} \geqslant 0,$$

$$\frac{c^2 X + abY}{abc(a + b + c)} + \frac{Y}{c^2 + ab} + (a - b)\left(\frac{a - c}{a^2 + 2bc} + \frac{c - b}{b^2 + 2ca}\right) \geqslant 0,$$

$$\frac{c^2 X + abY}{abc(a + b + c)} + \frac{Y}{c^2 + ab} + \frac{(3ac + 3bc - ab - 2c^2)X}{(a^2 + 2bc)(b^2 + 2ca)} \geqslant 0,$$

$$\left[\frac{c}{ab(a + b + c)} + \frac{3ac + 3bc - ab - 2c^2}{(a^2 + 2bc)(b^2 + 2ca)}\right]X +$$

$$\left[\frac{1}{c^2 + ab} + \frac{1}{c(a + b + c)}\right]Y \geqslant 0.$$

将不等式的左边写成 $MX + NY \geqslant 0$,显然 $N \geqslant 0$. 对 M 通分并展开得

$$M$$

$$= \frac{(2c^2 - b^2)a^3 + 3a^3bc + (2c^2 - a^2)b^3 + 6a^2b^2c + a^2bc^2 + 3ab^3c + ab^2c^2 + 2abc^3}{ab(a + b + c)(a^2 + 2bc)(b^2 + 2ca)}$$

$$\geqslant 0.$$

这就完成了证明,等号成立当且仅当 $a = b = c$.　　　　　　$\Box$

例 88 设 a, b, c 为正实数,证明:

$$\sum_{\text{cyc}} \frac{\frac{a}{b+c}}{\frac{b}{c+a} + \frac{c}{a+b}} \geqslant \sum_{\text{cyc}} \frac{a}{b + c}.$$

证 不失一般性,假定 $c = \min\{a, b, c\}$,并记

$$X = (a - b)^2, Y = (c - a)(c - b) \geqslant 0.$$

由 SOS-Schur 表示法,不等式等价于

$$\frac{\left(\frac{a}{b+c} - \frac{b}{c+a}\right)^2}{\left(\frac{a}{b+c} + \frac{c}{a+b}\right)\left(\frac{b}{c+a} + \frac{c}{a+b}\right)} +$$

$$\frac{\left(\frac{a}{b+c} + \frac{b}{c+a} + \frac{2c}{a+b}\right)\left(\frac{c}{a+b} - \frac{a}{b+c}\right)\left(\frac{c}{a+b} - \frac{b}{c+a}\right)}{2\left(\frac{a}{b+c} + \frac{b}{c+a}\right)\left(\frac{b}{c+a} + \frac{c}{a+b}\right)\left(\frac{c}{a+b} + \frac{a}{b+c}\right)}$$

$$\geqslant \frac{(a - b)^2}{(a + c)(b + c)} + \frac{(a + b + 2c)(c - a)(c - b)}{2(a + b)(b + c)(c + a)},$$

即

$$\frac{(a+b+c)^2 X}{(a+c)^2(b+c)^2\left(\frac{a}{b+c}+\frac{c}{a+b}\right)\left(\frac{b}{c+a}+\frac{c}{a+b}\right)}+$$

$$\frac{\left(\frac{a}{b+c}+\frac{b}{c+a}+\frac{2c}{a+b}\right)(a+b+c)^2 Y}{2(a+b)\prod(a+b)\prod\left(\frac{a}{b+c}+\frac{b}{c+a}\right)}$$

$$\geq \frac{X}{(a+c)(b+c)}+\frac{(a+b+2c)Y}{2(a+b)(b+c)(c+a)}.$$

这是成立的,因为我们有

$$(a+b+c)^2 \geq (a+c)(b+c)$$
$$\geq \left[a+\frac{c(b+c)}{a+b}\right]\left[b+\frac{c(c+a)}{a+b}\right]$$
$$= (a+c)(b+c)\left(\frac{a}{b+c}+\frac{c}{a+b}\right)\left(\frac{b}{c+a}+\frac{c}{a+b}\right).$$

且还有

$$\left(\frac{a}{b+c}+\frac{b}{c+a}\right)\left(\frac{b}{c+a}+\frac{c}{a+b}\right)\left(\frac{c}{a+b}+\frac{a}{b+c}\right)$$
$$\leq \left(\frac{a}{b+c}+\frac{b}{c+a}\right)\left(\frac{b}{c+a}+\frac{c}{c+a}\right)\left(\frac{c}{b+c}+\frac{a}{b+c}\right)$$
$$= \left(\frac{a}{b+c}+\frac{b}{c+a}\right)\frac{(b+c)}{(c+a)}\frac{(c+a)}{(b+c)} = \frac{a}{b+c}+\frac{b}{c+a}$$
$$\leq \frac{a}{b+c}+\frac{b}{c+a}+\frac{2c}{a+b},$$

且

$$(a+b+c)^2 \geq (a+b+c)^2 - c^2 = (a+b+2c)(a+b).$$

不等式得证. $\qquad\square$

例 89 (AoPS) 在任意 $\triangle ABC$ 中,证明:

$$\frac{m_a m_b}{a^2+b^2}+\frac{m_a m_c}{a^2+c^2}+\frac{m_b m_c}{b^2+c^2} \geq \frac{9}{8}.$$

证 将不等式改写为

$$\frac{2m_a m_b}{4m_c^2 + m_a^2 + m_b^2} + \frac{2m_b m_c}{4m_a^2 + m_b^2 + m_c^2} + \frac{2m_c m_a}{4m_b^2 + m_c^2 + m_a^2} \geqslant 1.$$

由于 m_a, m_b, m_c 也是一个三角形的三边, 只需要在任意三角形中证明

$$\frac{2ab}{4c^2 + a^2 + b^2} + \frac{2bc}{4a^2 + b^2 + c^2} + \frac{2ca}{4b^2 + c^2 + a^2} \geqslant 1,$$

即

$$\sum_{\text{cyc}} \left(\frac{2ab}{4c^2 + a^2 + b^2} - \frac{a^2 b^2}{a^2 b^2 + b^2 c^2 + c^2 a^2} \right) \geqslant 0,$$

也即

$$\frac{(2c^2 - ab)(a - b)^2}{c(4c^2 + a^2 + b^2)} + \frac{(2a^2 - bc)(b - c)^2}{a(4a^2 + b^2 + c^2)} + \frac{(2b^2 - ca)(c - a)^2}{b(4b^2 + c^2 + a^2)} \geqslant 0.$$

不失一般性, 假定 $b + c \geqslant a \geqslant b \geqslant c$, 那么

$$2a^2 - bc \geqslant 2b^2 - ca \geqslant c(b + c) - ca = c(b + c - a) > 0,$$

所以

$$S_b = \frac{2b^2 - ca}{b(4b^2 + c^2 + a^2)} \geqslant 0,$$

且

$$S_a = \frac{2a^2 - bc}{a(4a^2 + b^2 + c^2)} \geqslant 0.$$

因此, 由 SOS 方法的第五个条件, 只需要证明 $b^2 S_b + c^2 S_c \geqslant 0$. 计算可得

$$b^2 S_b + c^2 S_c = \frac{b(2b^2 - ca)}{4b^2 + c^2 + a^2} + \frac{c(2c^2 - ab)}{4c^2 + a^2 + b^2}.$$

由于

$$\frac{b}{4b^2 + c^2 + a^2} - \frac{c}{4c^2 + a^2 + b^2} = \frac{(b - c)\left[(b - c)^2 + a^2 - bc\right]}{(4b^2 + c^2 + a^2)(4c^2 + a^2 + b^2)} \geqslant 0,$$

我们有

$$b^2 S_b + c^2 S_c \geqslant \frac{c(2c^2 - ab)}{4c^2 + a^2 + b^2} + \frac{c(2b^2 - ca)}{4c^2 + a^2 + b^2}$$

$$= \frac{c\big[(b-c)^2 + (b+c)(b+c-a)\big]}{4c^2 + a^2 + b^2} \geqslant 0,$$

证毕. □

例 90（AoPS）设 a, b, c 为正实数，证明：

$$\frac{a^3}{b} + \frac{b^3}{c} + \frac{c^3}{a} + 2(ab + bc + ca) \geqslant 3(a^2 + b^2 + c^2).$$

证 首先注意到

$$\frac{a^3}{b} + \frac{b^3}{c} + \frac{c^3}{a} - \sum_{\mathrm{cyc}} a^2$$

$$= \frac{a^2(a-b)}{b} + \frac{b^2(b-c)}{c} + \frac{c^2(c-a)}{a}$$

$$= \frac{a^2(a-b)}{b} + \frac{b^2(b-a)}{a} - \frac{b^2(b-a)}{a} + \frac{b^2(b-c)}{c} + \frac{c^2(c-a)}{a}$$

$$= \frac{(a^2 + ab + b^2)(a-b)^2}{ab} + \frac{(b^2 + bc + c^2)(c-a)(c-b)}{ac}.$$

不失一般性，假定 $c = \min\{a, b, c\}$，并记

$$X = (a-b)^2, Y = (c-a)(c-b) \geqslant 0.$$

利用 SOS-Schur 表示法，不等式可以依次改写为

$$\left(\frac{a}{b} + \frac{b}{a} + 1\right)X + \left(\frac{b^2}{ca} + \frac{b}{a} + \frac{c}{a}\right)Y \geqslant 2(X + Y),$$

$$\left(\frac{a}{b} + \frac{b}{a} - 1\right)X + \left(\frac{b^2}{ca} + \frac{b}{a} + \frac{c}{a} - 2\right)Y \geqslant 0.$$

显然

$$\frac{a}{b} + \frac{b}{a} \geqslant 2 > 1,$$

124

但不能确定是否有

$$\frac{b^2}{ca} + \frac{b}{a} + \frac{c}{a} \geqslant 2.$$

我们利用下面的技巧,加一项再减一项 $\dfrac{XY}{ab}$,不等式变为

$$\left(\frac{a}{b} + \frac{b}{a} - 1 - \frac{Y}{ab} \right) X + \left(\frac{b^2}{ca} + \frac{b}{a} + \frac{c}{a} + \frac{X}{ab} - 2 \right) Y \geqslant 0,$$

$$\left[\frac{(a-b)^2 + c(a+b-c)}{ab} \right] X + \left(\frac{b^2}{ca} + \frac{2b}{a} + \frac{c}{a} + \frac{a}{b} - 4 \right) Y \geqslant 0.$$

X 的系数显然是非负的. 要得到 Y 的系数的非负性,我们应用两次 AM-GM 不等式可得

$$\begin{aligned}
\frac{b^2}{ca} + \frac{2b}{a} + \frac{c}{a} + \frac{a}{b} &= \frac{b^2}{ca} + \frac{c}{a} + \frac{2b}{a} + \frac{a}{b} \\
&\geqslant 2\sqrt{\frac{b^2 c}{ca^2}} + \frac{2b}{a} + \frac{a}{b} \\
&= \frac{4b}{a} + \frac{a}{b} \geqslant 4.
\end{aligned}$$

不等式得证,等号当 $a = b = c$ 时成立.　　　　　　　　□

例 91 设 a, b, c 为正实数,证明:

$$\frac{a + 5b}{b + c} + \frac{b + 5c}{c + a} + \frac{c + 5a}{a + b} \geqslant 9.$$

证 将不等式改写为

$$\sum_{\text{cyc}} \frac{a}{b + c} - \frac{3}{2} + 5 \left(\sum_{\text{cyc}} \frac{a}{a + b} - \frac{3}{2} \right) \geqslant 0.$$

利用本节最开始给出的不等式,此不等式等价于

$$\sum_{\text{cyc}} \frac{(a-b)^2}{2(a+c)(b+c)} - \sum_{\text{cyc}} \frac{5(a-b)^3}{6(a+b)(b+c)(c+a)} \geqslant 0,$$

即

$$\sum_{cyc}(4b-a)(a-b)^2 \geqslant 0 \Leftrightarrow \sum_{cyc} S_c(a-b)^2 \geqslant 0,$$

其中我们记 $S_c = 4b-a, S_b = 4a-c, S_a = 4c-b$.

考虑下面的情形：

1. 如果 $a \geqslant b \geqslant c$，那么 $S_b \geqslant 0, S_b + S_c = 3a+4b-c \geqslant 0, S_b + S_a = 4a-b+3c \geqslant 0$，再由 SOS 方法的第二条准则可知结论成立.

2. 如果 $a \leqslant b \leqslant c$，那么 $S_a \geqslant 0, S_c \geqslant 0$. 如果 $S_b \geqslant 0$，不等式是显然成立的，所以只需要考虑 $S_b \leqslant 0$ 的情形，因此 $c > 4a$. 在 SOS 方法中的第三个条件中令 $p = 16, q = 9$，我们有

$$\frac{(a-b)^2}{16} + \frac{(b-c)^2}{9} \geqslant \frac{(c-a)^2}{25},$$

我们得到

$$\sum_{cyc} S_a(b-c)^2 \geqslant \left(S_a + \frac{25}{9}S_b\right)(b-c)^2 + \left(S_c + \frac{25}{16}S_b\right)(a-b)^2$$

$$= \frac{100a-9b+11c}{9}(b-c)^2 + \frac{84a+64b-25c}{16}(a-b)^2.$$

如果 $84a + 64b \geqslant 25c$，那么不等式就已经成立，否则，我们将证明

$$\frac{(b-c)^2}{9} \geqslant \frac{(c-a)^2}{25} \Leftrightarrow 5(c-b) \geqslant 3(c-a) \Leftrightarrow 2c \geqslant 5b-3a.$$

自然，

$$2c \geqslant \frac{2(84a+64b)}{25} \geqslant \frac{125b+150a}{25} \geqslant 5b+6a \geqslant 5b-3a.$$

因此，

$$\sum_{cyc} S_a(b-c)^2 \geqslant \left(S_a + \frac{25}{9}S_b\right)(b-c)^2 + S_c(a-b)^2$$

$$\geqslant \frac{100a-9b+11c}{9}(b-c)^2 \geqslant 0.$$

等号当 $a = b = c$ 时成立. $\qquad\qquad \square$

例 92（Vo Quoc Ba Can）设 a, b, c 为正实数, 证明:

$$2\left(\frac{a}{b} + \frac{b}{c} + \frac{c}{a}\right) + 1 \geqslant \frac{21(a^2 + b^2 + c^2)}{(a+b+c)^2}.$$

证 将不等式改依次改写为

$$2(a^2 + b^2 + c^2 + 2ab + 2bc + 2ca)\left(\frac{a}{b} + \frac{b}{c} + \frac{c}{a}\right) + 2(ab + bc + ca)$$

$$\geqslant 20(a^2 + b^2 + c^2),$$

$$\sum_{cyc}\frac{a^3}{b} + \sum_{cyc}\frac{c^2a}{b} + 2\sum_{cyc}\frac{ca^2}{b} + 4\sum_{cyc}ab \geqslant 8\sum_{cyc}a^2,$$

$$\sum_{cyc}\left(\frac{a^3}{b} - 2a^2 + ab\right) + \sum_{cyc}\left(\frac{b^2c}{a} + ca - 2bc\right) + 2\sum_{cyc}\left(\frac{ca^2}{b} + bc - 2ca\right)$$

$$\geqslant 6\sum_{cyc}(a^2 - ab),$$

$$\sum_{cyc}\left(\frac{a}{b} + \frac{c}{a} + \frac{2c}{b} - 3\right)(a-b)^2 \geqslant 0 \Leftrightarrow \sum_{cyc}S_c(a-b)^2 \geqslant 0,$$

其中

$$S_a = \frac{b}{c} + \frac{a}{b} + \frac{2a}{c} - 3,\ S_b = \frac{c}{a} + \frac{b}{c} + \frac{2b}{a} - 3,\ S_c = \frac{a}{b} + \frac{c}{a} + \frac{2c}{b} - 3.$$

考虑下面的情形:

1. 如果 $a \geqslant b \geqslant c$, 那么 $S_a \geqslant 0, S_a \geqslant S_c$. 我们有

$$S_b + S_c = \frac{2c}{a} + \frac{2c}{b} + \frac{b}{c} + \frac{a}{b} + \frac{2b}{a} - 6$$

$$= \frac{2c(a+b)}{ab} + \frac{b}{c} + \frac{a}{b} + \frac{2b}{a} - 6$$

$$\geqslant 2\sqrt{\frac{2(a+b)}{a}} + \frac{a}{b} + \frac{2b}{a} - 6$$

$$= 2\sqrt{2 + 2t} + \frac{1}{t} + 2t - 6$$

$$= 2\sqrt{2 + 2t} - 4 + \frac{1}{t} + t - 2 + t$$

$$= \frac{4(t-1)}{2+\sqrt{2+2t}} + \frac{(1-t)^2}{t} + t$$

$$\geq \frac{4(t-1)}{2+\sqrt{2+2t}} + 2(1-t)$$

$$= 2(1-t)\left(1 - \frac{2}{2+\sqrt{2+2t}}\right) \geq 0,$$

其中我们记 $t = \dfrac{b}{a} \leq 1$，且

$$S_a + 2S_b \geq S_c + 2S_b = \frac{3c}{a} + \frac{2c}{b} + \frac{2b}{c} + \frac{a}{b} + \frac{4b}{a} - 9$$

$$= \frac{c(2a+3b)}{ab} + \frac{2b}{c} + \frac{a}{b} + \frac{4b}{a} - 9$$

$$\geq 2\sqrt{\frac{2(2a+3b)}{a}} + \frac{a}{b} + \frac{4b}{a} - 9$$

$$= 2\sqrt{4+6t} + \frac{1}{t} + 4t - 9 \geq 0.$$

如果 $S_b \geq 0$，那么 $S_a + S_b \geq S_b + S_c \geq 0$，由 SOS 方法的第二个条件可知结论成立. 如果 $S_b < 0$，那么 $S_a, S_c, S_a + 2S_b$ 和 $S_c + 2S_b$ 都是非负的，这只需要在 SOS 方法的第三个条件中取 $p = q = 1$ 即可.

2. 如果 $a \leq b \leq c$，我们显然有 $S_b \geq 0, S_c \geq 0$. 且

$$S_a + S_b = \frac{2b}{c} + \frac{a}{b} + \frac{2a}{c} + \frac{c}{a} + \frac{2b}{a} - 6$$

$$= \frac{2(a+b)}{c} + \frac{c}{a} + \frac{a}{b} + \frac{2b}{a} - 6$$

$$\geq 2\sqrt{\frac{2(a+b)}{a}} + \frac{2b}{a} - 6 \geq 4 + 2 - 6 = 0.$$

由 SOS 方法的第二个条件可知结论成立. □

例 93 设 a, b, c 为非负实数，证明：

$$\frac{a^2}{b^2} + \frac{b^2}{c^2} + \frac{c^2}{a^2} + 3 \geq \frac{6(a^2+b^2+c^2)}{ab+bc+ca}.$$

证　由例 67 的不等式, 只需要证明

$$\frac{3}{2}\left(\sum_{\text{cyc}}\frac{a^2+b^2}{ab}\right)-3\geqslant\frac{6(a^2+b^2+c^2)}{ab+bc+ca},$$

这等价于

$$\sum_{\text{cyc}}\frac{a^2+b^2}{ab}-6\geqslant\frac{4(a^2+b^2+c^2)}{ab+bc+ca}-4,$$

即

$$\sum_{\text{cyc}}\left(\frac{1}{ab}-\frac{2}{ab+bc+ca}\right)(a-b)^2\geqslant 0\Leftrightarrow\sum_{\text{cyc}}S_c(a-b)^2\geqslant 0.$$

我们有

$$S_a+S_b+S_c=\sum_{\text{cyc}}\frac{1}{ab}-\frac{6}{ab+bc+ca}\geqslant\frac{3}{ab+bc+ca}>0,$$

所以由 SOS 方法的第六个条件, 只需要证明

$$\sum_{\text{cyc}}S_aS_b\geqslant 0\Leftrightarrow\sum_{\text{cyc}}\left(\frac{1}{bc}-\frac{2}{ab+bc+ca}\right)\left(\frac{1}{ca}-\frac{2}{ab+bc+ca}\right)\geqslant 0.$$

此不等式等价于下面的不等式链:

$$\sum_{\text{cyc}}\frac{1}{ab^2c}-\frac{4}{ab+bc+ca}\left(\frac{1}{ab}+\frac{1}{bc}+\frac{1}{ca}\right)+\frac{12}{(ab+bc+ca)^2}\geqslant 0,$$

$$\left(\frac{1}{a}+\frac{1}{b}+\frac{1}{c}\right)^2-4\left(\frac{1}{ab}+\frac{1}{bc}+\frac{1}{ca}\right)+\frac{12}{ab+bc+ca}\geqslant 0,$$

$$\frac{1}{a^2}+\frac{1}{b^2}+\frac{1}{c^2}+\frac{12}{ab+bc+ca}\geqslant 2\left(\frac{1}{ab}+\frac{1}{bc}+\frac{1}{ca}\right).$$

在 Schur 不等式

$$x^2+y^2+z^2+\frac{9xyz}{x+y+z}\geqslant 2(xy+yz+zx)$$

中令

$$x = \frac{1}{a}, y = \frac{1}{b}, z = \frac{1}{c},$$

就得到

$$\frac{1}{a^2} + \frac{1}{b^2} + \frac{1}{c^2} + \frac{9}{ab + bc + ca} \geq 2\left(\frac{1}{ab} + \frac{1}{bc} + \frac{1}{ca}\right).$$

等号当 $a = b = c$ 时成立. □

第 2 章

问题集——118 个不等式

2.1 基础问题

1. 设 a, b 为不同的实数, 证明:

$$\frac{1}{a^2} + \frac{1}{b^2} + \frac{1}{(a-b)^2} \geqslant \frac{4}{ab}.$$

2. 设正实数 a, b 满足 $a^3 + 3b^3 \leqslant a - b$, 证明:

$$a^2 + 6b^2 \leqslant 1.$$

3. 设正实数 x, y, z 满足 $3(x + y) = x^2 + y^2 + xy + 2$, 求以下表达式的最大值:

$$P = \frac{3x + 2y + 1}{x + y + 6}.$$

4. 设实数 x, y 满足 $x + y = 1$, 证明:

$$\sqrt{\frac{1}{2x^2 + 1}} + \sqrt{\frac{1}{2y^2 + 1}} \leqslant \sqrt{\frac{8}{3}}.$$

5. 设 a, b 为非负实数, 证明:

$$\left(3a + \frac{4}{a + 1} + \frac{8}{\sqrt{2(b^2 + 1)}}\right)\left(3b + \frac{4}{b + 1} + \frac{8}{\sqrt{2(a^2 + 1)}}\right) \geqslant 81.$$

6. 设实数 x, y 满足 $x + y \geqslant 0$ 且 $x^3 + y^3 = x - y$，证明：

$$2(\sqrt{2} - 1)x^2 - y^2 \leqslant 1.$$

7. 设实数 a, b 满足 $4a^2 + 3ab + b^2 \leqslant 2\,016$，求 $a + b$ 的最大可能值.

8. 设实数 x, y 满足 $x^2 - xy + y^2 = 3$，求 $2x^2 + y^2$ 的最小值与最大值.

9. 设正实数 a, b, c 满足 $a^3 + b^3 + c^3 = 5abc$，证明：

$$(a + b)(b + c)(c + a) \geqslant 9abc.$$

10. 设 $a, b, c \in (-1, 1)$ 满足 $a^2 + b^2 + c^2 = 2$，证明：

$$\frac{(a + b)(a + c)}{1 - a^2} + \frac{(b + c)(b + a)}{1 - b^2} + \frac{(c + a)(c + b)}{1 - c^2} \geqslant 9(ab + bc + ca) + 6.$$

11. 设正实数 x, y, z 满足 $xyz = x + y + z + 2$，证明：

$$x + y + z + 6 \geqslant 2\left(\sqrt{xy} + \sqrt{xz} + \sqrt{yz}\right).$$

12. 设正实数 a, b, c 满足条件 $abc = 1$，证明：

$$\frac{1}{a^5 + b^2 + c^5} + \frac{1}{b^5 + c^2 + a^5} + \frac{1}{c^5 + a^2 + b^5} \leqslant \frac{9}{(a + b + c)^2}.$$

13. 设正实数 x, y, z 满足 $x^6 + y^6 + z^6 = 3$，证明：

$$x + y + z + 12 \geqslant 5\left(x^6 y^6 + y^6 z^6 + z^6 x^6\right).$$

14. 设 a, b, c 为非负实数，证明：

$$\sqrt{2a^2 + 3b^2 + 4c^2} + \sqrt{3a^2 + 4b^2 + 2c^2} + \sqrt{4a^2 + 2b^2 + 3c^2}$$
$$\geqslant (\sqrt{a} + \sqrt{b} + \sqrt{c})^2.$$

15. 设 a, b, c 为正实数，证明：

$$\frac{a}{b + c} + \frac{b}{c + a} + \frac{c}{a + b} + 4\left(\frac{a}{2a + b + c} + \frac{b}{a + 2b + c} + \frac{c}{a + b + 2c}\right) \geqslant \frac{9}{2}.$$

16. 设正实数 a, b, c 满足 $a^2 + b^2 + c^2 + abc = 4$，证明：

$$\frac{1}{a^2} + \frac{1}{b^2} + \frac{1}{c^2} + 1 \geqslant \frac{4}{abc}.$$

17. 设正实数 x, y, z 满足条件 $x + y + z = 3$，证明：

$$\frac{xy}{4 - y} + \frac{yz}{4 - z} + \frac{zx}{4 - x} \leqslant 1.$$

18. 设正实数 a, b, c 满足条件 $a + b + c = 1$，证明：

$$ab(a^2 + b^2) + bc(b^2 + c^2) + ca(c^2 + a^2) + abc \leqslant \frac{1}{8}.$$

19. 设正实数 a, b, c 满足 $a + b + c = 3$，求以下表达式的最小值：

$$P = 3(a^2 + b^2 + c^2) + 4abc.$$

20. 设正实数 a, b, c 满足 $a^2 + 2b^2 + 3c^2 = 3abc$，证明：

$$\frac{8}{a} + \frac{6}{b} + \frac{4}{c} + 3a + 2b + c \geqslant 21.$$

21. 设正实数 a, b, c 都不小于 $\frac{1}{2}$，且满足 $a + b + c = 3$，证明：

$$\sqrt{a^3 + 3ab + b^3 - 1} + \sqrt{b^3 + 3bc + c^3 - 1} + \sqrt{c^3 + 3ca + a^3 - 1} +$$
$$\frac{1}{4}(a + 5)(b + 5)(c + 5) \leqslant 60.$$

等号何时成立？

22. 设正实数 a, b, c 满足条件 $a^2 + b^2 + c^2 = 6$，求以下表达式的所有可能值：

$$\left(\frac{a + b + c}{3} - a\right)^5 + \left(\frac{a + b + c}{3} - b\right)^5 + \left(\frac{a + b + c}{3} - c\right)^5.$$

23. 设 a, b, c 为正实数，证明：

$$\frac{1}{18}\left(\frac{a^2}{b^2} + \frac{b^2}{c^2} + \frac{c^2}{a^2}\right) + \frac{a}{2a + b + c} + \frac{b}{a + 2b + c} + \frac{c}{a + b + 2c} \geqslant \frac{11}{12}.$$

24. 设正实数 a, b, c 满足 $abc = 1$,证明:

$$\frac{1}{a^3(b+c)} + \frac{1}{b^3(c+a)} + \frac{1}{c^3(a+b)} + \frac{4(ab+bc+ca)}{(a+b)(b+c)(c+a)} \geq ab+bc+ca.$$

25. 设正实数 a, b, c 满足 $a + b + c = 3$,证明:

$$\frac{3}{2}(ab+bc+ca-abc) \geqslant a\sqrt{\frac{b^2+c^2}{2}} + b\sqrt{\frac{c^2+a^2}{2}} + c\sqrt{\frac{a^2+b^2}{2}}.$$

26. 设 a, b, c 为正实数,证明:

$$\frac{1}{a^3+8abc} + \frac{1}{b^3+8abc} + \frac{1}{c^3+8abc} \leq \frac{1}{3abc}.$$

27. 设 a, b, c 为正实数,证明:

$$\frac{ab+bc+ca}{a^2+b^2+c^2} + \frac{2(a^2+b^2+c^2)}{ab+bc+ca} \leqq \frac{a+b}{2c} + \frac{b+c}{2a} + \frac{c+a}{2b}.$$

28. 如果正实数 x, y, z 满足 $\sqrt{x}, \sqrt{y}, \sqrt{z}$ 是一个三角形的三边,且

$$\frac{x}{y} + \frac{y}{z} + \frac{z}{x} = 5,$$

证明:

$$\frac{x(y^2-2z^2)}{z} + \frac{y(z^2-2x^2)}{x} + \frac{z(x^2-2y^2)}{y} \geqslant 0.$$

29. 设 x, y, z 为正实数,证明:

$$\frac{(x^2+y^2-z^2)^2}{xy} + \frac{(x^2-y^2+z^2)^2}{xz} + \frac{(-x^2+y^2+z^2)^2}{zy}$$
$$\geqslant (x+y-z)^2 + (x-y+z)^2 + (-x+y+z)^2.$$

30. 设正实数 x, y, z 满足 $x^2 + y^2 + z^2 = 1$,证明:

$$\frac{x+y}{1+xy} + \frac{y+z}{1+yz} + \frac{z+x}{1+zx} \leq \frac{9}{2(x+y+z)}.$$

31. 设实数 a, b, c 都大于 -1,且满足 $a + b + c + abc = 4$,证明:

$$\sqrt[3]{(a+3)(b+3)(c+3)} + \sqrt[3]{(a^2+3)(b^2+3)(c^2+3)}$$

$$\geqslant 2\sqrt{ab + bc + ca + 13}.$$

32. 设正实数 a, b, c 满足条件 $ab + bc + ca = 1$,证明:

$$\sqrt{a + \frac{1}{a}} + \sqrt{b + \frac{1}{b}} + \sqrt{c + \frac{1}{c}} \geqslant 2\sqrt{3(a + b + c)}.$$

33. 设正实数 a, b, c 满足条件 $a + b + c = \dfrac{1}{abc}$,证明:

$$\frac{1}{a^2b^2 + 1} + \frac{1}{b^2c^2 + 1} + \frac{1}{c^2a^2 + 1} \leqslant \frac{9}{4}.$$

34. 设正实数 a, b, c 满足 $a + b + c = 3$,证明:

$$\left(\frac{3}{a} - 2\right)\left(\frac{3}{b} - 2\right)\left(\frac{3}{c} - 2\right) \leqslant \frac{2ab}{a^2 + b^2}.$$

35. 设 x, y, z 满足 $x^7 + y^7 + z^7 = 3$,证明:

$$\frac{x^4}{y^3} + \frac{y^4}{z^3} + \frac{z^4}{x^3} \geqslant 3.$$

36. 设正实数 a, b, c 满足 $abc = 1$,证明:

$$\frac{a}{ca + 1} + \frac{b}{ab + 1} + \frac{c}{bc + 1} \leqslant \frac{1}{2}(a^2 + b^2 + c^2).$$

37. 对正实数 x, y, z,证明:

$$\sum_{\text{cyc}} (x + y)\sqrt{(z + x)(z + y)} \geqslant 2(xy + yz + zx)\sqrt{3 + \frac{x^2 + y^2 + z^2}{xy + yz + zx}}.$$

38. 设正实数 a, b, c 满足条件 $a + b + c = 3$,证明:

$$(ab + bc + ca - 3)[4(ab + bc + ca) - 15] + 18(a - 1)(b - 1)(c - 1) \geqslant 0.$$

39. 设 a, b, c 为正实数,证明:

$$\frac{1}{a^2 + 2bc} + \frac{1}{b^2 + 2ca} + \frac{1}{c^2 + 2ab} \leqslant \left(\frac{a + b + c}{ab + bc + ca}\right)^2.$$

40. 设非负实数 a, b, c 满足 $ab + bc + ca = 3$,证明:

$$\frac{1}{2 + a^2 + b^2} + \frac{1}{2 + b^2 + c^2} + \frac{1}{2 + c^2 + a^2} \leqslant \frac{3}{4}.$$

41. 设 a, b, c 为正实数,证明:

$$\frac{5}{(\sqrt{a} + 4\sqrt{b})^2} + \frac{5}{(\sqrt{b} + 4\sqrt{c})^2} + \frac{5}{(\sqrt{c} + 4\sqrt{a})^2}$$
$$\geqslant \frac{1}{a + 3b + c} + \frac{1}{b + 3c + a} + \frac{1}{a + 3c + b}.$$

42. 设正实数 a, b, c 满足条件 $a + b + c = 4\sqrt[3]{abc}$,证明:

$$2(ab + bc + ca) + 4\min(a^2, b^2, c^2) \geqslant a^2 + b^2 + c^2.$$

43. 设 a, b, c 为正实数,证明:

$$8\left| \frac{b^3 - c^3}{b + c} + \frac{c^3 - a^3}{c + a} + \frac{a^3 - b^3}{a + b} \right| \leqslant (b - c)^2 + (c - a)^2 + (a - b)^2.$$

44. 设正实数 a, b, c 满足 $a + b + c = 3$,证明:

$$\frac{9 - 8a^3}{a} + \frac{9 - 8b^3}{b} + \frac{9 - 8c^3}{c} \geqslant 3.$$

45. 设正实数 a, b, c 满足条件 $a + b + c = 3$,证明:

$$\frac{1}{2a^3 + a^2 + bc} + \frac{1}{2b^3 + b^2 + ac} + \frac{1}{2c^3 + c^2 + ab} \geqslant \frac{3abc}{4}.$$

46. 设实数 a, b, c 满足条件 $a + b + c \geqslant \sqrt{2}$,且

$$8abc = 3\left(a + b + c - \frac{1}{a + b + c}\right).$$

证明:

$$2(ab + bc + ca) - (a^2 + b^2 + c^2) \leqslant 3.$$

47. 设 a, b, c, d 为非负实数,证明:

$$a^4 + b^4 + c^4 + d^4 + 2(a - b)(b - c)(c - d)(d - a) \geqslant 4abcd.$$

48. 设 a, b, c, d 为正实数,证明:

$$(a+b)^3 + (c+d)^3 + 8 \geqslant 4(ab + ac + ad + bc + bd + cd).$$

49. 设 a, b, c, d 为正实数,证明:

$$3(a^2 - ab + b^2)(c^2 - cd + d^2) \geqslant 2(a^2c^2 - abcd + b^2d^2).$$

50. 设实数 a, b, c, d 满足 $a^2 + b^2 + c^2 + d^2 = 4$,证明:

$$a^4 + b^4 + c^4 + d^4 + 2(a+b+c+d)^2 \leqslant 36.$$

51. 设实数 a, b, c, d 满足 $a^2 + b^2 + c^2 + d^2 \leqslant 1$,证明:

$$ab + ac + ad + bc + bd + cd \leqslant \frac{5}{4} + 4abcd.$$

52. 设非负实数 a, b, c, d 满足 $a + b + c + d = 3$,证明:

$$\frac{a}{1+2b^3} + \frac{b}{1+2c^3} + \frac{c}{1+2d^3} + \frac{d}{1+2a^3} \geqslant \frac{a^2 + b^2 + c^2 + d^2}{3}.$$

53. 设 a, b, c, d 为非负实数,且

$$\frac{a^2}{1+a^2} + \frac{b^2}{1+b^2} + \frac{c^2}{1+c^2} + \frac{d^2}{1+d^2} = 1.$$

证明:$abcd \leqslant \dfrac{1}{9}$.

54. 设正实数 a, b, c, d 满足

$$\frac{1-c}{a} + \frac{1-d}{b} + \frac{1-a}{c} + \frac{1-b}{d} \geqslant 0,$$

证明:$a(1-b) + b(1-c) + c(1-d) + d(1-a) \geqslant 0$.

55. 设正实数 a, b, c, d 满足 $a^2 + b^2 + c^2 + d^2 = 1$,证明:

$$(1-a)(1-b)(1-c)(1-d) \geqslant abcd.$$

56. 设 a, b, c, d 为正实数,证明:

$$\left(\frac{a}{a+b}\right)^2 + \left(\frac{b}{b+c}\right)^2 + \left(\frac{c}{c+d}\right)^2 + \left(\frac{d}{d+a}\right)^2 \geqslant 1.$$

57. 设实数 a, b, c, d 满足条件 $a^2 + b^2 + c^2 + d^2 = 12$, 证明:

$$a^3 + b^3 + c^3 + d^3 + 9(a + b + c + d) \leqslant 84.$$

58. 设正实数 a, b, c, d 满足 $a + b + c + d = 1$, 证明:

$$\frac{1}{a} + \frac{1}{b} + \frac{1}{c} + \frac{1}{d + a^2 + b^2 + c^2 - ab - ac - bc} \geqslant 16.$$

59. 设非负实数 a, b, c, d 满足 $a + b + c + d = 4$, 证明:

$$\frac{1}{7 + a^2} + \frac{1}{7 + b^2} + \frac{1}{7 + c^2} + \frac{1}{7 + d^2} \leqslant \frac{1}{2}.$$

2.2 进阶问题

1. 设 x 为正实数, $n \in \mathbf{N}^*$, 证明:

$$\sqrt[n]{x^{2n} - x^n + 1} \geqslant x + (x - 1)^2.$$

2. 设实数 x, y 不全为 0, 证明:

$$\frac{x + y}{x^2 - xy + y^2} \leqslant \frac{2\sqrt{2}}{\sqrt{x^2 + y^2}}.$$

3. 设非负实数 a, b 满足 $a + b = 1$, 求以下表达式的最小值:

$$E(a, b) = 3\sqrt{1 + 2a^2} + 2\sqrt{40 + 9b^2}.$$

4. 设 $x, y \in (0, 1)$, 求以下表达式的最大值:

$$P = x\sqrt{1 - y^2} + y\sqrt{1 - x^2} + \frac{1}{\sqrt{6}}(x + y).$$

5. 设正实数 a, b 满足条件 $\dfrac{\sqrt{3}}{a} + \dfrac{1}{b} = 2$, 求 $a + b - \sqrt{a^2 + b^2}$ 的最小值和最大值.

6. 设实数 x, y 满足条件 $x + y = \sqrt{2x - 1} + \sqrt{4y + 3}$, 求 $x + y$ 的最小值和最大值.

7. 设正实数 a, b, c 满足条件 $\dfrac{1}{a} + \dfrac{1}{b} + \dfrac{1}{c} = 1$，证明：

$$\frac{1}{(a-1)(b-1)(c-1)} + \frac{8}{(a+1)(b+1)(c+1)} \leqslant \frac{1}{4}.$$

8. 设 a, b, c 为正实数，证明：

$$\frac{2a}{\sqrt{3a+b}} + \frac{2b}{\sqrt{3b+c}} + \frac{2c}{\sqrt{3c+a}} \leqslant \sqrt{3(a+b+c)}.$$

9. 设正实数 x, y, z 满足 $xyz \geqslant 1$，证明：

$$(x^4 + y)(y^4 + z)(z^4 + x) \geqslant (x + y^2)(y + z^2)(z + x^2).$$

10. 设正实数 a, b, c 满足条件 $a^3 + b^3 + c^3 + abc = \dfrac{1}{3}$，证明：

$$abc + 9\left(\frac{a^5}{4b^2 + bc + 4c^2} + \frac{b^5}{4c^2 + ca + 4a^2} + \frac{c^5}{4a^3 + ab + 4b^2} \right)$$
$$\geqslant \frac{1}{4(a+b+c)(ab+bc+ca)}.$$

11. 设正实数 a, b, c 满足条件 $a + b + c = 2$，证明：

$$\sqrt{a^2 + bc} + \sqrt{b^2 + ca} + \sqrt{c^2 + ab} \leqslant 3.$$

12. 设正实数 a, b, c 满足 $a + b + c = 2$，求 $2a + 6b + 6c - 4bc - 3ca$ 的最大值.

13. 设实数 $a, b, c \geqslant \dfrac{1}{2}$，证明：

$$\frac{1}{a} + \frac{1}{b} + \frac{1}{c} + ab + bc + ca \geqslant 3 + a + b + c.$$

14. 设正实数 a, b, c 满足 $ab + bc + ca + abc = 4$，证明：

$$4\sqrt[3]{(a^2 + 3)(b^2 + 3)(c^2 + 3)} \geqslant 1 + 5(ab + bc + ca).$$

15. 设实数 x, y, z 满足 $x, y \geq -1$,且 $x + y + z = 3$,求以下表达式的最大值:

$$P = \frac{x^2}{x^2 + y^2 + 4(xy + 1)} + \frac{y^2 - 1}{z^2 - 4z + 5}.$$

16. 设正实数 x, y, z 满足条件 $xyz(x + y + z) = 4$,证明:

$$(x + y)^2 + 3(y + z)^2 + (z + x)^2 \geq 8\sqrt{7}.$$

17. 设 a, b, c 为正实数,证明:

$$\frac{7}{1 + a} + \frac{9}{1 + a + b} + \frac{36}{1 + a + b + c} \leq 4\left(1 + \frac{1}{a} + \frac{1}{b} + \frac{1}{c}\right).$$

18. 设正实数 a, b, c 都不小于 1,且满足

$$5(a^2 - 4a + 5)(b^2 - 4b + 5)(c^2 - 4c + 5) \leq a + b + c - 1.$$

证明:

$$(a^2 + 1)(b^2 + 1)(c^2 + 1) \geq (a + b + c - 1)^3.$$

19. 设正实数 a, b, c 满足 $abc = 1$,证明:

$$a + b + c \geq \frac{1}{a(b + 1)} + \frac{1}{b(c + 1)} + \frac{1}{c(a + 1)} + \frac{3}{2}.$$

20. 设正实数 a, b, c 满足条件 $abc = 1$,证明:

$$\frac{1}{a^5(b + 2c)^2} + \frac{1}{b^5(c + 2a)^2} + \frac{1}{c^5(a + 2b)^2} \geq \frac{1}{3}.$$

21. 设 a, b, c 为非负实数,且其中不存在两个都为 0,证明:

$$\sqrt{\frac{a}{b + c}} + \sqrt{\frac{b}{c + a}} + \sqrt{\frac{c}{a + b}} + \frac{2(a + b + c)^3}{a^3 + b^3 + c^3} \geq 6.$$

22. 设 a, b, c 为正实数,证明:

$$\frac{a^2 + bc}{\sqrt{b^2 + bc + c^2}} + \frac{b^2 + ca}{\sqrt{c^2 + ca + a^2}} + \frac{c^2 + ab}{\sqrt{a^2 + ab + b^2}} \geq \frac{2}{\sqrt{3}}(a + b + c).$$

23. 设 a, b, c 为正实数,证明:

$$\frac{a}{\sqrt{2(b^2 + c^2)}} + \frac{b}{c + a} + \frac{c}{a + b} \geqslant \frac{3}{2}.$$

24. 设实数 a, b, c 满足

$$\frac{2}{a^2 + 1} + \frac{2}{b^2 + 1} + \frac{2}{c^2 + 1} \geqslant 3.$$

证明:$(a - 2)^2 + (b - 2)^2 + (c - 2)^2 \geqslant 3$.

25. 设正实数 x, y, z 满足

$$\frac{(x + y)(y + z)(z + x)}{xyz} = 9.$$

证明:

$$31.25 \leqslant \frac{(x + y + z)^3}{xyz} \leqslant 32.$$

26. 设正实数 $x, y, z \geqslant \dfrac{1}{2}$ 满足 $x^2 + y^2 + z^2 = 1$,证明:

$$\left(\frac{1}{x} + \frac{1}{y} - \frac{1}{z}\right)\left(\frac{1}{x} - \frac{1}{y} + \frac{1}{z}\right) \geqslant 2.$$

27. 设正实数 a, b, c 满足 $a^2 + b^2 + c^2 + abc = 4$,证明:

$$a + b + c \geqslant 2 + \sqrt{abc}.$$

28. 设正实数 a, b, c 满足 $a^2 + b^2 + c^2 + abc = 4$,证明:

$$a + b + c \geqslant 2 + \sqrt{\left(\frac{18}{a + b + c + 3} - 2\right)abc}.$$

29. 设 x, y, z 为非负实数,证明:

$$\frac{x^2}{(5x + 4y)^2} + \frac{y^2}{(5y + 4z)^2} + \frac{z^2}{(5z + 4x)^2} \geqslant \frac{1}{27}.$$

30. 设非负实数 a, b, c 满足 $a + b + c = 3$,证明:

$$\frac{a}{2a + bc} + \frac{b}{2b + ca} + \frac{c}{2c + ab} \geqslant \frac{9}{10}.$$

31. 设 a, b, c 为非负实数,证明:

$$\frac{(4a + b + c)^2}{2a^2 + (b + c)^2} + \frac{(4b + c + a)^2}{2b^2 + (c + a)^2} + \frac{(4c + a + b)^2}{2c^2 + (a + b)^2} \leqslant 18.$$

32. 设正实数 x, y, z 满足

$$(2x^4 + 3y^4)(2y^4 + 3z^4)(2z^4 + 3x^4) \leqslant (3x + 2y)(3y + 2z)(3z + 2x),$$

证明:$xyz \leqslant 1$.

33. 设 a, b, c 为正实数,证明:

$$\frac{1}{a + b + \frac{1}{abc} + 1} + \frac{1}{b + c + \frac{1}{abc} + 1} + \frac{1}{c + a + \frac{1}{abc} + 1} \leqslant \frac{a + b + c}{a + b + c + 1}.$$

34. 设正实数 a, b, c 满足条件 $abc = 1$,证明:

$$\sqrt{9 + 16a^2} + \sqrt{9 + 16b^2} + \sqrt{9 + 16c^2} \leqslant 1 + \frac{14}{3}(a + b + c).$$

35. 设 a, b, c 是一个三角形的三边,证明:

$$\frac{a}{\sqrt{b + c - a}} + \frac{b}{\sqrt{c + a - b}} + \frac{c}{\sqrt{a + b - c}}$$
$$\geqslant 3\sqrt{\frac{a^2 + b^2 + c^2 + \sum_{\text{cyc}}(a - b)^2}{a + b + c}}.$$

36. 设非负实数 a, b, c 满足 $ab + bc + ca = 1$,证明:

$$\frac{1}{\sqrt{a^2 + ab + b^2}} + \frac{1}{\sqrt{b^2 + bc + c^2}} + \frac{1}{\sqrt{c^2 + ca + a^2}} \geqslant 2 + \frac{1}{\sqrt{3}}.$$

37. 设正实数 a, b, c 满足 $a + b + c = 3$,证明:

$$\frac{a}{b} + \frac{b}{c} + \frac{c}{a} \geqslant \frac{12}{3abc + 1}.$$

38. 设非负实数 a, b, c 满足条件 $\dfrac{a}{b+c} \geqslant 2$，证明：

$$5\left(\frac{a}{b+c} + \frac{b}{c+a} + \frac{c}{a+b}\right) \geqslant \frac{a^2 + b^2 + c^2}{ab + bc + ca} + 10.$$

39. 设非负实数 a, b, c 满足条件 $\dfrac{a}{b+c} \geqslant 2$，证明：

$$(ab + bc + ca)\left[\frac{1}{(a+b)^2} + \frac{1}{(b+c)^2} + \frac{1}{(c+a)^2}\right] \geqslant \frac{49}{18}.$$

40. 设 a, b, c 为正实数，证明：

$$\frac{1}{a} + \frac{1}{b} + \frac{1}{c} + \frac{9(a+b+c)}{ab+bc+ca} \geqslant 8\left(\frac{a}{a^2+bc} + \frac{b}{b^2+ca} + \frac{c}{c^2+ab}\right).$$

41. 设正实数 a, b, c, d 满足 $a + b + c + d = 4$，证明：

$$2(ab + cd) + \frac{1}{a^2 b^2} + \frac{1}{c^2 d^2} \geqslant \frac{24}{(a+b)(c+d)}.$$

42. 设 a, b, c, d 为正实数，证明：

$$\frac{1}{(a+b)^2} + \frac{1}{(b+c)^2} + \frac{1}{(c+d)^2} + \frac{1}{(d+a)^2} \geqslant \frac{2}{ac+bd}.$$

43. 设非负实数 a, b, c, d 满足 $a + b + c + d = 1$，证明：

$$ab + ac + ad + bc + bd + cd + 48abcd \geqslant 9(abc + abd + acd + bcd).$$

44. 设非负实数 a, b, c, d 不全相等，且满足 $a^2 + b^2 + c^2 + d^2 = 4$，证明：

$$\frac{2}{\sqrt{3}} \leqslant \frac{a^3 + b^3 + c^3 + d^3 - 4}{4 - a - b - c - d} \leqslant \frac{7}{2}.$$

45. 设实数 a, b, c, d 满足 $a^2 + b^2 + c^2 + d^2 = 4$，证明：

$$3(a^4 + b^4 + c^4 + d^4) + 4(a + b + c + d)^2 \leqslant 76.$$

46. 设非负实数 a, b, c, d 满足 $a + b + c + d = 4$，证明：

$$abcd(a^2 + b^2 + c^2 + d^2) \leqslant 4.$$

47. 设 a, b, c, d 为非负实数,且满足

$$ab + ac + ad + bc + bd + cd = 6,$$

证明:

$$\frac{1}{a^2+1} + \frac{1}{b^2+1} + \frac{1}{c^2+1} + \frac{1}{d^2+1} \geqslant 2.$$

48. 设正实数 a, b, c, d 满足 $a^2 + b^2 + c^2 + d^2 = 4$,证明:

$$(a + b + c + d - 2)\left(\frac{1}{a} + \frac{1}{b} + \frac{1}{c} + \frac{1}{d} + \frac{1}{2}\right) \geqslant 9.$$

49. 设非负实数 a, b, c, d 满足

$$ab + ac + ad + bc + bd + cd = 6,$$

证明:

$$a + b + c + d + (3\sqrt{2} - 4)abcd \geqslant 3\sqrt{2}.$$

50. 设非负实数 a, b, c, d 满足

$$ab + ac + ad + bc + bd + cd = 6,$$

证明:

$$a^4 + b^4 + c^4 + d^4 + 8abcd \geqslant 12.$$

51. 设实数 a, b, c, d 满足 $a^2 + b^2 + c^2 + d^2 = 4$,证明:

$$\frac{2}{3}(ab + bc + cd + da + ac + bd) \leqslant \left(3 - \sqrt{3}\right)abcd + 1 + \sqrt{3}.$$

52. 设正实数 a, b, c, d 满足条件 $a + b + c + d = 1$,证明:

$$\sqrt{a + \frac{2(b-c)^2}{9} + \frac{2(c-d)^2}{9} + \frac{2(d-b)^2}{9}} + \sqrt{b} + \sqrt{c} + \sqrt{d} \leqslant 2.$$

53. 设正实数 a, b, c, d 满足条件 $a + b + c + d = 4$,证明:

$$\frac{a^2}{2a+1} + \frac{b^2}{2b+1} + \frac{c^2}{2c+1} + \frac{d^2}{2d+1}$$

$$\geqslant \frac{104}{3(ab + ac + ad + bc + bd + cd + 20)}.$$

54. 设非负实数 a, b, c, x, y, z 满足 $a \geqslant b \geqslant c, x \geqslant y \geqslant z$,且

$$a + b + c + x + y + z = 6,$$

证明:

$$(a + x)(b + y)(c + z) \leqslant 6 + abc + xyz.$$

55. 设 $a, b, c, d, e \geqslant -1$ 满足 $a + b + c + d + e = 5$,证明:

$$-512 \leqslant (a + b)(b + c)(c + d)(d + e)(e + a) \leqslant 288.$$

56. 设正实数 a, b, c, x, y, z 满足

$$(a + b + c)(x + y + z) = (a^2 + b^2 + c^2)(x^2 + y^2 + z^2) = 4,$$

证明:

$$\sqrt{abcxyz} \leqslant \frac{4}{27}.$$

57. 设正实数 $a_1, a_2, \cdots, a_n$ 满足 $a_1 + a_2 + \cdots + a_n = n, n \geqslant 4$,证明:

$$\sum_{1 \leqslant i < j \leqslant n} 2a_i a_j \geqslant (n - 1)\sqrt{na_1 a_2 \cdots a_n(a_1^2 + a_2^2 + \cdots + a_n^2)}.$$

58. 设非负实数 $x_1, x_2, \cdots, x_n$ 满足

$$x_1 + x_2 + \cdots + x_n = n, n \geqslant 3,$$

证明:

$$(n - 1)(x_1^2 + x_2^2 + \cdots + x_n^2) + nx_1 x_2 \cdots x_n \geqslant n^2.$$

59. 设非负实数 $x_1, x_2, \cdots, x_n$ 满足 $x_1 + x_2 + \cdots + x_n = n$,证明:

$$\frac{1}{x_1} + \frac{1}{x_2} + \cdots + \frac{1}{x_n} + \frac{2n\sqrt{n - 1}}{x_1^2 + x_2^2 + \cdots + x_n^2} \geqslant n + 2\sqrt{n - 1}.$$

2.3 基础问题解答

1. 设 a, b 为不同的实数, 证明:

$$\frac{1}{a^2} + \frac{1}{b^2} + \frac{1}{(a-b)^2} \geq \frac{4}{ab}.$$

证 我们有

$$\frac{1}{a^2} + \frac{1}{b^2} + \frac{1}{(a-b)^2} - \frac{4}{ab} = \frac{(a^2+b^2)(a-b)^2 + a^2b^2 - 4ab(a-b)^2}{a^2b^2(a-b)^2}$$

$$= \frac{(a^2+b^2)^2 - 6ab(a^2+b^2) + 9a^2b^2}{a^2b^2(a-b)^2}$$

$$= \frac{(a^2+b^2-3ab)^2}{a^2b^2(a-b)^2} \geq 0.$$

等号当 $\dfrac{a}{b} = \dfrac{3 \pm \sqrt{5}}{2}$ 时成立. $\quad\square$

2. 设正实数 a, b 满足 $a^3 + 3b^3 \leq a - b$, 证明:

$$a^2 + 6b^2 \leq 1.$$

证 假定对某个 a, b 有 $a^2 + 6b^2 > 1$, 于是

$$a^3 + 3b^3 < (a-b)(a^2 + 6b^2),$$

这等价于

$$b(3b-a)^2 < 0,$$

矛盾, 所以必有 $a^2 + 6b^2 \leq 1$. $\quad\square$

3. (AoPS)设正实数 x, y, z 满足 $3(x+y) = x^2 + y^2 + xy + 2$, 求以下表达式的最大值:

$$P = \frac{3x + 2y + 1}{x + y + 6}.$$

证 题设条件可以改写为

$$(x-3)^2 + (y-3)^2 + (x+y)^2 = 14.$$

由 Cauchy-Schwarz 不等式,我们有

$$
\begin{aligned}
14^2 &= \left[(x-3)^2 + (y-3)^2 + (x+y)^2 \right](1^2 + 2^2 + 3^2) \\
&\geqslant \left[(3-x)\cdot 1 + (3-y)\cdot 2 + (x+y)\cdot 3 \right]^2 \\
&= (9 + 2x + y)^2,
\end{aligned}
$$

由此得到 $2x + y \leqslant 5$,所以

$$P - 1 = \frac{2x + y - 5}{x + y + 6} \leqslant 0.$$

于是 P 的最大值为 1,且在 $x = 2, y = 1$ 时取到. □

4. 设实数 x, y 满足 $x + y = 1$,证明:

$$\sqrt{\frac{1}{2x^2 + 1}} + \sqrt{\frac{1}{2y^2 + 1}} \leqslant \sqrt{\frac{8}{3}}.$$

证 令 $x = \dfrac{1}{2} - a, y = \dfrac{1}{2} + a$,其中 a 是某个实数,待证不等式化为

$$\frac{1}{\sqrt{3 - 4a + 4a^2}} + \frac{1}{\sqrt{3 + 4a + 4a^2}} \leqslant \frac{2}{\sqrt{3}}.$$

将不等式两边平方后化简,我们得到等价的不等式

$$3\sqrt{16a^4 + 8a^2 + 9} \leqslant 32a^4 + 4a^2 + 9.$$

再次平方后化简,不等式变为

$$a^4(16a^4 + 4a^2 + 7) \geqslant 0,$$

这是显然成立的,且等号当 $a = 0$,即 $x = y = \dfrac{1}{2}$ 时成立. □

5. (Marius Stănean, Gazeta Matematică) 设 a, b 为非负实数, 证明:

$$\left(3a + \frac{4}{a+1} + \frac{8}{\sqrt{2(b^2+1)}}\right)\left(3b + \frac{4}{b+1} + \frac{8}{\sqrt{2(a^2+1)}}\right) \geq 81.$$

证 首先, 我们对 $x, y > 0$ 证明不等式

$$\frac{x+y}{2} - \frac{2xy}{x+y} \geq 2\left(\sqrt{\frac{x^2+y^2}{2}} - \frac{x+y}{2}\right), \tag{1}$$

这等价于

$$\frac{(x-y)^2}{2(x+y)} \geq \frac{(x-y)^2}{\sqrt{2(x^2+y^2)} + x + y},$$

而这是成立的, 因为 $2(x^2+y^2) \geq (x+y)^2 \Leftrightarrow (x-y)^2 \geq 0$.

现在, 我们在式 (1) 中令 $y = 1$, 我们得到

$$3x + \frac{4}{x+1} \geq 1 + 2\sqrt{2(x^2+1)}.$$

利用此不等式以及 AM-GM 不等式, 有

$$\left(3a + \frac{4}{a+1} + \frac{8}{\sqrt{2(b^2+1)}}\right)\left(3b + \frac{4}{b+1} + \frac{8}{\sqrt{2(a^2+1)}}\right)$$

$$\geq \left(1 + 2\sqrt{2(a^2+1)} + \frac{8}{\sqrt{2(b^2+1)}}\right)\left(1 + 2\sqrt{2(b^2+1)} + \frac{8}{\sqrt{2(a^2+1)}}\right)$$

$$\geq \left(1 + 8\sqrt[4]{\frac{a^2+1}{b^2+1}}\right)\left(1 + 8\sqrt[4]{\frac{b^2+1}{a^2+1}}\right)$$

$$= 1 + 8\left(\sqrt[4]{\frac{a^2+1}{b^2+1}} + \sqrt[4]{\frac{b^2+1}{a^2+1}}\right) + 64$$

$$\geq 1 + 16 + 64 = 81. \qquad \square$$

6. (AoPS, Sqing) 设实数 x, y 满足 $x + y \geq 0$ 且 $x^3 + y^3 = x - y$, 证明:

$$2(\sqrt{2} - 1)x^2 - y^2 \leq 1.$$

证 首先,我们注意到 $x^3 - y^3 = (x+y)(x^2 + xy + y^2) \geqslant 0$,所以 $x \geqslant y$. 待证不等式等价于

$$2(\sqrt{2}-1)x^2 - y^2 \leqslant \frac{x^3 + y^3}{x - y},$$

即

$$\frac{x^2 + y^2}{x(x-y)} \geqslant 2(\sqrt{2}-1).$$

令 $t = \dfrac{y}{x} < 1$,那么由 AM-GM 不等式可得

$$\frac{x^2 + y^2}{x(x-y)} = -2 + (1-t) + \frac{2}{1-t} \geqslant -2 + 2\sqrt{2}.$$

等号当 $t = 1 - \sqrt{2}$ 时取到,这意味着

$$x = \sqrt{\frac{5 + 4\sqrt{2}}{7}}, \quad y = -\sqrt{\frac{2\sqrt{2}-1}{7}}. \qquad \square$$

7. (Titu Andreescu,Mathematical Reflections)设实数 a, b 满足 $4a^2 + 3ab + b^2 \leqslant 2\,016$,求 $a+b$ 的最大可能值.

证 注意到

$$8 \times 2\,016 \geqslant 32a^2 + 24ab + 8b^2 = (5a + b)^2 + 7(a+b)^2 \geqslant 7(a+b)^2,$$

等号成立当且仅当 $5a + b = 0$ 且 $4a^2 + 3ab + b^2 = 2\,016$,所以

$$a + b \leqslant |a + b| = \sqrt{(a+b)^2} \leqslant \sqrt{\frac{8 \times 2\,016}{7}} = 48,$$

等号成立当且仅当 $a + b = 48, 5a + b = 0$,即 $a = -12, b = 60$,这导致

$$a + b = 48, 4a^2 + 3ab + b^2 = 576 - 2\,160 + 3\,600 = 2\,016. \qquad \square$$

8. (Marius Stănean)设实数 x, y 满足 $x^2 - xy + y^2 = 3$,求 $2x^2 + y^2$ 的最小值与最大值.

证 利用极坐标, 即令 $x = r\cos\alpha, y = r\sin\alpha, r > 0, \alpha \in [0, 2\pi)$, 我们得到

$$r^2(1 - \sin\alpha\cos\alpha) = 3 \Leftrightarrow r^2 = \frac{6}{2 - \sin 2\alpha}.$$

记 $P = 2x^2 + y^2$, 我们有

$$P = 2r^2\cos^2\alpha + r^2\sin^2\alpha = r^2 + r^2\cos^2\alpha$$

$$= r^2 + \frac{r^2}{2} + \frac{r^2}{2}\cos 2\alpha = \frac{3r^2}{2} + \frac{r^2}{2}\cos 2\alpha$$

$$= \frac{3(3 + \cos 2\alpha)}{2 - \sin 2\alpha}.$$

所以

$$2P - 9 = 3\cos 2\alpha + P\sin 2\alpha,$$

即

$$\frac{2P - 9}{\sqrt{P^2 + 9}} = \frac{3}{\sqrt{P^2 + 9}}\cos 2\alpha + \frac{P}{\sqrt{P^2 + 9}}\sin 2\alpha = \sin(2\alpha + \beta),$$

其中 $\sin\beta = \dfrac{3}{\sqrt{P^2 + 9}}$ 且 $\cos\beta = \dfrac{P}{\sqrt{P^2 + 9}}$. 那么我们有

$$-1 \leqslant \frac{2P - 9}{\sqrt{P^2 + 9}} \leqslant 1,$$

这意味着

$$\frac{(2P - 9)^2}{P^2 + 9} \leqslant 1 \Leftrightarrow (P - 6)^2 \leqslant 12,$$

所以

$$6 - 2\sqrt{3} \leqslant P \leqslant 6 + 2\sqrt{3}.$$

不难看出这里的最大值和最小值都是可以取到的, 因为给定这样的 P, 我们是可以求出 β 和 α 的. $\square$

9. (2018 年 PAMO 预选赛) 设正实数 a, b, c 满足 $a^3 + b^3 + c^3 = 5abc$, 证明:

$$(a + b)(b + c)(c + a) \geqslant 9abc.$$

证　令

$$x = \frac{a}{a+b+c}, y = \frac{b}{a+b+c}, z = \frac{c}{a+b+c},$$

则 $x + y + z = 1$, 且 $x^3 + y^3 + z^3 = 5xyz$, 这意味着

$$2xyz + 3(xy + yz + zx) = 1.$$

因此

$$(3 + 2x)(3 + 2y)(3 + 2z) = 49.$$

由 AM-GM 不等式, 我们有

$$49 \leqslant (3 + 2x)\left(\frac{6 + 2y + 2z}{2}\right)^2 = (3 + 2x)(4 - x)^2,$$

即

$$(2x - 1)(x^2 - 6x + 1) \geqslant 0,$$

这意味着

$$3 - 2\sqrt{2} \leqslant x \leqslant \frac{1}{2}.$$

我们需要证明

$$(1 - x)(1 - y)(1 - z) \geqslant 9xyz,$$

这等价于

$$32xyz \leqslant 1.$$

而

$$32xyz - 1 = \frac{32x(3x^2 - 3x + 1)}{2x + 3} - 1 = \frac{3(2x - 1)(4x - 1)^2}{2x + 3} \leqslant 0,$$

证毕.　　　　　　　　　　　　　　　　　　　　　　　　　□

10. (Titu Andreescu, Mathematical Reflections) 设 $a, b, c \in (-1, 1)$ 满足 $a^2 + b^2 + c^2 = 2$, 证明:

$$\frac{(a + b)(a + c)}{1 - a^2} + \frac{(b + c)(b + a)}{1 - b^2} + \frac{(c + a)(c + b)}{1 - c^2} \geqslant 9(ab + bc + ca) + 6.$$

证 我们可以将不等式改写为

$$\frac{2(a+b)(a+c)}{-a^2+b^2+c^2}+\frac{2(b+c)(b+a)}{a^2-b^2+c^2}+\frac{2(c+a)(c+b)}{a^2+b^2-c^2} \geq 9(ab+bc+ca)+6.$$

将不等式两边加上 $1+1+1=3$,我们得到等价的不等式

$$\frac{(a+b+c)^2}{-a^2+b^2+c^2}+\frac{(a+b+c)^2}{a^2-b^2+c^2}+\frac{(a+b+c)^2}{a^2+b^2-c^2}$$
$$\geq \frac{9}{2}(2ab+2bc+2ca+a^2+b^2+c^2).$$

当 $a+b+c=0$ 时,等号成立. 当 $a+b+c\neq 0$ 时,不等式可以化简为

$$\frac{1}{-a^2+b^2+c^2}+\frac{1}{a^2-b^2+c^2}+\frac{1}{a^2+b^2-c^2} \geq \frac{9}{2}.$$

这只需要对正数 $-a^2+b^2+c^2, a^2-b^2+c^2, a^2+b^2-c^2$ 由 AM-GM 不等式即得. 等号成立当且仅当 $a+b+c=0$ 或 $|a|=|b|=|c|=\sqrt{\frac{2}{3}}$. $\square$

11. 设正实数 x,y,z 满足 $xyz=x+y+z+2$,证明:

$$x+y+z+6 \geq 2\left(\sqrt{xy}+\sqrt{xz}+\sqrt{yz}\right).$$

证 作代换:

$$x=\frac{b+c}{a}, y=\frac{c+a}{b}, z=\frac{a+b}{c}.$$

我们将不等式齐次化可得

$$\sum_{cyc}\frac{b+c}{a}+6 \geq 2\sum_{cyc}\sqrt{\frac{(a+b)(b+c)}{ca}},$$

$$2\sum_{cyc}\frac{b+c}{a}+6 \geq \left(\sum_{cyc}\sqrt{\frac{b+c}{a}}\right)^2,$$

$$(b+c+c+a+a+b)\left(\frac{1}{a}+\frac{1}{b}+\frac{1}{c}\right) \geq \left(\sum_{cyc}\sqrt{\frac{b+c}{a}}\right)^2,$$

这由 Cauchy-Schwarz 不等式是显然成立的. $\square$

12.（Titu Andreescu，Mathematical Reflections）设正实数 a, b, c 满足条件 $abc = 1$，证明：

$$\frac{1}{a^5 + b^2 + c^5} + \frac{1}{b^5 + c^2 + a^5} + \frac{1}{c^5 + a^2 + b^5} \leqslant \frac{9}{(a + b + c)^2}.$$

证 由 Muirhead 不等式，我们有

$$[(5, 0)] \geqslant [(4, 1)],$$

因此

$$a^5 + c^5 \geqslant ac(a^3 + c^3) = \frac{a^3 + c^3}{b}.$$

所以

$$\sum_{\text{cyc}} \frac{1}{a^5 + b^2 + c^5} \leqslant \sum_{\text{cyc}} \frac{1}{\frac{a^3 + c^3}{b} + b^2} = \sum_{\text{cyc}} \frac{b}{a^3 + b^3 + c^3}$$

$$= \frac{a + b + c}{a^3 + b^3 + c^3}.$$

由 Hölder 不等式，

$$(1 + 1 + 1)(1 + 1 + 1)(a^3 + b^3 + c^3) \geqslant (a + b + c)^3,$$

不等式得证. □

13.（Hoan Le Nhat Tun, Mathematical Reflections）设正实数 x, y, z 满足 $x^6 + y^6 + z^6 = 3$，证明：

$$x + y + z + 12 \geqslant 5(x^6 y^6 + y^6 z^6 + z^6 x^6).$$

证 首先，注意到

$$x^6 y^6 + y^6 z^6 + z^6 x^6 = \frac{9 - x^{12} - y^{12} - z^{12}}{2}.$$

因此，我们需要证明

$$2(x + y + z) + 5(x^{12} + y^{12} + z^{12}) \geqslant 21.$$

注意到当 $x = y = z = 1$ 时等号成立. 考虑函数 $f, g : (0, +\infty) \mapsto \mathbf{R}$, 其定义为

$$f(x) = 2x + 5x^{12}, g(x) = px^6 + q.$$

根据切线法, 我们需要取常数 p, q, 使得 $f(1) = g(1)$, $f'(1) = g'(1)$, 即

$$\begin{cases} p + q = 7 \\ 3p = 31 \end{cases} \Leftrightarrow \begin{cases} p = \dfrac{31}{3} \\ q = -\dfrac{10}{3} \end{cases}.$$

由 AM-GM 不等式可得

$$\frac{10 + 6x + 15x^{12}}{31} \geqslant x^6,$$

我们得到 $f(x) \geqslant g(x)$ 对任意 $x > 0$ 成立. 因此

$$f(x) + f(y) + f(z) \geqslant g(x) + g(y) + g(z)$$
$$= \frac{31(x^6 + y^6 + z^6) - 30}{3} = 21. \qquad \square$$

14. (Titu Andreescu, Mathematical Reflections) 设 a, b, c 为非负实数, 证明:

$$\sqrt{2a^2 + 3b^2 + 4c^2} + \sqrt{3a^2 + 4b^2 + 2c^2} + \sqrt{4a^2 + 2b^2 + 3c^2}$$
$$\geqslant (\sqrt{a} + \sqrt{b} + \sqrt{c})^2.$$

证 注意到由 Cauchy-Schwarz 不等式有

$$\sqrt{2a^2 + 3b^2 + 4c^2} = 3\sqrt{\frac{2a^2}{9} + \frac{3b^2}{9} + \frac{4c^2}{9}} \geqslant \frac{1}{3}(2a + 3b + 4c).$$

类似地,

$$\sqrt{3a^2 + 4b^2 + 2c^2} \geqslant \frac{1}{3}(3a + 4b + 2c)$$
$$\sqrt{4a^2 + 2b^2 + 3c^2} \geqslant \frac{1}{3}(4a + 2b + 3c).$$

所以

$$\sqrt{2a^2 + 3b^2 + 4c^2} + \sqrt{3a^2 + 4b^2 + 2c^2} + \sqrt{4a^2 + 2b^2 + 3c^2}$$

$$\geqslant 3(a + b + c) = 9\frac{\left(\sqrt{a}\right)^2 + \left(\sqrt{b}\right)^2 + \left(\sqrt{c}\right)^2}{3}$$

$$\geqslant 9\left(\frac{\sqrt{a} + \sqrt{b} + \sqrt{c}}{3}\right)^2 = \left(\sqrt{a} + \sqrt{b} + \sqrt{c}\right)^2. \square$$

15. (Titu Zvonaru, Mathematical Reflections)设 a, b, c 为正实数, 证明:

$$\frac{a}{b+c} + \frac{b}{c+a} + \frac{c}{a+b} + 4\left(\frac{a}{2a+b+c} + \frac{b}{a+2b+c} + \frac{c}{a+b+2c}\right) \geqslant \frac{9}{2}.$$

证 不失一般性, 我们可以假定

$$c = \min\{a, b, c\}.$$

不等式可以改写为

$$\frac{a}{b+c} + \frac{b}{c+a} + \frac{c}{a+b} - \frac{3}{2} \geqslant 2\left(\frac{b+c}{2a+b+c} + \frac{c+a}{a+2b+c} + \frac{a+b}{a+b+2c} - \frac{3}{2}\right),$$

记 $X = (a-b)^2, Y = (c-a)(c-b)$, 不等式等价于

$$\frac{X}{(a+c)(b+c)} + \frac{(a+b+2c)Y}{2\prod_{\text{cyc}}(a+b)}$$

$$\geqslant \frac{2X}{(2a+b+c)(a+2b+c)} + \frac{(3a+3b+2c)Y}{\prod_{\text{cyc}}(2a+b+c)}.$$

由于

$$(2a+b+c)(a+2b+c) \geqslant (2a+c+c)(c+2b+c)$$

$$= 4(a+c)(b+c),$$

$$(a+b+2c)\prod_{\text{cyc}}(2a+b+c) \geqslant 8(a+b+2c)(a+b)(b+c)(c+a)$$

$$\geqslant 2(3a+3b+2c)\prod_{\text{cyc}}(a+b),$$

其中最后一步我们运用了不等式

$$(x+y)(y+z)(z+x) \geq 8xyz,$$

再令 $x=a+b, y=b+c, z=c+a$,不等式得证. □

注 类似地,下面有更强的不等式

$$\frac{a}{b+c} + \frac{b}{c+a} + \frac{c}{a+b} + 6\left(\frac{a}{2a+b+c} + \frac{b}{a+2b+c} + \frac{c}{a+b+2c}\right) \geq 6.$$

16. 设正实数 a, b, c 满足 $a^2+b^2+c^2+abc=4$,证明:

$$\frac{1}{a^2} + \frac{1}{b^2} + \frac{1}{c^2} + 1 \geq \frac{4}{abc}.$$

证 作代换:

$$a = \frac{2\sqrt{yz}}{\sqrt{(x+y)(z+x)}}, b = \frac{2\sqrt{zx}}{\sqrt{(x+y)(y+z)}}, c = \frac{2\sqrt{xy}}{\sqrt{(y+z)(z+x)}},$$

我们将不等式齐次化为

$$\frac{(x+y)(z+x)}{4yz} + \frac{(x+y)(y+z)}{4zx} + \frac{(y+z)(z+x)}{4xy} + 1$$
$$\geq \frac{(x+y)(y+z)(z+x)}{2xyz},$$

即

$$x(x+y)(x+x) + y(y+z)(x+y) + z(z+x)(y+z) + 4xyz$$
$$\geq 2(x+y)(y+z)(z+x),$$

展开以后得到

$$x^3 + y^3 + z^3 + 3xyz \geq x^2(y+z) + y^2(z+x) + z^2(x+y),$$

这就是 Schur 不等式,等号当 $x=y=z$,即 $a=b=c$ 时成立. □

17. (Dragoljub Milošević, Mathematical Reflections)设正实数 x, y, z 满足条件 $x + y + z = 3$,证明:

$$\frac{xy}{4-y} + \frac{yz}{4-z} + \frac{zx}{4-x} \leq 1.$$

证 不等式齐次化以后可得

$$\frac{9xy}{4x+y+4z} + \frac{9yz}{4x+4y+z} + \frac{9zx}{x+4y+4z} \leq 3.$$

由 Cauchy-Schwarz 不等式,我们可得

$$\frac{9}{4x+y+4z} \leq \frac{2}{2x+z} + \frac{1}{2x+y}.$$

所以

$$\sum_{\text{cyc}} \frac{9xy}{4x+y+4z} \leq \sum_{\text{cyc}} \frac{2xy}{2x+z} + \sum_{\text{cyc}} \frac{xy}{2z+y}$$

$$= \sum_{\text{cyc}} \frac{2xy}{2x+z} + \sum_{\text{cyc}} \frac{yz}{2x+z}$$

$$= \sum_{\text{cyc}} \frac{2xy+yz}{2x+z} = 3,$$

不等式得证. $\qquad\qquad\square$

18. (Titu Andreescu, Mathematical Reflections) 设正实数 a, b, c 满足条件 $a + b + c = 1$,证明:

$$ab(a^2 + b^2) + bc(b^2 + c^2) + ca(c^2 + a^2) + abc \leq \frac{1}{8}.$$

证 首先注意到

$$ab(a^2 + b^2) + bc(b^2 + c^2) + ca(c^2 + a^2)$$

$$= \frac{(a+b+c)^4 - (a^4 + b^4 + c^4) - 6(ab+bc+ca)^2}{4}.$$

再利用 $a + b + c = 1$ 可得

$$(ab + bc + ca)^2 = a^2b^2 + b^2c^2 + c^2a^2 + 2abc,$$

因此待证的不等式等价于

$$(a^2 + b^2 + c^2)^2 + 4(ab + bc + ca)^2 \geq \frac{1}{2}.$$

对 $a^2 + b^2 + c^2$ 和 $2(ab + bc + ca)$ 应用 AM-GM 不等式，我们得到左边的最小值为

$$\frac{(a + b + c)^4}{2} = \frac{1}{2},$$

等号成立当且仅当 $a^2 + b^2 + c^2 = 2(ab + bc + ca)$，而这两个式子加起来等于 $(a + b + c)^2 = 1$，我们得到等号成立的充要条件为

$$a + b + c = 1, a^2 + b^2 + c^2 = \frac{1}{2}.$$

存在无穷多组 (a, b, c) 满足这两个条件，并且可以表示为

$$a = \frac{1 - c \pm \sqrt{c(2 - 3c)}}{2}, b = \frac{1 - c \mp \sqrt{c(2 - 3c)}}{2},$$

其中 $0 \leq c \leq \frac{2}{3}$. □

19. 设正实数 a, b, c 满足 $a + b + c = 3$，求以下表达式的最小值：

$$P = 3(a^2 + b^2 + c^2) + 4abc.$$

证 不失一般性，我们可以假定 $a \geq b \geq c$，我们有

$$P = 27 - 6(ab + bc + ca) + 4abc = \frac{27 - (3 - 2a)(3 - 2b)(3 - 2c)}{2}.$$

有两种情形：

1. 如果 $a \geq \frac{3}{2}$，由于 $b, c \leq \frac{3}{2}$，那么 $P \geq \frac{27}{2}$.

2. 如果 $a < \frac{3}{2}$，那么由 AM-GM 不等式，我们有

$$P \geq \frac{27 - \left(\frac{3 - 2a + 3 - 2b + 3 - 2c}{3}\right)^3}{2} = 13.$$

因此，P 的最小值为 13，当且仅当 $a = b = c = 1$ 时取到. □

20. 设正实数 a, b, c 满足 $a^2 + 2b^2 + 3c^2 = 3abc$,证明:

$$\frac{8}{a} + \frac{6}{b} + \frac{4}{c} + 3a + 2b + c \geqslant 21.$$

证 首先注意到

$$3abc = a^2 + c^2 + 2(b^2 + c^2) \geqslant 2ac + 4bc,$$

所以

$$\frac{4}{a} + \frac{2}{b} \leqslant 3.$$

由 Cauchy-Schwarz 不等式与 AM-GM 不等式,

$$\begin{aligned}
\frac{8}{a} + \frac{6}{b} + \frac{4}{c} + 3a + 2b + c &= \frac{36}{3a} + \frac{16}{2b} + \frac{4}{c} + 3a + 2b + c - \left(\frac{4}{a} + \frac{2}{b}\right) \\
&\geqslant \frac{144}{3a + 2b + c} + 3a + 2b + c - 3 \geqslant 24 - 3 \\
&= 21.
\end{aligned}$$

等号当 $a = b = c = 2$ 时成立. □

21. (Titu Andreescu) 设正实数 a, b, c 都不小于 $\frac{1}{2}$,且满足 $a + b + c = 3$,证明:

$$\sqrt{a^3 + 3ab + b^3 - 1} + \sqrt{b^3 + 3bc + c^3 - 1} + \sqrt{c^3 + 3ca + a^3 - 1} +$$
$$\frac{1}{4}(a + 5)(b + 5)(c + 5) \leqslant 60.$$

等号何时成立?

证 不等式可以改写为

$$2\sqrt{4(a^3 + 3ab + b^3 - 1)} + 2\sqrt{4(b^3 + 3bc + c^3 - 1)} + 2\sqrt{4(c^3 + 3ca + a^3 - 1)} +$$
$$(a + 5)(b + 5)(c + 5) \leqslant 240.$$

等式

$$x^3 + y^3 + z^3 - 3xyz = (x + y + z)(x^2 + y^2 + z^2 - xy - yz - zx)$$

意味着

$$x^3 + 3xy + y^3 - 1 = (x + y - 1)(x^2 + y^2 + 1 - xy + x + y).$$

那么由 AM-GM 不等式得

$$2\sqrt{4(a^3 + 3ab + b^3 - 1)} \leqslant 4(a + b - 1) + (a^2 + b^2 + 1 - ab + a + b),$$

等号成立当且仅当 $4(a + b - 1) = a^2 + b^2 + 1 - ab + a + b$. 将上述不等式循环相加, 只需要证明

$$4[2(a + b + c) - 3] + 2(a^2 + b^2 + c^2) + 3 - (ab + bc + ca) +$$
$$2(a + b + c) + (a + 5)(b + 5)(c + 5) \leqslant 240.$$

考虑到 $a + b + c = 3$, 这等价于

$$12 + 18 - 4(ab + bc + ca) + 3 - (ab + bc + ca) + 6 + abc +$$
$$5(ab + bc + ca) + 75 + 125 \leqslant 240,$$

这可以化简为 $abc \leqslant 1$, 而显然 $\sqrt[3]{abc} \leqslant \dfrac{a + b + c}{3} = 1$, 等号成立当且仅当 $a = b = c = 1$. □

22. (Marius Stănean, Mathematical Reflections) 设正实数 a, b, c 满足条件 $a^2 + b^2 + c^2 = 6$, 求以下表达式的所有可能值:

$$\left(\frac{a + b + c}{3} - a\right)^5 + \left(\frac{a + b + c}{3} - b\right)^5 + \left(\frac{a + b + c}{3} - c\right)^5.$$

证 注意到不等式是对称的, 不失一般性, 我们可以假定 $a \geqslant b \geqslant c$. 我们将 P 写成

$$P(a, b, c) = \frac{(a + b - 2c)^5 + (b + c - 2a)^5 + (c + a - 2b)^5}{3^5}.$$

有两种情形:

1. 如果 $c + a - 2b \leqslant 0$, 那么

$$(a + b - 2c)^5 + (b + c - 2a)^5 + (c + a - 2b)^5$$

$$= (a + b - 2c)^5 - (2a - b - c)^5 - (2b - c - a)^5 \geqslant 0,$$

因为 $(x + y)^5 - x^5 - y^5 \geqslant 0$ 对任意 $x, y \geqslant 0$ 成立.

2. 如果 $c + a - 2b \geqslant 0$, 那么由 Jensen 不等式有

$$\frac{x^5 + y^5}{2} \geqslant \left(\frac{x + y}{2}\right)^5,$$

所以

$$(a + b - 2c)^5 + (c + a - 2b)^5 - (2a - b - c)^5$$
$$\geqslant \frac{(a + b - 2c + c + a - 2b)^5}{2^4} - (2a - b - c)^5$$
$$= -\frac{15}{16}(2a - b - c)^5.$$

由 Cauchy-Schwarz 不等式, 我们有

$$(2a - b - c)^2 \leqslant [2^2 + (-1)^2 + (-1)^2](a^2 + b^2 + c^2) = 36,$$

因此

$$2a - b - c \leqslant 6.$$

那么

$$E(a, b, c) \geqslant -\frac{15}{16 \cdot 3^5}(2a - b - c)^5 \geqslant -\frac{15 \cdot 6^5}{2^4 \cdot 3^5} = -30,$$

所以 P 的最小值为 -30, 当 $a = 2, b = -1, c = -1$ 时取到. 此外,

$$P(a, b, c) = -P(-a, -b, -c) \leqslant 30,$$

于是 P 的最大值为 30, 当 $a = -2, b = 1, c = 1$ 时取到. □

23. (Titu, Zvonaru, Mathematical Reflections) 设 a, b, c 为正实数, 证明:

$$\frac{1}{18}\left(\frac{a^2}{b^2} + \frac{b^2}{c^2} + \frac{c^2}{a^2}\right) + \frac{a}{2a + b + c} + \frac{b}{a + 2b + c} + \frac{c}{a + b + 2c} \geqslant \frac{11}{12}.$$

证 利用熟知的不等式

$$3(x^2 + y^2 + z^2) \geq (x + y + z)^2, \quad x^2 + y^2 + z^2 \geq xy + yz + zx,$$

我们得到

$$\frac{a^2}{b^2} + \frac{b^2}{c^2} + \frac{c^2}{a^2} \geq \frac{1}{3}\left(\frac{a}{b} + \frac{b}{c} + \frac{c}{a}\right)^2 \geq \frac{a}{b} + \frac{b}{c} + \frac{c}{a},$$

且

$$\frac{a^2}{b^2} + \frac{b^2}{c^2} + \frac{c^2}{a^2} \geq \frac{a}{b} \cdot \frac{b}{c} + \frac{b}{c} \cdot \frac{c}{a} + \frac{c}{a} \cdot \frac{a}{b} = \frac{b}{a} + \frac{c}{b} + \frac{a}{c},$$

因此

$$\frac{a^2}{b^2} + \frac{b^2}{c^2} + \frac{c^2}{a^2} \geq \frac{1}{2}\left(\frac{a}{b} + \frac{b}{a} + \frac{b}{c} + \frac{c}{b} + \frac{c}{a} + \frac{a}{c} - 6 + 6\right)$$

$$= 3 + \sum_{\text{cyc}} \frac{(a-b)^2}{2ab}.$$

由于

$$\frac{3}{4} - \sum_{\text{cyc}} \frac{a}{2a + b + c} = \sum_{\text{cyc}} \frac{b - a + c - a}{4(2a + b + c)}$$

$$= \sum_{\text{cyc}} \frac{b - a}{4(2a + b + c)} + \sum_{\text{cyc}} \frac{a - b}{4(a + 2b + c)}$$

$$= \sum_{\text{cyc}} \frac{(a - b)^2}{4(2a + b + c)(a + 2b + c)},$$

只需要证明

$$\sum_{\text{cyc}} \frac{(a - b)^2}{9ab} \geq \sum_{\text{cyc}} \frac{(a - b)^2}{(2a + b + c)(a + 2b + c)}.$$

最后的不等式是成立的,因为

$$(2a + b + c)(a + 2b + c) \geq (2a + b)(a + 2b) \geq 9ab.$$

□

24. （Cezar Lupu, Mathematical Reflections）设正实数 a, b, c 满足 $abc = 1$，
证明：

$$\frac{1}{a^3(b+c)} + \frac{1}{b^3(c+a)} + \frac{1}{c^3(a+b)} + \frac{4(ab+bc+ca)}{(a+b)(b+c)(c+a)} \geq ab+bc+ca.$$

证 作代换：$a = \dfrac{1}{x}, b = \dfrac{1}{y}, c = \dfrac{1}{z}$，再利用 $xyz = 1$，我们得到齐次不等式

$$\frac{x^2}{y+z} + \frac{y^2}{z+x} + \frac{z^2}{x+y} + \frac{4xyz(x+y+z)}{(x+y)(y+z)(z+x)} \geq x+y+z.$$

消去分母，不等式变为

$$x^4 + y^4 + z^4 + xyz(x+y+z) \geq 2(x^2y^2 + y^2z^2 + z^2x^2),$$

即

$$[(4,0,0)] + [(2,1,1)] \geq 2[(2,2,0)].$$

这可由 Schur 不等式

$$[(4,0,0)] + [(2,1,1)] \geq 2[(2,2,0)]$$

与 Muirhead 不等式

$$[(3,1,0)] \geq [(2,2,0)]$$

得到. □

25. （Romanian National Olympiad 2015 **强化版本**）设正实数 a, b, c 满足
$a + b + c = 3$，证明：

$$\frac{3}{2}(ab + bc + ca - abc) \geq a\sqrt{\frac{b^2+c^2}{2}} + b\sqrt{\frac{c^2+a^2}{2}} + c\sqrt{\frac{a^2+b^2}{2}}.$$

证 我们利用下面的不等式

$$\sqrt{\frac{a^2+b^2}{2}} \leq \frac{3(a+b)^2 - 4ab}{4(a+b)} \Leftrightarrow (a-b)^4 \geq 0.$$

可得

$$a\sqrt{\frac{b^2+c^2}{2}}+b\sqrt{\frac{c^2+a^2}{2}}+c\sqrt{\frac{a^2+b^2}{2}}$$

$$\leq \frac{3}{2}(ab+bc+ac)-abc\left(\frac{1}{a+b}+\frac{1}{b+c}+\frac{1}{a+c}\right)$$

$$\leq \frac{3}{2}(ab+bc+ca-abc),$$

因为由 Cauchy-Schwarz 不等式有

$$\frac{1}{a+b}+\frac{1}{b+c}+\frac{1}{a+c}\geq \frac{9}{2(a+b+c)}=\frac{3}{2},$$

等号当 $a=b=c=1$ 时成立. □

26. (Nguyen Viet Hung, Mathematical Reflections) 设 a,b,c 为正实数,证明:

$$\frac{1}{a^3+8abc}+\frac{1}{b^3+8abc}+\frac{1}{c^3+8abc}\leq \frac{1}{3abc}.$$

证 由于 $abc>0$,待证不等式等价于

$$\frac{abc}{a^3+8abc}+\frac{abc}{b^3+8abc}+\frac{abc}{c^3+8abc}\leq \frac{1}{3}.$$

那么我们可以将不等式改写为

$$\frac{1}{\frac{a^3+8abc}{abc}}+\frac{1}{\frac{b^3+8abc}{abc}}+\frac{1}{\frac{c^3+8abc}{abc}}\leq \frac{1}{3},$$

$$\frac{1}{\frac{a^2}{bc}+8}+\frac{1}{\frac{b^2}{ca}+8}+\frac{1}{\frac{c^2}{ab}+8}\leq \frac{1}{3}.$$

现在,我们令 $\dfrac{a^2}{bc}=x,\dfrac{b^2}{ca}=y,\dfrac{c^2}{ab}=z$,其中 $xyz=1$. 所以只需要证明

$$\frac{1}{x+8}+\frac{1}{y+8}+\frac{1}{z+8}\leq \frac{1}{3}.$$

消去分母,不等式变为

$$3[(xy+yz+zx)+16(x+y+z)+192]$$

$$\leqslant xyz + 8(xy + yz + zx) + 64(x + y + z) + 512,$$

由于 $xyz = 1$,这等价于

$$5(xy + yz + zx) + 16(x + y + z) \geqslant 63. \tag{1}$$

由 AM-GM 不等式,我们得到

$$xy + yz + zx \geqslant 3\sqrt[3]{xyz^2} = 3, \quad x + y + z \geqslant 3\sqrt[3]{xyz} = 3.$$

因此式 (1) 成立,等号成立当且仅当 $x = y = z = 1$,即 $a = b = c$.　□

27. (Hoang Le Nhat Tung, Mathematical Reflections) 设 a, b, c 为正实数,
证明:

$$\frac{ab + bc + ca}{a^2 + b^2 + c^2} + \frac{2(a^2 + b^2 + c^2)}{ab + bc + ca} \leqslant \frac{a + b}{2c} + \frac{b + c}{2a} + \frac{c + a}{2b}.$$

证 我们注意到

$$\frac{a + b}{2c} + \frac{b + c}{2a} + \frac{c + a}{2b} - \frac{2(a^2 + b^2 + c^2)}{ab + bc + ca} - \frac{ab + bc + ca}{a^2 + b^2 + c^2}$$
$$= \frac{p(a, b, c)}{2abc(a^2 + b^2 + c^2)(ab + bc + ca)},$$

其中

$$p(a, b, c) = \sum_{\text{sym}} a^5 b^2 + \sum_{\text{sym}} a^4 b^3 + 2 \sum_{\text{sym}} a^4 b^2 c - \sum_{\text{sym}} a^5 bc - 3 \sum_{\text{sym}} a^3 b^3 c.$$

由 Muirhead 不等式,

$$\sum_{\text{sym}} a^5 b^2 \geqslant \sum_{\text{sym}} a^5 bc,$$

$$\sum_{\text{sym}} a^4 b^3 \geqslant \sum_{\text{sym}} a^3 b^3 c,$$

$$2 \sum_{\text{sym}} a^4 b^2 c \geqslant 2 \sum_{\text{sym}} a^3 b^3 c.$$

所以 $p(a, b, c) \geqslant 0$.　□

28. (Turkey JBMO TST 2018) 如果正实数 x, y, z 满足 $\sqrt{x}, \sqrt{y}, \sqrt{z}$ 是一个三角形的三边,且

$$\frac{x}{y} + \frac{y}{z} + \frac{z}{x} = 5,$$

证明:

$$\frac{x(y^2 - 2z^2)}{z} + \frac{y(z^2 - 2x^2)}{x} + \frac{z(x^2 - 2y^2)}{y} \geq 0.$$

证 令 $P = (x-y)(y-z)(z-x), p = x+y+z, q = xy+yz+zx, r = xyz$, 那么有

$$\frac{x}{y} + \frac{y}{z} + \frac{z}{x} = 5 \Rightarrow P = 13r - pq,$$

且

$$2(x^2y^3 + y^2z^3 + z^2x^3) = pq^2 - qr - 2p^2r + Pq.$$

消去分母,不等式可以改写为

$$x^2y^3 + y^2z^3 + z^2x^3 \geq 2xyz(xy + yz + zx).$$

由上面的等式,这里的不等式等价于

$$pq^2 - qr - 2p^2r + Pq \geq 4qr,$$
$$pq^2 - qr - 2p^2r + 13qr - pq^2 \geq 4qr,$$
$$p^2 \leq 4q.$$

用 x, y, z 来表示,也就是

$$x^2 - 2x(y+z) + (y-z)^2 \leq 0 \Leftrightarrow |\sqrt{y} - \sqrt{z}| \leq \sqrt{x} \leq \sqrt{y} + \sqrt{z},$$

由于 $\sqrt{x}, \sqrt{y}, \sqrt{z}$ 是三角形的三边,这是显然成立的. □

29. (AoPS) 设 x, y, z 为正实数,证明:

$$\frac{(x^2 + y^2 - z^2)^2}{xy} + \frac{(x^2 - y^2 + z^2)^2}{xz} + \frac{(-x^2 + y^2 + z^2)^2}{zy}$$
$$\geq (x + y - z)^2 + (x - y + z)^2 + (-x + y + z)^2.$$

证 不失一般性,假定 $x \geqslant y \geqslant z$,我们有

$$(x^2 + 2xy + y^2 - z^2)^2 = (x^2 + y^2 - z^2)^2 + 4xy(x^2 + y^2 - z^2) + 4x^2y^2.$$

所以

$$\sum_{cyc} \frac{(x^2 + y^2 - z^2)^2}{xy} = (x + y + z)^2 \sum_{cyc} \frac{(x + y - z)^2}{xy} -$$
$$4(x^2 + y^2 + z^2 + xy + yz + zx),$$

我们需要证明

$$(x + y + z)^2 \sum_{cyc} \frac{z(x + y - z)^2}{xyz} \geqslant 7(x^2 + y^2 + z^2) + 2(xy + yz + zx),$$

这等价于

$$(x + y + z)^2 \frac{x^3 + y^3 + z^3 + 6xyz - xy(x + y) - yz(y + z) - zx(z + x)}{xyz}$$
$$\geqslant 7(x^2 + y^2 + z^2) + 2(xy + yz + zx),$$

即

$$(x + y + z)^2 \big[x^3 + y^3 + z^3 + 3xyz - xy(x + y) - yz(y + z) - zx(z + x)\big]$$
$$\geqslant 4xyz(x^2 + y^2 + z^2 - xy - yz - zx),$$

也即

$$(x + y + z)^2 \big[(x + y - z)(x - y)^2 + z(z - x)(z - y)\big]$$
$$\geqslant 4xyz \big[(x - y)^2 + (z - x)(z - y)\big].$$

最后的不等式是成立的,因为

$$(x + y + z)^2(x + y - z) \geqslant (x + y + z)^2 z \geqslant (x + y)^2 z \geqslant 4xyz. \quad \square$$

30. 设正实数 x, y, z 满足 $x^2 + y^2 + z^2 = 1$,证明:

$$\frac{x + y}{1 + xy} + \frac{y + z}{1 + yz} + \frac{z + x}{1 + zx} \leqslant \frac{9}{2(x + y + z)}.$$

证 不等式可以依次等价于

$$\sum_{\text{cyc}} \frac{(x+y)(x+y+z)}{1+xy} \le \frac{9}{2},$$

$$\sum_{\text{cyc}} \left[\frac{3}{2} - \frac{x^2+y^2+2xy+yz+zx}{x^2+y^2+z^2+xy} \right] \ge 0,$$

$$\sum_{\text{cyc}} \frac{(x-z)^2+(y-z)^2+z^2-xy}{1+xy} \ge 0.$$

因此, 我们只需要证明

$$\sum_{\text{cyc}} \frac{z^2-xy}{1+xy} \ge 0 \Leftrightarrow \sum_{\text{cyc}} \frac{z^2+1}{1+xy} \ge 3.$$

由 AM-GM 不等式,

$$\sum_{\text{cyc}} \frac{z^2+1}{1+xy} \ge \sum_{\text{cyc}} \frac{2(z^2+1)}{2+x^2+y^2} = \sum_{\text{cyc}} \frac{2(z^2+1)}{3-z^2}.$$

所以我们需要证明

$$f(a) + f(b) + f(c) \ge \frac{3}{2},$$

其中 $f: (0,1) \mapsto \mathbf{R}, f(t) = \frac{t+1}{3-t}$, 且 $a = x^2, b = y^2, c = z^2$ 满足 $a+b+c = 1$. 根据切线法, 由于取等条件为 $a = b = c = \frac{1}{3}, t = 1$ 处的切线方程为

$$y = f'\left(\frac{1}{3}\right)\left(x - \frac{1}{3}\right) + f\left(\frac{1}{3}\right),$$

我们断言对 $a > 0$, 有

$$f(a) = \frac{a+1}{3-a} \ge \frac{9}{16}\left(a - \frac{1}{3}\right) + \frac{1}{2},$$

这等价于

$$\frac{(3a-1)^2}{16(3-a)} \ge 0,$$

这是显然成立的. 因此,

$$f(a) + f(b) + f(c) \geqslant \frac{9}{16}(a + b + c - 1) + \frac{3}{2} = \frac{3}{2},$$

得证. 等号当 $a = b = c = \dfrac{1}{3}$,即 $x = y = z = \dfrac{1}{\sqrt{3}}$ 时成立. □

31. (Titu Andreescu, Mathematical Reflections) 设实数 a, b, c 都大于 -1,且满足 $a + b + c + abc = 4$,证明:

$$\sqrt[3]{(a+3)(b+3)(c+3)} + \sqrt[3]{(a^2+3)(b^2+3)(c^2+3)}$$
$$\geqslant 2\sqrt{ab + bc + ca + 13}.$$

证 由 AM-GM 不等式,

$$\sqrt[3]{(a+3)(b+3)(c+3)} + \sqrt[3]{(a^2+3)(b^2+3)(c^2+3)}$$
$$\geqslant 2\sqrt[6]{\prod (a+3)(a^2+3)},$$

所以只需要证明

$$(a+3)(a^2+3)(b+3)(b^2+3)(c+3)(c^2+3) \geqslant (ab + bc + ca + 13)^3.$$

而

$$(a+3)(a^2+3) = a^3 + 3a^2 + 3a + 9 = (a+1)^3 + 8,$$

类似的式子对 b 和 c 也成立. 那么由 Hölder 不等式,

$$\prod_{\mathrm{cyc}}[(a+1)^3 + 8] \geqslant [(a+1)(b+1)(c+1) + 8]^3$$
$$= (a + b + c + ab + bc + ca + abc + 9)^3$$
$$= (ab + bc + ca + 13)^3,$$

得证,且等号当 $a = b = c = 1$ 时成立. □

32. (Russian Olympiad 2015 **强化版本**) 设正实数 a, b, c 满足条件 $ab + bc + ca = 1$,证明:

$$\sqrt{a + \frac{1}{a}} + \sqrt{b + \frac{1}{b}} + \sqrt{c + \frac{1}{c}} \geqslant 2\sqrt{3(a + b + c)}.$$

证 由 Cauchy-Schwarz 不等式,

$$\sum_{\text{cyc}} \sqrt{a + \frac{1}{a}} = \sum_{\text{cyc}} \sqrt{a + b + c + \frac{bc}{a}}$$

$$= \sum_{\text{cyc}} \sqrt{\left(a + b + c + \frac{bc}{a}\right)\left(\frac{3}{4} + \frac{1}{4}\right)}$$

$$\geqslant \sum_{\text{cyc}} \left(\frac{1}{2}\sqrt{3(a+b+c)} + \frac{1}{2}\sqrt{\frac{bc}{a}}\right)$$

$$= \frac{3}{2}\sqrt{3(a+b+c)} + \frac{1}{2\sqrt{abc}} \geqslant 2\sqrt{3(a+b+c)},$$

最后一步是因为 $(ab + bc + ca)^2 \geqslant 3abc(a+b+c)$, 等号当 $a = b = c = \frac{1}{\sqrt{3}}$ 时成立. $\quad\square$

33. (Titu Andreescu, Mathematical Reflections) 设正实数 a, b, c 满足条件 $a + b + c = \frac{1}{abc}$, 证明:

$$\frac{1}{a^2b^2+1} + \frac{1}{b^2c^2+1} + \frac{1}{c^2a^2+1} \leqslant \frac{9}{4}.$$

证 令 $ab = x, bc = y, ca = z$, 那么 $xy + yz + zx = 1$, 且不等式可以改写为

$$\frac{1}{x^2 + xy + yz + zx} + \frac{1}{y^2 + xy + yz + zx} + \frac{1}{z^2 + xy + yz + zx} \leqslant \frac{9}{4},$$

这等价于

$$\frac{1}{(z+x)(x+y)} + \frac{1}{(x+y)(y+z)} + \frac{1}{(y+z)(z+x)} \leqslant \frac{9}{4}.$$

消去分母, 不等式变为

$$4[(y+z) + (z+x) + (x+y)] \leqslant 9(y+z)(z+x)(x+y),$$

齐次化以后得到

$$8(x + y + z)(xy + yz + zx) \leqslant 9(y + z)(z + x)(x + y).$$

最后,这个不等式可化简为

$$6xyz \leqslant x^2y + xy^2 + y^2z + yz^2 + z^2x + zx^2,$$

这由 AM-GM 不等式可以直接得到, 等号成立当且仅当 $x = y = z$, 即 $a = b = c = \dfrac{1}{\sqrt[4]{3}}$. $\qquad\square$

34. (Mathematics teaching China)设正实数 a, b, c 满足 $a + b + c = 3$,证明:

$$\left(\frac{3}{a} - 2\right)\left(\frac{3}{b} - 2\right)\left(\frac{3}{c} - 2\right) \leqslant \frac{2ab}{a^2 + b^2}.$$

证 如果 $\dfrac{3}{a} - 2, \dfrac{3}{b} - 2, \dfrac{3}{c} - 2$ 中有一个是负的,也就是 a, b, c 中有一个大于 $\dfrac{3}{2}$,那么不等式是显然成立的. 不可能有两个都是负数,因此唯一剩下的就是它们均为正数的情形,即 $a + b - c > 0, b + c - a > 0, c + a - b > 0$,于是 a, b, c 是一个三角形的三边,我们可以令 $a = y + z, b = z + x, c = x + y$,不等式变为

$$\frac{(y + z)^2 + (z + x)^2}{2(y + z)(z + x)} \leqslant \frac{(x + y)(y + z)(z + x)}{8xyz},$$

$$\frac{(x - y)^2}{(y + z)(z + x)} \leqslant \frac{(x - y)^2}{4xy} + \frac{(y - z)^2}{4yz} + \frac{(z - x)^2}{4zx}.$$

最后的不等式可以由 Cauchy-Schwarz 不等式得到:

$$\frac{(x - y)^2}{4xy} + \frac{(y - z)^2}{4yz} + \frac{(z - x)^2}{4zx} \geqslant \frac{(x - y + z - y + x - z)^2}{4(xy + yz + zx)}$$

$$= \frac{(x - y)^2}{xy + yz + zx}$$

$$\geqslant \frac{(x - y)^2}{z^2 + xy + yz + zx}$$

$$= \frac{(x-y)^2}{(y+z)(z+x)}.$$

$\Box$

35. (Michael Rozenberg，AoPS）设 x, y, z 满足 $x^7 + y^7 + z^7 = 3$，证明：

$$\frac{x^4}{y^3} + \frac{y^4}{z^3} + \frac{z^4}{x^3} \geq 3.$$

证 由 AM-GM 不等式，我们有

$$7\frac{x^4}{y^3} + 6x^{\frac{21}{2}}y^{\frac{7}{2}} \geq 13 \sqrt[13]{\frac{x^{28}}{y^{21}} \cdot x^{63} \cdot y^{21}} = 13x^7,$$

所以

$$7\sum_{\text{cyc}} \frac{x^4}{y^3} + 6\sum_{\text{cyc}} x^{\frac{21}{2}}y^{\frac{7}{2}} \geq 13(x^7 + y^7 + z^7) = 39. \tag{1}$$

而由 Cîrtoaje 不等式（见下面的注），我们有

$$(x^7 + y^7 + z^7)^2 \geq 3\left(x^{\frac{21}{2}}y^{\frac{7}{2}} + y^{\frac{21}{2}}z^{\frac{7}{2}} + z^{\frac{21}{2}}x^{\frac{7}{2}}\right),$$

即

$$x^{\frac{21}{2}}y^{\frac{7}{2}} + y^{\frac{21}{2}}z^{\frac{7}{2}} + z^{\frac{21}{2}}x^{\frac{7}{2}} \leq 3,$$

再结合式 (1) 即证得原不等式. $\Box$

注 Cîrtoaje 不等式的一种证明方法如下：对任意实数 x, y, z，由 $(x+y+z)^2 \geq 3(xy + yz + zx)$. 作代换：

$$x = a^2 + b(c-a), y = b^2 + c(a-b), z = c^2 + a(b-c),$$

不等式变为

$$(a^2 + b^2 + c^2)^2 \geq 3(a^3b + b^3c + c^3a).$$

36. (Sayan Das, Mathematical Reflections）设正实数 a, b, c 满足 $abc = 1$，证明：

$$\frac{a}{ca+1} + \frac{b}{ab+1} + \frac{c}{bc+1} \leq \frac{1}{2}(a^2 + b^2 + c^2).$$

172

证 我们作代换 $a = \dfrac{x}{y}, b = \dfrac{y}{z}, c = \dfrac{z}{x}$,其中 $x, y, z > 0$. 原不等式化为

$$\frac{2x}{y+z} + \frac{2y}{z+x} + \frac{2z}{x+y} \leqslant \frac{x^2}{y^2} + \frac{y^2}{z^2} + \frac{z^2}{x^2}. \tag{1}$$

由 AM-GM 不等式,我们得到

$$\begin{aligned}
\frac{x^2}{y^2} + \frac{y^2}{z^2} + \frac{z^2}{x^2} &= \frac{1}{2}\left(\frac{x^2}{y^2} + \frac{y^2}{z^2}\right) + \frac{1}{2}\left(\frac{y^2}{z^2} + \frac{z^2}{x^2}\right) + \frac{1}{2}\left(\frac{z^2}{x^2} + \frac{x^2}{y^2}\right) \\
&\geqslant \frac{x}{z} + \frac{y}{x} + \frac{z}{y},
\end{aligned} \tag{2}$$

由 AM-GM 不等式与 Cauchy-Schwarz 不等式,我们得到

$$\begin{aligned}
\frac{x^2}{y^2} + \frac{y^2}{z^2} + \frac{z^2}{x^2} &= \sqrt{\frac{x^2}{y^2} + \frac{y^2}{z^2} + \frac{z^2}{x^2}} \cdot \sqrt{\frac{x^2}{y^2} + \frac{y^2}{z^2} + \frac{z^2}{x^2}} \\
&\geqslant \sqrt{3} \cdot \sqrt{\frac{x^2}{y^2} + \frac{y^2}{z^2} + \frac{z^2}{x^2}} \geqslant \frac{x}{y} + \frac{y}{z} + \frac{z}{x}.
\end{aligned} \tag{3}$$

将不等式 (2) 和 (3) 相加,我们得到

$$\frac{x^2}{y^2} + \frac{y^2}{z^2} + \frac{z^2}{x^2} \geqslant \frac{1}{2}\left(\frac{x}{y} + \frac{x}{z}\right) + \frac{1}{2}\left(\frac{y}{x} + \frac{y}{z}\right) + \frac{1}{2}\left(\frac{z}{x} + \frac{z}{y}\right) \tag{4}$$

再由 AM-GM 不等式,我们得到

$$\begin{aligned}
&\frac{1}{2}\left(\frac{x}{y} + \frac{x}{z}\right) + \frac{1}{2}\left(\frac{y}{x} + \frac{y}{z}\right) + \frac{1}{2}\left(\frac{z}{x} + \frac{z}{y}\right) \\
&\geqslant \frac{2}{\frac{y+z}{x}} + \frac{2}{\frac{x+z}{y}} + \frac{2}{\frac{x+y}{z}} \\
&= \frac{2x}{y+z} + \frac{2y}{x+z} + \frac{2z}{x+y}.
\end{aligned} \tag{5}$$

最后,由式 (4) 和 (5),我们就得到了式 (1). $\qquad\qquad\square$

37. (Marius Stănean, AoPS) 对正实数 x, y, z,证明:

$$\sum_{\text{cyc}} (x+y)\sqrt{(z+x)(z+y)} \geqslant 2(xy + yz + zx)\sqrt{3 + \frac{x^2+y^2+z^2}{xy+yz+zx}}.$$

证　令 $q = ab + bc + ca$，由 Cauchy-Schwarz 不等式可得

$$\text{LHS}^2 = \sum_{\text{cyc}} (x + y)^2(z^2 + q) + 2\sum_{\text{cyc}} (x + y)(y + z)\sqrt{(z^2 + q)(x^2 + q)}$$

$$\geqslant \sum_{\text{cyc}} (x + y)^2(z^2 + q) + 2\sum_{\text{cyc}} (y^2 + q)(zx + q)$$

$$= \sum_{\text{cyc}} (x^2 + 4xy + y^2 + 2q)(z^2 + q) = 12q^2 + 4q\sum_{\text{cyc}} x^2$$

$$= 4q^2 \left(3 + \frac{x^2 + y^2 + z^2}{q} \right),$$

不等式得证，且等号当 $x = y = z$ 时成立. □

38.（Titu Andreescu, Mathematical Reflections）设正实数 a, b, c 满足条件 $a + b + c = 3$，证明：

$$(ab + bc + ca - 3)[4(ab + bc + ca) - 15] + 18(a - 1)(b - 1)(c - 1) \geqslant 0.$$

证　令 $x = a - 1, y = b - 1, z = c - 1$，那么 $x + y + z = 0$，且

$$ab + bc + ca - 3 = xy + yz + zx = -xy - x^2 - y^2.$$

因此，我们需要证明 $L > 0$，其中

$$L = (ab + bc + ca - 3)[4(ab + bc + ca) - 15]$$
$$+ 18(a - 1)(b - 1)(c - 1)$$
$$= (xy + x^2 + y^2)\big[4(xy + x^2 + y^2) + 3\big] + 18xyz.$$

显然，如果 $xyz \geqslant 0$，那么 $L \geqslant 0$. 考虑 $xyz < 0$，我们不妨假定 $x, y > 0$，且 $z = -x - y < 0$. 利用

$$xy + x^2 + y^2 \geqslant \frac{3}{4}(x + y)^2, \quad xy \leqslant \frac{1}{4}(x + y)^2$$

我们有

$$L \geqslant \frac{9}{4}(x + y)^2\big[(x + y)^2 + 1\big] - \frac{9}{2}(x + y)^3$$
$$= \frac{9}{4}(x + y)^2(x + y - 1)^2 \geqslant 0,$$

证毕. □

174

39.（Vasile Cîrtoaje）设 a, b, c 为正实数,证明:

$$\frac{1}{a^2 + 2bc} + \frac{1}{b^2 + 2ca} + \frac{1}{c^2 + 2ab} \leqslant \left(\frac{a + b + c}{ab + bc + ca}\right)^2.$$

证 我们将不等式改写为

$$\frac{(a + b + c)^2}{ab + bc + ca} - 3 + \sum_{cyc}\left(1 - \frac{ab + bc + ca}{a^2 + 2bc}\right) \geqslant 0,$$

$$\frac{(b - c)^2 + (a - b)(a - c)}{ab + bc + ca} + \sum_{cyc}\frac{(a - b)(a - c)}{a^2 + 2bc} \geqslant 0.$$

假定 $a \geqslant b \geqslant c$,只需要证明

$$(b - c)^2 + (a - b)(a - c) - \frac{(ab + bc + ca)(a - b)(b - c)}{b^2 + 2ca} \geqslant 0,$$

这等价于

$$(b - c)^2 + \frac{c(a - b)^2(2a + 2b - c)}{b^2 + 2ca} \geqslant 0,$$

这是显然成立的. $\qquad\square$

40. 设非负实数 a, b, c 满足 $ab + bc + ca = 3$,证明:

$$\frac{1}{2 + a^2 + b^2} + \frac{1}{2 + b^2 + c^2} + \frac{1}{2 + c^2 + a^2} \leqslant \frac{3}{4}.$$

证 不等式可以改写为

$$\frac{1}{2 + a^2 + b^2} + \frac{1}{2 + b^2 + c^2} + \frac{1}{2 + c^2 + a^2} \leqslant \frac{3}{4},$$

$$\frac{a^2 + b^2}{2 + a^2 + b^2} + \frac{b^2 + c^2}{2 + b^2 + c^2} + \frac{c^2 + a^2}{2 + c^2 + a^2} \geqslant \frac{3}{2}.$$

由 Cauchy-Schwarz 不等式得

$$\sum_{cyc}\frac{a^2 + b^2}{2 + a^2 + b^2} \geqslant \frac{(\sum_{cyc}\sqrt{a^2 + b^2})^2}{6 + 2(a^2 + b^2 + c^2)}$$

175

$$= \frac{a^2 + b^2 + c^2 + \sum_{\text{cyc}} \sqrt{(a^2 + b^2)(a^2 + c^2)}}{3 + a^2 + b^2 + c^2}$$

$$\geq \frac{a^2 + b^2 + c^2 + \sum_{\text{cyc}}(a^2 + bc)}{3 + a^2 + b^2 + c^2}$$

$$= \frac{2(a^2 + b^2 + c^2) + 3}{3 + a^2 + b^2 + c^2} \geq \frac{3}{2},$$

等号当 $a = b = c$ 时成立. $\qquad\qquad\qquad\qquad\qquad\qquad\square$

41. 设 a, b, c 为正实数, 证明:

$$\frac{5}{(\sqrt{a} + 4\sqrt{b})^2} + \frac{5}{(\sqrt{b} + 4\sqrt{c})^2} + \frac{5}{(\sqrt{c} + 4\sqrt{a})^2}$$

$$\geq \frac{1}{a + 3b + c} + \frac{1}{b + 3c + a} + \frac{1}{a + 3c + b}.$$

证 由 Cauchy-Schwarz 不等式有

$$\frac{1}{(\sqrt{a} + 4\sqrt{b})^2} \geq \frac{1}{5(a + 4b)},$$

且

$$\frac{1}{a + 4b} + \frac{1}{a + 2b + 2c} \geq \frac{4}{2a + 6b + 2c} = \frac{2}{a + 3b + c},$$

所以只需要证明

$$\sum_{\text{cyc}} \frac{1}{3a + b + c} \geq \sum_{\text{cyc}} \frac{1}{a + 2b + 2c}.$$

不失一般性, 我们可以假定 $a + b + c = 3$, 且不等式变为

$$\sum_{\text{cyc}} \left(\frac{1}{2a + 3} - \frac{1}{6 - a} \right) \geq 0,$$

即

$$f(a) + f(b) + f(c) \geq 0,$$

其中 $f : (0, 3) \mapsto \mathbf{R}, f(x) = \frac{1}{2x + 3} - \frac{1}{6 - x}.$

176

由于等号在 $a = b = c = 1$ 时取到，我们将寻找一个 m 使得 $f(x) \geqslant m(x-1)$ 对任意 $x \in (0,3)$ 成立，这意味着

$$\frac{1}{2x+3} - \frac{1}{6-x} \geqslant m(x-1),$$

即

$$\frac{(x-1)(2mx^2 - 9mx - 18m - 3)}{(6-x)(2x+3)} \geqslant 0.$$

由于不等式的左边以 $x-1$ 为一个因子，且它是非负的，我们需要这个式子以 $(x-1)^2$ 为因子. 这意味着表达式 $2mx^2 - 9mx - 18m - 3$ 必然有一个根为 $x = 1$，于是

$$2m - 9m - 18m - 3 = 0 \Rightarrow m = -\frac{3}{25}.$$

因此，最后的不等式变为

$$\frac{3(x-1)^2(7-2x)}{25(6-x)(2x+3)} \geqslant 0,$$

这是显然成立的，因此

$$\frac{1}{2a+3} - \frac{1}{6-a} \geqslant \frac{3}{25}(1-a).$$

类似的不等式对 b, c 也成立，将这些不等式相加就得到了待证的不等式. 如果我们在 $x = 1$ 处构造切线方程，也可以得到 m：

$$y = f'(1)(x-1) + f(1) = -\frac{3}{25}(x-1).$$

等号当 $a = b = c$ 时成立. □

42.（Titu Andreescu，USAMO 2018）设正实数 a, b, c 满足条件 $a+b+c = 4\sqrt[3]{abc}$，证明：

$$2(ab + bc + ca) + 4\min(a^2, b^2, c^2) \geqslant a^2 + b^2 + c^2.$$

证法一 由不等式的齐次性,我们可以假定 $a+b+c=4$,因此 $abc=1$. 由对称性,我们不妨假定 $a \leqslant b \leqslant c$. 将 $a+b+c=4$ 平方可得 $a^2+b^2+c^2+2(ab+bc+ca)=16$. 待证不等式变为

$$2(ab+bc+ca)+4a^2 \geqslant a^2+b^2+c^2,$$

$$16-(a^2+b^2+c^2)+4a^2 \geqslant a^2+b^2+c^2,$$

$$a^2+8 \geqslant b^2+c^2,$$

$$(4-b-c)^2+8 \geqslant b^2+c^2,$$

$$bc-4(b+c)+12 \geqslant 0,$$

$$\frac{1}{a}-4(4-a)+12 \geqslant 0,$$

$$4a+\frac{1}{a} \geqslant 4,$$

这由 AM-GM 不等式是显然成立的.

证法二 设 $a \leqslant b \leqslant c$,将原不等式两边加上 $2(ab+bc+ca)$ 可得

$$(a+b+c)^2 \leqslant 4(a^2+ab+ac+bc)=4(a(a+b+c)+bc),$$

这就可以变为

$$16\sqrt[3]{a^2b^2c^2} \leqslant 4(4a\sqrt[3]{abc}+bc).$$

因此,只需要证明 $4\sqrt[3]{a^2b^2c^2} \leqslant 4a\sqrt[3]{abc}+bc$. 由 AM-GM 不等式,

$$\frac{4\sqrt[3]{abc}+bc}{2} \geqslant \sqrt{4abc\sqrt[3]{abc}}=2\sqrt[3]{a^2b^2c^2},$$

不等式得证.

证法三 将不等式两边加上 $2(ab+bc+ca)$,我们得到

$$2(ab+bc+ca)+4\min(a^2,b^2,c^2) \geqslant a^2+b^2+c^2,$$

即

$$4(ab+bc+ca+\min(a^2,b^2,c^2)) \geqslant (a+b+c)^2,$$

也即

$$4(ab+bc+ca+\min(a^2,b^2,c^2)) \geqslant 4(a+b+c)(\sqrt[3]{abc}),$$

178

也即

$$ab + bc + ca + \min(a^2, b^2, c^2) \geq (a + b + c)(\sqrt[3]{abc}).$$

不失一般性,假定 a 是最小的,那么上面的不等式可以依次等价为

$$ab + bc + ca + a^2 \geq (a + b + c)(\sqrt[3]{abc}),$$

$$a + \frac{bc}{a + b + c} \geq \sqrt[3]{abc},$$

$$a + \frac{bc}{4\sqrt[3]{abc}} \geq \sqrt[3]{abc},$$

最后的不等式由 AM-GM 不等式是显然成立的. □

43. (Marius Stǎnean, AoPS) 设 a, b, c 为正实数,证明:

$$8 \left| \frac{b^3 - c^3}{b + c} + \frac{c^3 - a^3}{c + a} + \frac{a^3 - b^3}{a + b} \right| \leq (b - c)^2 + (c - a)^2 + (a - b)^2.$$

证 注意到如果 $a = b = c$,那么不等式显然成立. 原不等式可以改写为

$$(b-c)^2 + (c-a)^2 + (a-b)^2 \geq \frac{8(ab + bc + ca)}{(a + b)(b + c)(c + a)} |(b-c)(c-a)(a-b)|.$$

不失一般性,我们可以假定 $c = \min\{a, b, c\}$. 由于

$$\frac{ab + bc + ca}{(a + b)(b + c)(c + a)} \leq \frac{1}{a + b - 2c} \Leftrightarrow c(2ab + 3bc + 3ca) \geq 0,$$

只需要证明

$$(b-c)^2 + (c-a)^2 + (a-b)^2 - 8 \cdot \frac{|(b-c)(c-a)(a-b)|}{a + b - 2c} \geq 0.$$

记 $x = a - c \geq 0, y = b - c \geq 0$. 如果 $x = y > 0$,或 $xy = 0$ 且 $x + y > 0$,不等式是显然成立的,否则不等式就可以改写为

$$\frac{x^3 + y^3}{xy|x - y|} \geq 4,$$

这由 AM-GM 不等式是显然成立的,

$$x^3 + y^3 = (x + y)(x^2 - xy + y^2) = (x + y)\left[(x - y)^2 + xy\right]$$

$$\geq 2\sqrt{xy} \cdot 2\sqrt{(x - y)^2 xy} = 4xy|x - y|.$$

等号当 $a = b = c$ 成立. □

注 如果将系数 8 改为 4, 我们就得到了 2004 年 Moldova 的一道题. 最优常数为 $2\sqrt{9+6\sqrt{3}}$, 并且利用上面的解法, 我们可以证明

$$\frac{x^3+y^3}{xy|x-y|} \geqslant \sqrt{9+6\sqrt{3}},$$

等号当 $x = \left(\dfrac{\sqrt{3}}{2} + \dfrac{3^{\frac{1}{4}}}{\sqrt{2}} + \dfrac{1}{2}\right)y$ 时取到.

44. (JBMO 2015 **强化版本**) 设正实数 a,b,c 满足 $a+b+c=3$, 证明:

$$\frac{9-8a^3}{a} + \frac{9-8b^3}{b} + \frac{9-8c^3}{c} \geqslant 3.$$

证法一 不失一般性, 我们可以假定 $a \geqslant b \geqslant c$, 且令

$$m = a \geqslant 1, n = b+c, x = bc \leqslant \frac{n^2}{4}, m+n = 3,$$

不等式可以改写为

$$f(x) = 16mx^2 - (8mn^2 + 8m^3 + 3m - 9)x + 9mn \geqslant 0.$$

由于

$$\frac{8mn^2 + 8m^3 + 3m - 9}{32m} = \frac{n^2}{4} + \frac{8m^3 + 3m - 9}{32m} \geqslant \frac{n^2}{4}, f(0) \geqslant 0$$

只需要证明

$$f\left(\frac{n^2}{4}\right) \geqslant 0 \Leftrightarrow n(2n-3)^2(n-2)^2 \geqslant 0.$$

等号当 $(a,b,c) = (1,1,1)$ 或其中一个等于 $\dfrac{3}{2}$, 而剩下两个等于 $\dfrac{3}{4}$ 时取到.

证法二 令 $p = a+b+c = 3, q = ab+bc+ca, r = abc$, 那么待证不等式可以改写为

$$9\frac{ab+bc+ca}{abc} \geqslant 3 + 8(a^2+b^2+c^2) = 3 + 8(a+b+c)^2 - 16(ab+bc+ca),$$

即

$$\frac{9q}{r} + 16q \geqslant 75.$$

由于不等式左边是 r 的单调递减函数,由定理 3,只需要对 $a = b \leqslant c$ 证明不等式即可. 此时 $c = 3 - 2a$,且不等式可以变为

$$\frac{6(a-1)^2(4a-3)^2}{a(3-2a)} \geqslant 0,$$

这是显然的. 等号当 $(a, b, c) = (1, 1, 1)$ 或其中一个等于 $\dfrac{3}{2}$,而剩下两个

等于 $\dfrac{3}{4}$ 时取到. □

45.(Bui Xuan Tien,Mathematical Reflections)设正实数 a, b, c 满足条件 $a + b + c = 3$,证明:

$$\frac{1}{2a^3 + a^2 + bc} + \frac{1}{2b^3 + b^2 + ac} + \frac{1}{2c^3 + c^2 + ab} \geqslant \frac{3abc}{4}.$$

证 由 Cauchy-Schwarz 不等式,我们有

$$\sum_{\text{cyc}} \frac{1}{2a^3 + a^2 + bc} = \sum_{\text{cyc}} \frac{b^2c^2}{(2a^3 + a^2 + bc)b^2c^2}$$

$$\geqslant \frac{(ab + bc + ca)^2}{a^3b^3 + b^3c^3 + c^3a^3 + 9a^2b^2c^2}$$

$$\geqslant \frac{9abc}{a^3b^3 + b^3c^3 + c^3a^3 + 9a^2b^2c^2}.$$

只需要证明

$$a^3b^3 + b^3c^3 + c^3a^3 + 9a^2b^2c^2 = q^3 - 9qr + 12r^2 = f(q) \leqslant 12,$$

其中 $p = a + b + c = 3, q = ab + bc + ca, r = abc$. 我们有

$$f'(q) = 3q^2 - 9r \geqslant 0.$$

由 Schur 不等式,

$$(a + b + c)^3 + 9abc \geqslant 4(a + b + c)(ab + bc + ca),$$

我们得到 $9 - 4q + 3r \geqslant 0$. 所以 $f(q) \leqslant f\left(\dfrac{9 + 3r}{4}\right)$，且只需要证明

$$\left(\frac{9 + 3r}{4}\right)^3 - 9\left(\frac{9 + 3r}{4}\right)r + 12r^2 \leqslant 12,$$

这等价于

$$(r - 1)(9r^2 + 202r + 13) \leqslant 0.$$

等号当 $a = b = c = 1$ 时取到. □

46.（Titu Andreescu，Mathematical Reflections）设实数 a, b, c 满足条件 $a + b + c \geqslant \sqrt{2}$，且

$$8abc = 3\left(a + b + c - \frac{1}{a + b + c}\right).$$

证明：

$$2(ab + bc + ca) - (a^2 + b^2 + c^2) \leqslant 3.$$

证 令 $s = a + b + c$, $q = ab + bc + ca$, $p = abc$. 由 Schur 不等式，

$$s^4 - 5s^2q + 4q^2 + 6sp \geqslant 0.$$

由第二个条件 $8p = 3\left(s - \dfrac{1}{s}\right)$ 可得 $8sp = 3(s^2 - 1)$，上面的不等式可以改写为

$$4q^2 - 5s^2q + s^4 + \left(\frac{9}{4}\right)(s^2 - 1) \geqslant 0.$$

左边是一个关于 q 的二次式，其判别式为

$$(5s^2)^2 - 16s^4 - 16\left(\frac{9}{4}\right)(s^2 - 1) = (3s^2 - 6)^2.$$

由于 $s^2 \geqslant 2$，其根为 $q_1 \geqslant q_2$，其中

$$q_1 = \frac{5s^2 + (3s^2 - 6)}{8} = \frac{4s^2 - 3}{4}, \quad q_2 = \frac{5s^2 - (3s^2 - 6)}{8} = \frac{s^2 + 3}{4}.$$

所以要么 $q \leqslant q_2$,要么 $q \geqslant q_1$. 考虑到 $s^2 \geqslant 3q$,我们不可能有 $q \geqslant q_1$,因为这意味着

$$\frac{12s^2 - 9}{4} \leqslant s^2 \Rightarrow 8s^2 \leqslant 9,$$

这与 $s^2 \geqslant 2$ 矛盾. 于是 $q \leqslant q_2$,那么有 $4q^2 - s^2 \leqslant 3$,进一步就得到待证的结论. $\qquad\square$

47. (AoPS) 设 a, b, c, d 为非负实数,证明

$$a^4 + b^4 + c^4 + d^4 + 2(a-b)(b-c)(c-d)(d-a) \geqslant 4abcd.$$

证 我们有

$$\begin{aligned}
(a-b)^4 &= a^4 - 4a^3b + 6a^2b^2 - 4ab^3 + b^4 \\
&= a^4 + b^4 - 4ab(a-b)^2 - 2a^2b^2.
\end{aligned}$$

类似的等式对其他变量也是循环成立的,将这些等式相加可得

$$\begin{aligned}
&2\left(a^4 + b^4 + c^4 + d^4 - 4abcd\right) \\
={}& 4ab(a-b)^2 + 4bc(b-c)^2 + 4cd(c-d)^2 + 4da(d-a)^2 + \\
& 2(ab-cd)^2 + 2(bc-da)^2 + \\
& (a-b)^4 + (b-c)^4 + (c-d)^4 + (d-a)^4 \\
\geqslant{}& (a-b)^4 + (b-c)^4 + (c-d)^4 + (d-a)^4 \\
\geqslant{}& 4|(a-b)(b-c)(c-d)(d-a)| \\
\geqslant{}& -4(a-b)(b-c)(c-d)(d-a).
\end{aligned}$$

等号成立当且仅当 $a = b = c = d$. $\qquad\square$

48. 设 a, b, c, d 为正实数,证明:

$$(a+b)^3 + (c+d)^3 + 8 \geqslant 4(ab + ac + ad + bc + bd + cd).$$

证 由 AM-GM 不等式,我们有

$$(a+b)^2 \geqslant 4ab, \quad (c+d)^2 \geqslant 4cd,$$

且

$$(a+b)^2 + (c+d)^2 \geqslant 2(a+b)(c+d) = 2(ac+ad+bc+bd).$$

所以, 只需要证明

$$(a+b)^3 + (c+d)^3 + 8 \geqslant 3(a+b)^2 + 3(c+d)^2,$$

即

$$(a+b)^3 - 3(a+b)^2 + 4 + (c+d)^3 - 3(c+d)^2 + 4 \geqslant 0.$$

利用等式 $x^3 - 3x^2 + 4 = (x-2)^2(x+1)$, 我们可将上述不等式改写为

$$(a+b-2)^2(a+b+1) + (c+d-2)^2(c+d+1) \geqslant 0,$$

这是显然成立的. □

49. (Titu Andreescu, Mathematical Reflections) 设 a, b, c, d 为正实数, 证明:

$$3(a^2 - ab + b^2)(c^2 - cd + d^2) \geqslant 2(a^2c^2 - abcd + b^2d^2).$$

证 注意到

$$(a^2c^2 - abcd + b^2d^2) - (a^2 - ab + b^2)(c^2 - cd + d^2) = (ad+bc)(a-b)(c-d).$$

因此原不等式等价于

$$(a^2 - ab + b^2)(c^2 - cd + d^2) \geqslant 2(ad+bc)(a-b)(c-d).$$

将上述不等式两边除以 a^2c^2, 作代换:

$$x = \frac{b}{a}, y = \frac{d}{c},$$

可得

$$(x^2 - x + 1)(y^2 - y + 1) \geqslant 2(x+y)(x-1)(y-1),$$

这等价于

$$(y^2 - 3y + 3)x^2 - (3y^2 - 5y + 3)x + 3y^2 - 3y + 1 \geqslant 0.$$

左边是关于 x 的二次式, 其判别式为

$$\Delta = (3y^2 - 5y + 3)^2 - 4(y^2 - 3y + 3)(3y^2 - 3y + 1)$$
$$= -3y^4 + 18y^3 - 33y^2 + 18y - 3$$
$$= -3(y^2 - 3y + 1)^2 \leqslant 0.$$

所以

$$(y^2 - 3y + 3)x^2 - (3y^2 - 5y + 3)x + 3y^2 - 3y + 1 \geqslant 0,$$

这就证明了原不等式. 等号成立当且仅当

$$a = \frac{3 + \sqrt{5}}{2}b, c = \frac{3 + \sqrt{5}}{2}d, b = \frac{3 + \sqrt{5}}{2}a, d = \frac{3 + \sqrt{5}}{2}c.$$

$\square$

50. 设实数 a, b, c, d 满足 $a^2 + b^2 + c^2 + d^2 = 4$, 证明:

$$a^4 + b^4 + c^4 + d^4 + 2(a + b + c + d)^2 \leqslant 36.$$

证 不等式可以改写为

$$4\sum_{\text{cyc}} a^4 - \left(\sum_{\text{cyc}} a^2\right)^2 \leqslant 8\left[4\sum_{\text{cyc}} a^2 - \left(\sum_{\text{cyc}} a\right)^2\right],$$
$$\sum_{\text{cyc}} (a + b)^2 (a - b)^2 \leqslant 8\sum_{\text{cyc}} (a - b)^2.$$

这是成立的, 因为 $(a+b)^2 \leqslant 2(a^2+b^2) \leqslant 2(a^2+b^2+c^2+d^2) = 8$, 类似的不等式对其他变量也成立, 等号成立当且仅当 $a = b = c = d = 1$. $\square$

51. (Gabriel Dospinescu) 设实数 a, b, c, d 满足 $a^2 + b^2 + c^2 + d^2 \leqslant 1$, 证明:

$$ab + ac + ad + bc + bd + cd \leqslant \frac{5}{4} + 4abcd.$$

证 设 f 是以 a, b, c, d 为实根的四次多项式,

$$f(t) = (t-a)(t-b)(t-c)(t-d)$$
$$= t^4 - (a+b+c+d)t^3 + (ab+bc+cd+da+ac+bd)t^2 -$$
$$(abc+bcd+cda+dab)t + abcd.$$

由于 $|a + ib|^2 = a^2 + b^2 \geqslant a^2$,我们有

$$\left[t^4 - t^2(ab+bc+cd+da+ac+bd) + abcd \right]^2$$
$$\leqslant \left| t^4 + it^3 \sum_{cyc} a - t^2 \sum_{cyc} ab - it \sum_{cyc} abc + abcd \right|^2$$
$$= |f(it)|^2 = |(it-a)(it-b)(it-c)(it-d)|^2$$
$$= |it-a|^2 |it-b|^2 |it-c|^2 |it-d|^2$$
$$= (a^2+t^2)(b^2+t^2)(c^2+t^2)(d^2+t^2),$$

其中 $i^2 = -1$,而 t 是任意实数. 在上述不等式中令 $t = \dfrac{1}{2}$,我们得到

$$\left[\frac{1}{16} - \frac{1}{4}(ab+bc+cd+da+ac+bd) + abcd \right]^2$$
$$\leqslant \left(a^2 + \frac{1}{4} \right)\left(b^2 + \frac{1}{4} \right)\left(c^2 + \frac{1}{4} \right)\left(d^2 + \frac{1}{4} \right).$$

由 AM-GM 不等式,

$$\left(a^2 + \frac{1}{4} \right)\left(b^2 + \frac{1}{4} \right)\left(c^2 + \frac{1}{4} \right)\left(d^2 + \frac{1}{4} \right) \leqslant \left[\frac{1 + a^2 + b^2 + c^2 + d^2}{4} \right]^4$$
$$\leqslant \frac{1}{16}.$$

所以,我们得到

$$\frac{1}{16} - \frac{1}{4}(ab+bc+cd+da+ac+bd) + abcd \geqslant -\frac{1}{4},$$

即

$$ab + ac + ad + bc + bd + cd \leqslant \frac{5}{4} + 4abcd.$$

原不等式得证,等号当 $a = b = c = d = \dfrac{1}{2}$ 时成立. $\square$

52. （Marius Stănean, Romania Junior TST 2017）设非负实数 a, b, c, d 满足 $a + b + c + d = 3$, 证明：

$$\frac{a}{1 + 2b^3} + \frac{b}{1 + 2c^3} + \frac{c}{1 + 2d^3} + \frac{d}{1 + 2a^3} \geqslant \frac{a^2 + b^2 + c^2 + d^2}{3}.$$

证 由 AM-GM 不等式, 我们有

$$\frac{a + 2ab^3 - 2ab^3}{1 + 2b^3} + \frac{b + 2bc^3 - 2bc^3}{1 + 2c^3} +$$

$$\frac{c + 2cd^3 - 2cd^3}{1 + 2d^3} + \frac{d + 2da^3 - 2da^3}{1 + 2a^3}$$

$$= a + b + c + d - \frac{2ab^3}{1 + 2b^3} - \frac{2bc^3}{1 + 2c^3} - \frac{2cd^3}{1 + 2d^3} - \frac{2da^3}{1 + 2a^3}$$

$$\geqslant a + b + c + d - \frac{2ab^3}{3b^2} - \frac{2bc^3}{3c^2} - \frac{2cd^3}{3d^2} - \frac{2da^3}{3a^2}$$

$$= \frac{3(a + b + c + d) - 2ab - 2bc - 2cd - 2da}{3}$$

$$= \frac{(a + b + c + d)^2 - 2ab - 2bc - 2cd - 2da}{3}$$

$$= \frac{a^2 + b^2 + c^2 + d^2 + 2ac + 2bd}{3} \geqslant \frac{a^2 + b^2 + c^2 + d^2}{3}.$$

其中我们应用了不等式

$$1 + 2x^3 = 1 + x^3 + x^3 \geqslant 3\sqrt[3]{1 \cdot x^3 \cdot x^3} = 3x^2.$$

□

53. 设 a, b, c, d 为非负实数, 且

$$\frac{a^2}{1 + a^2} + \frac{b^2}{1 + b^2} + \frac{c^2}{1 + c^2} + \frac{d^2}{1 + d^2} = 1.$$

证明：$abcd \leqslant \dfrac{1}{9}$.

证 令

$$a = \tan \alpha, b = \tan \beta, c = \tan \gamma, d = \tan \delta, \alpha, \beta, \gamma, \delta \in \left(0, \frac{\pi}{2}\right).$$

我们有

$$\sin^2\alpha + \sin^2\beta + \sin^2\gamma + \sin^2\delta = 1.$$

因此,

$$3 \cdot \sqrt[3]{\sin^2\alpha \sin^2\beta \sin^2\gamma} \leqslant \sin^2\alpha + \sin^2\beta + \sin^2\gamma = \cos^2\delta,$$

$$3 \cdot \sqrt[3]{\sin^2\alpha \sin^2\beta \sin^2\delta} \leqslant \sin^2\alpha + \sin^2\beta + \sin^2\delta = \cos^2\gamma,$$

$$3 \cdot \sqrt[3]{\sin^2\alpha \sin^2\gamma \sin^2\delta} \leqslant \sin^2\alpha + \sin^2\gamma + \sin^2\delta = \cos^2\beta,$$

$$3 \cdot \sqrt[3]{\sin^2\beta \sin^2\gamma \sin^2\delta} \leqslant \sin^2\beta + \sin^2\gamma + \sin^2\delta = \cos^2\alpha.$$

将以上四个不等式相加,我们得到

$$\tan^2\alpha \tan^2\beta \tan^2\gamma \tan^2\delta \leqslant \frac{1}{81}.$$

所以,

$$abcd = \tan\alpha \tan\beta \tan\gamma \tan\delta \leqslant \frac{1}{9}.$$

$\square$

54. (Gabriel Dospinescu, Mathematical Reflections) 设正实数 a, b, c, d 满足

$$\frac{1-c}{a} + \frac{1-d}{b} + \frac{1-a}{c} + \frac{1-b}{d} \geqslant 0,$$

证明:$a(1-b) + b(1-c) + c(1-d) + d(1-a) \geqslant 0.$

证 注意到待证不等式可以改写为

$$(a+c) + (b+d) \geqslant ab + bc + cd + da = (a+c)(b+d),$$

即

$$\frac{1}{a+c} + \frac{1}{b+d} \geqslant 1.$$

现在,如果 $a+c, b+d$ 有一个不超过 1,不等式是显然成立的. 否则,我们可以将所给的条件改写为

$$0 \leqslant \frac{a+c-a^2-c^2}{ac} + \frac{b+d-b^2-d^2}{bd}$$

188

$$= \frac{(a+c)(1-a-c)}{ac} + \frac{(b+d)(1-b-d)}{bd} + 4,$$

即

$$\frac{(a+c)(a+c-1)}{4ac} + \frac{(b+d)(b+d-1)}{4bd} \leqslant 1.$$

由 AM-GM 不等式,有 $4ac \leq (a+c)^2$,这意味着

$$1 \geqslant \frac{a+c-1}{a+c} + \frac{b+d-1}{b+d} = 2 - \frac{1}{a+c} - \frac{1}{b+d},$$

这与待证不等式是等价的. 等号成立当且仅当 $a=c$ 或 $b=d$.

当 $a=c$ 且 $b=d$ 时,我们可以将所给条件改写为

$$\frac{1}{a} + \frac{1}{b} \geqslant 2,$$

此时不等式变为 $a+b \geqslant 2ab$,这是显然成立的. □

55. (AoPS) 设正实数 a,b,c,d 满足 $a^2+b^2+c^2+d^2=1$,证明:

$$(1-a)(1-b)(1-c)(1-d) \geqslant abcd.$$

证法一 由于 $\dfrac{c^2+d^2}{2} \geqslant cd$,只需要证明

$$(1-a)(1-b) \geqslant \frac{c^2+d^2}{2} = \frac{1-(a^2+b^2)}{2},$$

即

$$1-(a+b)+ab \geqslant \frac{1}{2} - \frac{a^2+b^2}{2},$$

也即

$$2-2(a+b)+2ab \geqslant 1-(a^2+b^2),$$

也即

$$1-2(a+b)+(a+b)^2 \geqslant 0 \Leftrightarrow (a+b-1)^2 \geqslant 0.$$

类似地,$(1-c)(1-d) \geqslant ab$. 将这些不等式相乘,我们就得到了待证不等式.

证法二　我们需要证明

$$\frac{1-a}{a} \cdot \frac{1-b}{b} \cdot \frac{1-c}{c} \cdot \frac{1-d}{d} \geqslant 1.$$

令

$$\frac{1-a}{a} = x, \frac{1-b}{b} = y, \frac{1-c}{c} = z, \frac{1-d}{d} = t,$$

我们需要证明 $xyzt \geqslant 1$. 我们有

$$a = \frac{1}{x+1}, b = \frac{1}{y+1}, c = \frac{1}{z+1}, d = \frac{1}{t+1},$$

因此,所给的条件可以改写为

$$\frac{1}{(1+x)^2} + \frac{1}{(1+y)^2} + \frac{1}{(1+z)^2} + \frac{1}{(1+t)^2} = 1.$$

利用等式

$$\frac{1}{(1+x)^2} + \frac{1}{(1+y)^2} - \frac{1}{1+xy} = \frac{(xy-1)^2 + xy(x-y)^2}{(1+x)^2(1+y)^2(1+xy)},$$

我们有下面的不等式

$$\frac{1}{(1+x)^2} + \frac{1}{(1+y)^2} \geqslant \frac{1}{1+xy},$$

$$\frac{1}{(1+z)^2} + \frac{1}{(1+t)^2} \geqslant \frac{1}{1+zt}.$$

因此

$$1 \geqslant \frac{1}{1+xy} + \frac{1}{1+zt} = \frac{2+xy+zt}{1+xy+zt+xyzt} \Longrightarrow xyzt \geqslant 1.$$

注　此不等式的一个应用如下: 如果非负实数 a, b, c, d 满足 $a^2 + b^2 + c^2 + d^2 = 1$,则

$$a^3 + b^3 + c^3 + d^3 + 4\sqrt[4]{a^3 b^3 c^3 d^3} \leqslant 1.$$

证 此不等式可以改写为

$$a^2(1-a) + b^2(1-b) + c^2(1-c) + d^2(1-d) \geqslant 4\sqrt[4]{a^3b^3c^3d^3},$$

这由 AM-GM 不等式和上述不等式即得.　　　　　　　　　□

56. 设 a, b, c, d 为正实数,证明:

$$\left(\frac{a}{a+b}\right)^2 + \left(\frac{b}{b+c}\right)^2 + \left(\frac{c}{c+d}\right)^2 + \left(\frac{d}{d+a}\right)^2 \geqslant 1.$$

证 令

$$x = \frac{b}{a}, y = \frac{c}{b}, z = \frac{d}{c}, t = \frac{a}{d},$$

那么 $xyzt = 1$. 待证不等式变为

$$\sum_{\text{cyc}} \frac{1}{(1+x)^2} \geqslant 1.$$

由等式

$$\frac{1}{(1+x)^2} + \frac{1}{(1+y)^2} - \frac{1}{1+xy} = \frac{(xy-1)^2 + xy(x-y)^2}{(1+x)^2(1+y)^2(1+xy)} \geqslant 0,$$

可得

$$\frac{1}{(1+x)^2} + \frac{1}{(1+y)^2} \geqslant \frac{1}{1+xy},$$

$$\frac{1}{(1+z)^2} + \frac{1}{(1+t)^2} \geqslant \frac{1}{1+zt} = \frac{xy}{1+xy}.$$

将以上所有不等式相加,我们有

$$\sum_{\text{cyc}} \frac{1}{(1+x)^2} \geqslant \frac{1}{1+xy} + \frac{xy}{1+xy} = 1.$$

等号当 $a = b = c = d$ 时成立.　　　　　　　　　□

57.（Marius Stănean，Mathematical Reflections）设实数 a, b, c, d 满足条件 $a^2 + b^2 + c^2 + d^2 = 12$，证明：

$$a^3 + b^3 + c^3 + d^3 + 9(a + b + c + d) \leqslant 84.$$

证 我们有

$$a^3 + b^3 + c^3 + d^3 + 9(a + b + c + d)$$
$$\leqslant |a|^3 + |b|^3 + |c|^3 + |d|^3 + 9(|a| + |b| + |c| + |d|),$$

所以只需对 $a, b, c, d \geqslant 0$ 的情形证明即可. 记 $t = a + b + c + d$，由 Cauchy-Schwarz 不等式，我们有

$$(a^2 + b^2 + c^2 + d^2)(3^2 + 1 + 1 + 1) \geqslant (3a + b + c + d)^2,$$

这意味着 $a \leqslant \dfrac{12 - t}{2}$. 由对称性，有 $b, c, d \leqslant \dfrac{12 - t}{2}$. 再由 Cauchy-Schwarz 不等式，

$$\sum_{\text{cyc}} a^2(12 - t - 2a) \sum_{\text{cyc}} (12 - t - 2a) \geqslant \left(\sum_{\text{cyc}} a(12 - t - 2a) \right)^2,$$

这等价于

$$\sum_{\text{cyc}} a^2(12 - t - 2a) \geqslant \frac{(12t - t^2 - 24)^2}{48 - 6t},$$

$$2(a^3 + b^3 + c^3 + d^3) \leqslant 144 - 12t - \frac{(12t - t^2 - 24)^2}{48 - 6t}.$$

所以，

$$a^3 + b^3 + c^3 + d^3 + 9(a + b + c + d) - 84 \leqslant 3t - 12 - \frac{(12t - t^2 - 24)^2}{96 - 12t}$$
$$= -\frac{(t - 6)^2(t^2 - 12t + 48)}{12(8 - t)}$$
$$\leqslant 0,$$

这是因为 $t \leqslant \sqrt{4(a^2 + b^2 + c^2 + d^2)} = 4\sqrt{3} < 8$. 等号成立当且仅当 a, b, c, d 中有一个等于 3，其他的等于 1. □

58. (Israel IMO Practice) 设正实数 a, b, c, d 满足 $a + b + c + d = 1$, 证明:

$$\frac{1}{a} + \frac{1}{b} + \frac{1}{c} + \frac{1}{d + a^2 + b^2 + c^2 - ab - ac - bc} \geqslant 16.$$

证 利用不等式

$$(ab + bc + ca)^2 \geqslant 3abc(a + b + c),$$

以及

$$S = a^2 + b^2 + c^2 - ab - bc - ca \geqslant 0,$$

我们有

$$
\begin{aligned}
\frac{1}{a} + \frac{1}{b} + \frac{1}{c} &= \frac{ab + bc + ca}{abc} \geqslant \frac{3(a + b + c)}{ab + bc + ca} \\
&= \frac{9(a + b + c)}{(a + b + c)^2 - S} \geqslant \frac{9(a + b + c)}{(a + b + c)^2 - (a + b + c)S} \\
&= \frac{9}{a + b + c - S}.
\end{aligned}
$$

由 Cauchy-Schwarz 不等式可得

$$
\begin{aligned}
&\frac{1}{a} + \frac{1}{b} + \frac{1}{c} + \frac{1}{d + a^2 + b^2 + c^2 - ab - ac - bc} \\
&\geqslant \frac{9}{a + b + c - S} + \frac{1}{d + S} \\
&\geqslant \frac{(3 + 1)^2}{a + b + c - S + d + S} = 16.
\end{aligned}
$$

$\square$

59. 设非负实数 a, b, c, d 满足 $a + b + c + d = 4$, 证明:

$$\frac{1}{7 + a^2} + \frac{1}{7 + b^2} + \frac{1}{7 + c^2} + \frac{1}{7 + d^2} \leqslant \frac{1}{2}.$$

证法一 不等式等价于

$$\frac{a^2 + 1}{a^2 + 7} + \frac{b^2 + 1}{b^2 + 7} + \frac{c^2 + 1}{c^2 + 7} + \frac{d^2 + 1}{d^2 + 7} \geqslant 1.$$

由 Cauchy-Schwarz 不等式,

$$\sum_{\text{cyc}} \frac{a^2+1}{a^2+7} \geqslant \frac{\left(\sqrt{a^2+1}+\sqrt{b^2+1}+\sqrt{c^2+1}+\sqrt{d^2+1}\right)^2}{a^2+b^2+c^2+d^2+28}$$

$$= \frac{a^2+b^2+c^2+d^2+4+2\sum_{\text{sym}}\sqrt{(a^2+1)(b^2+1)}}{a^2+b^2+c^2+d^2+28}$$

$$\geqslant \frac{a^2+b^2+c^2+d^2+4+2\sum_{\text{sym}}(a+b)}{a^2+b^2+c^2+d^2+28} = 1.$$

等号当 $a=b=c=d=1$ 时成立.

证法二 我们有 $0 \leqslant a,b,c,d \leqslant 4$. 考虑函数 $f:[0,4] \mapsto \mathbf{R}$, 其定义为 $f(x) = \dfrac{1}{x^2+7}$. 由于当 $a=b=c=d=1$ 时取等, 我们考虑 f 的图像及其在 $x=1$ 处的切线. 而 $x=1$ 处的切线方程为

$$y = f'(1)(x-1) + f(1) = -\frac{(x-1)}{32} + \frac{1}{8} = \frac{5-x}{32}.$$

但

$$f(x) - \frac{5-x}{32} = \frac{(x-3)(x-1)^2}{32(x^2+7)}.$$

所以, 对 $1 \leqslant x \leqslant 3$, 我们有 $f(x) \leqslant \dfrac{5-x}{32}$. 因此, 如果 $a,b,c,d \in [0,3]$, 则

$$f(a)+f(b)+f(c)+f(d) \leqslant \frac{20-(a+b+c+d)}{32} = \frac{1}{2}.$$

如果 $a>3$, 这意味着 $b,c,d \in [0,1)$, 由于 f 在 $[0,4]$ 上单调递减, 我们得到

$$f(a)+f(b)+f(c)+f(d) \leqslant f(3)+3f(0) = \frac{55}{112} < \frac{56}{112} = \frac{1}{2}. \quad \square$$

2.4 进阶问题解答

1. 设 x 为正实数, $n \in \mathbf{N}^*$, 证明:

$$\sqrt[n]{x^{2n}-x^n+1} \geqslant x+(x-1)^2.$$

证　如果将 x 换成 $\dfrac{1}{x}$，我们得到相同的不等式，因此只需要对 $x \geqslant 1$ 证明即可. 此不等式可以依次等价于

$$\sqrt[n]{x^{2n} - x^n + 1} - x \geqslant (x-1)^2,$$

$$\frac{x^{2n} - 2x^n + 1}{\sum\limits_{k=0}^{n-1} \sqrt[n]{(x^{2n} - x^n + 1)^{n-1-k} \cdot x^k}} \geqslant (x-1)^2,$$

$$(x^n - 1)^2 \geqslant (x-1)^2 \left(\sum_{k=0}^{n-1} \sqrt[n]{(x^{2n} - x^n + 1)^{n-1-k} \cdot x^k} \right),$$

$$\left(x^{n-1} + x^{n-2} + \cdots + x + 1 \right)^2 \geqslant \sum_{k=0}^{n-1} \sqrt[n]{(x^{2n} - x^n + 1)^{n-1-k} \cdot x^k}.$$

而

$$\sqrt[n]{x^{2n} - x^n + 1} \leqslant x^2 \Leftrightarrow x^n \geqslant 1,$$

所以

$$\sum_{k=0}^{n-1} \sqrt[n]{(x^{2n} - x^n + 1)^{n-1-k} \cdot x^k} \leqslant \sum_{k=0}^{n-1} x^{2(n-1-k)+k}$$

$$= x^{n-1} \left(x^{n-1} + x^{n-2} + \cdots + x + 1 \right)$$

$$\leqslant \left(x^{n-1} + x^{n-2} + \cdots + x + 1 \right)^2.$$

$\square$

2. (JBMO 2004) 设实数 x, y 不全为 0，证明：

$$\frac{x+y}{x^2 - xy + y^2} \leqslant \frac{2\sqrt{2}}{\sqrt{x^2 + y^2}}.$$

证法一　利用极坐标，即 $a = r\cos\alpha, b = r\sin\alpha, r > 0, r \in [0, 2\alpha)$，我们需要证明

$$\sin\alpha + \cos\alpha \leqslant 2\sqrt{2}(1 - \sin\alpha\cos\alpha),$$

即

$$\frac{1}{\sqrt{2}} \sin\alpha + \frac{1}{\sqrt{2}} \cos\alpha + \sin 2\alpha \leqslant 2,$$

也即

$$\sin\left(\frac{\pi}{4} + \alpha\right) + \sin 2\alpha \leqslant 2,$$

这是显然成立的,因为 $\sin\left(\frac{\pi}{4} + \alpha\right) \leqslant 1$ 且 $\sin 2\alpha \leqslant 1$. 等号成立当且仅当 $\alpha = \frac{\pi}{4}$,即 $x = y$.

证法二 容易验证不等式

$$\frac{x + y}{\sqrt{x^2 + y^2}} \leqslant \sqrt{2} \leqslant \frac{2\sqrt{2}(x^2 - xy + y^2)}{x^2 + y^2},$$

他们都等价于 $2(x^2 + y^2) \geqslant (x + y)^2$,即 $(x - y)^2 \geqslant 0$. 等号成立当且仅当 $x = y$.

3. (Moldova TST 2014) 设非负实数 a, b 满足 $a + b = 1$,求以下表达式的最小值:

$$E(a, b) = 3\sqrt{1 + 2a^2} + 2\sqrt{40 + 9b^2}.$$

解 我们可以将表达式改写为

$$E(a, b) = \sqrt{9 + 2(3a)^2} + 2\sqrt{40 + (3b)^2},$$

作代换 $x = 3a, y = 3b$,表达式变为

$$E(x, y) = \sqrt{9 + 2x^2} + 2\sqrt{40 + y^2}, x + y = 3.$$

由 Cauchy-Schwarz 不等式,

$$(9 + 2x^2)(9 + 2) \geqslant (9 + 2x)^2,$$

且

$$(40 + y^2)(40 + 4) \geqslant (40 + 2y)^2,$$

因此

$$E(x, y) \geqslant \frac{9 + 2x}{\sqrt{11}} + \frac{40 + 2y}{\sqrt{11}} = 5\sqrt{11}.$$

等号当 $x = 1, y = 2$ 时成立,这意味着 $a = \frac{1}{3}, b = \frac{2}{3}$. □

4. 设 $x, y \in (0, 1)$，求以下表达式的最大值：

$$P = x\sqrt{1 - y^2} + y\sqrt{1 - x^2} + \frac{1}{\sqrt{6}}(x + y).$$

解 令 $x = \sin a, y = \sin b, a, b \in \left(0, \frac{\pi}{2},\right)$，因此

$$P = \sin a \cos b + \sin b \cos a + \frac{1}{\sqrt{6}}(\sin a + \sin b)$$

$$= \sin(a + b) + \frac{1}{\sqrt{6}}(\sin a + \sin b)$$

$$= 2\sin\frac{a + b}{2}\cos\frac{a + b}{2} + \frac{2}{\sqrt{6}}\sin\frac{a + b}{2}\cos\frac{a - b}{2}.$$

由于 $\cos\dfrac{a - b}{2} \leqslant 1$，那么

$$P \leqslant \frac{2}{\sqrt{6}}\sin\frac{a + b}{2}\left(1 + \sqrt{6}\cos\frac{a + b}{2}\right).$$

令 $t = \sin\dfrac{a + b}{2}$，只需要求以下表达式的最大值：

$$t\left(1 + \sqrt{6(1 - t^2)}\right).$$

由 Cauchy-Schwarz 不等式，我们得到

$$\left(1 + \sqrt{6(1 - t^2)}\right)^2 \leqslant (4 + 6)\left(\frac{1}{4} + 1 - t^2\right),$$

由此可得

$$1 + \sqrt{6(1 - t^2)} \leqslant \frac{\sqrt{50 - 40t^2}}{2}.$$

所以，

$$P \leqslant t\sqrt{\frac{50 - 40t^2}{6}} = \sqrt{\frac{5t^2(5 - 4t^2)}{3}},$$

现在由 AM-GM 不等式，

$$P \leqslant \sqrt{\frac{5 \cdot 4t^2(5 - 4t^2)}{12}} \leqslant \frac{\sqrt{5}}{2\sqrt{3}} \cdot \frac{4t^2 + 5 - 4t^2}{2} = \frac{5\sqrt{5}}{4\sqrt{3}}.$$

当且仅当 $a = b$ 且 $t^2 = \dfrac{5}{8}$ 时等号成立，所以 $x = y = \dfrac{\sqrt{10}}{4}$.　□

5. (Mathematics Bulletin, China) 设正实数 a, b 满足条件 $\dfrac{\sqrt{3}}{a} + \dfrac{1}{b} = 2$,求 $a + b - \sqrt{a^2 + b^2}$ 的最小值和最大值.

解 利用极坐标, $a = r\cos\alpha, b = r\sin\alpha$, 我们得到

$$2r = \frac{\sqrt{3}}{\cos\alpha} + \frac{1}{\sin\alpha},$$

于是

$$\begin{cases} 2a = \sqrt{3} + \dfrac{1}{\tan\alpha} \\ 2b = \sqrt{3}\tan\alpha + 1 \end{cases},$$

其中 $\alpha \in \left(0, \dfrac{\pi}{2}\right)$. 将待求的表达式记为 p, 我们有

$$p = a + b - r = a(1 + \tan\alpha - \sec\alpha)$$

$$= \frac{\left(\sqrt{3}\tan\alpha + 1\right)\left(\tan\alpha + 1 - \sqrt{\tan^2\alpha + 1}\right)}{2\tan\alpha}$$

$$= \frac{\sqrt{3}\tan\alpha + 1}{\tan\alpha + 1 + \sqrt{\tan^2\alpha + 1}} = \frac{\sqrt{3}\sin\alpha + \cos\alpha}{\sin\alpha + \cos\alpha + 1}.$$

因此, 我们得到

$$(p-1)\cos\alpha + (p-\sqrt{3})\sin\alpha + p = 0.$$

由 Cauchy-Schwarz 不等式,

$$\left[(p-1)^2 + (p-\sqrt{3})^2\right](\cos^2\alpha + \sin^2\alpha)$$

$$\geqslant \left[(p-1)\cos\alpha + (p-\sqrt{3})\sin\alpha\right]^2,$$

即

$$(p-1)^2 + (p-\sqrt{3})^2 \geqslant p^2,$$

也即

$$p^2 - 2(1 + \sqrt{3})p + 4 \geqslant 0,$$

198

这意味着

$$p \leqslant 1 + \sqrt{3} - \sqrt{2\sqrt{3}} \text{ 或 } p \geqslant 1 + \sqrt{3} + \sqrt{2\sqrt{3}}.$$

第二种情形是不可能的,因为容易看出

$$p \leqslant \min(a, b) \leqslant \frac{1 + \sqrt{3}}{2},$$

因此前者必然成立,等号成立时,

$$\tan \alpha = \frac{1 - \sqrt{2\sqrt{3}}}{\sqrt{3} - \sqrt{2\sqrt{3}}}. \qquad \square$$

6. (Mathematics and Youth Magazine) 设实数 x, y 满足条件 $x + y = \sqrt{2x - 1} + \sqrt{4y + 3}$,求 $x + y$ 的最小值和最大值.

解 显然 $x \geqslant \dfrac{1}{2}$ 且 $y \geqslant -\dfrac{3}{4}$,我们作以下代换:

$$2x - 1 = u^2, 4y + 3 = v^2 \Rightarrow x = \frac{u^2 + 1}{2}, y = \frac{v^2 - 3}{4}, u, v \geqslant 0.$$

我们有

$$\frac{u^2 + 1}{2} + \frac{v^2 - 3}{4} = u + v \Leftrightarrow 2(u - 1)^2 + (v - 2)^2 = 7.$$

所以存在实数 α 使得

$$u = \sqrt{\frac{7}{2}} \cos \alpha + 1, v = \sqrt{7} \sin \alpha + 2.$$

而 $u \geqslant 0$ 意味着 $\cos \alpha \geqslant -\sqrt{\dfrac{2}{7}}$,$v \geqslant 0$ 意味着 $\sin \alpha \geqslant -\dfrac{2}{\sqrt{7}}$,所以我们有

$\alpha \in \left[\arcsin\left(-\dfrac{2}{\sqrt{7}} \right), \pi - \arcsin\sqrt{\dfrac{5}{7}} \right]$. 记 $f(x, y) = x + y$,并且可以改写成

$$f(x, y) = 3 + \sqrt{\frac{7}{2}} \big(\cos \alpha + \sqrt{2} \sin \alpha \big) = 3 + \sqrt{\frac{21}{2}} \sin(\alpha + \beta),$$

其中 $\beta = \arcsin \dfrac{1}{\sqrt{3}}$. 所以

$$\max f(x, y) = 3 + \sqrt{\frac{21}{2}},$$

且等号成立时,

$$\sin(\alpha + \beta) = 1 \Leftrightarrow \alpha = \frac{\pi}{2} - \beta,$$

所以

$$u = \sqrt{\frac{7}{2}} \sin \beta + 1 = \sqrt{\frac{7}{6}} + 1, v = \sqrt{7} \cos \beta + 2 = \sqrt{\frac{14}{3}} + 2,$$

于是

$$x = \frac{19}{12} + \sqrt{\frac{7}{6}}, y = \frac{17}{12} + \sqrt{\frac{14}{3}}.$$

当 $f(x, y)$ 取最小值时,

$$\alpha = \arcsin\left(-\frac{2}{\sqrt{7}}\right),$$

于是

$$\sin(\alpha + \beta) = -\frac{2}{\sqrt{7}} \cdot \frac{\sqrt{2}}{\sqrt{3}} + \frac{\sqrt{3}}{\sqrt{7}} \cdot \frac{1}{\sqrt{3}} = \frac{1}{\sqrt{7}} - \frac{2\sqrt{2}}{\sqrt{21}}.$$

所以,

$$\min f(x, y) = 1 + \sqrt{\frac{3}{2}},$$

且等号成立时,

$$u = \frac{\sqrt{7}}{\sqrt{2}} \cdot \frac{\sqrt{3}}{\sqrt{7}} + 1 = \sqrt{\frac{3}{2}} + 1, v = \sqrt{7}\left(-\frac{2}{\sqrt{7}}\right) + 2 = 0,$$

于是 $x = \dfrac{7}{4} + \sqrt{\dfrac{3}{2}}, y = -\dfrac{3}{4}.$ $\qquad\qquad\square$

7. (Titu Andreescu, Mathematical Reflections) 设正实数 a, b, c 满足条件 $\dfrac{1}{a} + \dfrac{1}{b} + \dfrac{1}{c} = 1$,证明:

$$\frac{1}{(a-1)(b-1)(c-1)} + \frac{8}{(a+1)(b+1)(c+1)} \leqslant \frac{1}{4}.$$

证 注意到 $\dfrac{1}{a} + \dfrac{1}{b} + \dfrac{1}{c} = 1$ 等价于 $ab + bc + ca = abc$，因此

$$\frac{1}{(a-1)(b-1)(c-1)} + \frac{8}{(a+1)(b+1)(c+1)}$$
$$= \frac{1}{a+b+c-1} + \frac{8}{2abc+a+b+c+1}.$$

由 AM-HM 不等式，我们有

$$\frac{a+b+c}{3} \geqslant \frac{3}{\frac{1}{a} + \frac{1}{b} + \frac{1}{c}} = 3 \Rightarrow a+b+c \geqslant 9.$$

再由 GM-HM 不等式，

$$(abc)^{\frac{1}{3}} \geqslant \frac{3}{\frac{1}{a} + \frac{1}{b} + \frac{1}{c}} = 3 \Rightarrow abc \geqslant 27.$$

于是可得

$$\frac{1}{a+b+c-1} + \frac{8}{2abc+a+b+c+1} \leqslant \frac{1}{9-1} + \frac{8}{2 \cdot 27 + 9 + 1}$$
$$= 2 \cdot \frac{1}{8} = \frac{1}{4},$$

这就证明了我们的不等式. □

8. (Serbia Junior TST 2016) 设 a, b, c 为正实数，证明：

$$\frac{2a}{\sqrt{3a+b}} + \frac{2b}{\sqrt{3b+c}} + \frac{2c}{\sqrt{3c+a}} \leqslant \sqrt{3(a+b+c)}.$$

证 由 Cauchy-Schwarz 不等式，

$$\text{RHS}^2 \leqslant \left(\frac{a}{3a+b} + \frac{b}{3b+c} + \frac{c}{3c+a} \right)(4a + 4b + 4c).$$

只需要证明

$$\frac{a}{3a+b} + \frac{b}{3b+c} + \frac{c}{3c+a} \leqslant \frac{3}{4},$$

这等价于

$$\frac{b}{3a+b} + \frac{c}{3b+c} + \frac{a}{3c+a} \geq \frac{3}{4}.$$

再由 Cauchy-Schwarz 不等式,

$$\text{LHS} = \sum_{\text{cyc}} \frac{b^2}{3ab+b^2} \geq \frac{(a+b+c)^2}{a^2+b^2+c^2+3ab+3bc+3ca} \geq \frac{3}{4},$$

因为最后的不等式等价于

$$a^2 + b^2 + c^2 \geq ab + bc + ca,$$

等号成立当且仅当 $a = b = c$. $\qquad\square$

9. (Turkey JBMO TST 2016) 设正实数 x, y, z 满足 $xyz \geq 1$,证明:

$$(x^4 + y)(y^4 + z)(z^4 + x) \geq (x + y^2)(y + z^2)(z + x^2).$$

证 由 Cauchy-Schwarz 不等式,

$$(x^4 + y)\left(\frac{z^2}{y} + 1\right) \geq (x^2 + z)^2,$$

即

$$(x^4 + y)(z^2 + y) \geq y(x^2 + z)^2.$$

类似地,

$$(y^4 + z)(x^2 + z) \geq z(y^2 + x)^2,$$
$$(z^4 + x)(y^2 + x) \geq x(z^2 + y)^2.$$

将上述三个不等式相乘,我们得到

$$(x^4 + y)(y^4 + z)(z^4 + x) \geq xyz(x + y^2)(y + z^2)(z + x^2)$$
$$\geq (x + y^2)(y + z^2)(z + x^2).$$

等号当 $x = y = z$ 时成立. $\qquad\square$

10.（Titu Andreescu, Mathematical Reflections）设正实数 a, b, c 满足条件 $a^3 + b^3 + c^3 + abc = \dfrac{1}{3}$，证明：

$$abc + 9\left(\frac{a^5}{4b^2 + bc + 4c^2} + \frac{b^5}{4c^2 + ca + 4a^2} + \frac{c^5}{4a^3 + ab + 4b^2}\right)$$
$$\geqslant \frac{1}{4(a + b + c)(ab + bc + ca)}.$$

证 对序列

$$x_1 = \sqrt{abc}, y_1 = \sqrt{9abc}$$

$$x_2 = \sqrt{\frac{9a^5}{4b^2 + bc + 4c^2}}, y_2 = \sqrt{a(4b^2 + bc + 4c^2)}$$

$$x_3 = \sqrt{\frac{9b^5}{4c^2 + ca + 4a^2}}, y_3 = \sqrt{b(4c^2 + ca + 4a^2)}$$

$$x_4 = \sqrt{\frac{9c^5}{4a^2 + ab + 4b^2}}, y_4 = \sqrt{c(4a^2 + ab + 4b^2)}$$

由 Cauchy-Schwarz 不等式，我们得到

$$abc + 9\left(\frac{a^5}{4b^2 + bc + 4c^2} + \frac{b^5}{4c^2 + ca + 4a^2} + \frac{c^5}{4a^2 + ab + 4b^2}\right)$$
$$\geqslant \frac{(3abc + 3a^3 + 3b^3 + 3c^3)^2}{9abc + 4(ab^2 + bc^2 + ca^2) + 3abc + 4(ac^2 + ba^2 + cb^2)}$$
$$= \frac{1}{4[(ab^2 + abc + ba^2) + (bc^2 + abc + c^2b) + (ca^2 + abc + ac^2)]}$$
$$= \frac{1}{4(a + b + c)(ab + bc + ca)}.$$

等号成立当且仅当 $a = b = c = \sqrt[3]{\dfrac{1}{12}}$. □

11.（An Zhenping, Mathematical Reflections）设正实数 a, b, c 满足条件 $a + b + c = 2$，证明：

$$\sqrt{a^2 + bc} + \sqrt{b^2 + ca} + \sqrt{c^2 + ab} \leqslant 3.$$

证 不失一般性,假定 $a \geqslant b \geqslant c$. 由 AM-GM 不等式,我们有

$$\sqrt{a^2 + bc} = \sqrt{\frac{a^2 + bc}{a + c}(a + c)} \leqslant \frac{1}{2}\left[\frac{a^2 + bc}{a + c} + (a + c)\right]$$

$$\leqslant \frac{1}{2}\left[\frac{a^2 + ac}{a + c} + (a + c)\right] = \frac{1}{2}(2a + c),$$

且

$$\sqrt{b^2 + ca} = \sqrt{\frac{b^2 + ca}{b + c}(b + c)} \leqslant \frac{1}{2}\left[\frac{b^2 + ca}{b + c} + (b + c)\right],$$

$$\sqrt{c^2 + ab} = \sqrt{\frac{c^2 + ab}{b + c}(b + c)} \leqslant \frac{1}{2}\left[\frac{c^2 + ab}{b + c} + (b + c)\right].$$

将以上不等式相加,利用 $c \leqslant b$,我们有

$$\sqrt{a^2 + bc} + \sqrt{b^2 + ca} + \sqrt{c^2 + ab}$$

$$\leqslant \frac{1}{2}\left[2a + 2b + 3c + \frac{(b^2 + c^2) + a(b + c)}{b + c}\right]$$

$$\leqslant \frac{1}{2}\left[3a + 2b + 3c + \frac{b^2 + bc}{b + c}\right]$$

$$= \frac{3}{2}(a + b + c) = 3.$$

等号成立当且仅当 $\{a, b, c\} = \{1, 1, 0\}$. $\qquad\qquad\qquad\qquad\qquad$ □

12. (AoPS) 设正实数 a, b, c 满足 $a + b + c = 2$,求 $2a + 6b + 6c - 4bc - 3ca$ 的最大值.

解 利用 AM-GM 不等式,

$$2a + 6b + 6c - 4bc - 3ca$$

$$= a(2 - 3c) + 2b(3 - 2c) + 6c$$

$$= \frac{1}{10}[2 \cdot 5a \cdot (2 - 3c) + 2 \cdot 5b \cdot 2(3 - 2c) + 60c]$$

$$\leqslant \frac{1}{10}[25a^2 + (2 - 3c)^2 + 25b^2 + 4(3 - 2c)^2 + 60c]$$

$$= \frac{1}{10}\left[25(a^2 + b^2 + c^2) + 40\right] = 19.$$

等号成立时,

$$\begin{cases} 5a + 3c = 2 \\ 5b + 4c = 6 \\ a^2 + b^2 + c^2 = 6 \end{cases},$$

这意味着 $a = -\dfrac{23}{25}, b = -\dfrac{14}{25}, c = \dfrac{11}{5}$. $\qquad\qquad\qquad\qquad$ □

13. (SHL JBMO 2004 **强化版本**) 设实数 $a, b, c \geqslant \dfrac{1}{2}$,证明:

$$\frac{1}{a} + \frac{1}{b} + \frac{1}{c} + ab + bc + ca \geqslant 3 + a + b + c.$$

证 不等式可以改写为

$$\frac{1}{a} + \frac{1}{b} + \frac{1}{c} + abc + (1-a)(1-b)(1-c) \geqslant 4.$$

不失一般性,假定 $a \leqslant b \leqslant c$. 我们有以下几种情形:

1. 如果 $a \leqslant 1 \leqslant b$ 或 $c \leqslant 1$,此不等式由

$$\frac{1}{a} + \frac{1}{b} + \frac{1}{c} + abc \geqslant 4\sqrt[4]{\frac{1}{a} \cdot \frac{1}{b} \cdot \frac{1}{c} \cdot abc} = 4$$

和 $(1-a)(1-b)(1-c) \geqslant 0$ 即得.

2. 如果 $a \geqslant 1$,那么

$$(a-1)(b-1) + (b-1)(c-1) + (c-1)(a-1) \geqslant 0$$
$$\Leftrightarrow ab + bc + ca \geqslant 2(a+b+c) - 3,$$

所以我们需要证明

$$\frac{1}{a} + \frac{1}{b} + \frac{1}{c} + a + b + c \geqslant 6,$$

这由 **AM-GM** 不等式是显然成立的.

3. 如果 $b \leqslant 1 \leqslant c$，那么我们可以将不等式改写为

$$c(a+b-1) + \frac{1}{c} - a - b + ab + \frac{a+b}{ab} \geqslant 3.$$

由 AM-GM 不等式，只需要证明

$$2\sqrt{a+b-1} - a - b + ab + \frac{a+b}{ab} \geqslant 3,$$

即

$$ab + \frac{a+b}{ab} - 3 \geqslant \left(\sqrt{a+b-1} - 1\right)^2.$$

而 $ab \leqslant \dfrac{(a+b)^2}{4}$，且由于 $ab \leqslant 1 \leqslant \sqrt{a+b}$，那么

$$ab + \frac{a+b}{ab} \geqslant \frac{(a+b)^2}{4} + \frac{4}{a+b},$$

所以我们需要证明

$$\frac{(a+b)^2}{4} + \frac{4}{a+b} - 3 \geqslant \left(\sqrt{a+b-1} - 1\right)^2.$$

如果我们记 $t^2 = a + b - 1 \in [0,1]$，上述不等式就可以化为

$$\frac{(t^2+1)^2}{4} + \frac{4}{t^2+1} - 3 - (t-1)^2 \geqslant 0,$$

即

$$\frac{(t-1)^2(t^4 + 2t^3 + 2t^2 + 10t + 1)}{4(t^2+1)} \geqslant 0,$$

这是显然成立的. $\qquad\square$

14. (Marius Stănean，Gazeta Matematica) 设正实数 a, b, c 满足 $ab + bc + ca + abc = 4$，证明：

$$4\sqrt[3]{(a^2+3)(b^2+3)(c^2+3)} \geqslant 1 + 5(ab + bc + ca).$$

证 注意到 $ab + bc + ca + abc = 4$ 意味着

$$a + b + c \geqslant ab + bc + ca.$$

作代换：

$$a = \frac{2x}{y+z}, b = \frac{2y}{z+x}, c = \frac{2z}{x+y}, x, y, z > 0,$$

不等式变为

$$\frac{x}{y+z} + \frac{y}{z+x} + \frac{z}{x+y}$$
$$\geqslant \frac{2xy}{(y+z)(z+x)} + \frac{2yz}{(x+y)(z+x)} + \frac{2zx}{(y+z)(x+y)},$$

即

$$x^3 + y^3 + z^3 + 3xyz \geqslant xy(x+y) + yz(y+z) + zx(z+x),$$

这就是 Schur 不等式.

回到最初的不等式,记 $t = ab + bc + ca$,由 AM-GM 不等式,我们得到

$$4 - abc = ab + bc + ca \geqslant 3\sqrt[3]{a^2b^2c^2},$$

所以 $abc \leqslant 1$,且由此可得 $t \in [3, 4]$. 进一步,我们有

$$(a^2 + 3)(b^2 + 3)(c^2 + 3)$$
$$= [3(a + b + c) - abc]^2 + 3(ab + bc + ca - 3)^2$$
$$= [3(a + b + c) + ab + bc + ca - 4]^2 + 3(ab + bc + ca - 3)^2$$
$$\geqslant 16(t - 1)^2 + 3(t - 3)^2.$$

因此,我们需要证明

$$1\,024(t - 1)^2 + 192(t - 3)^2 - (5t + 1)^3 \geqslant 0,$$

即

$$(t - 3)(-125t^2 + 766t - 917) \geqslant 0,$$

这是显然成立的.（只需要对二次式在 $t = 3, 4$ 处验证为正即可）

等号当 $t = 3$ 时成立,即 $a = b = c = 1$. □

15. 设实数 x, y, z 满足 $x, y \geqslant -1$，且 $x + y + z = 3$，求以下表达式的最大值：

$$P = \frac{x^2}{x^2 + y^2 + 4(xy + 1)} + \frac{y^2 - 1}{z^2 - 4z + 5}.$$

解 由于 $x, y \geqslant -1$，我们有 $(x+1)(y+1) \geqslant 0$，这意味着 $xy \geqslant -x - y - 1$，所以

$$P = \frac{x^2}{x^2 + y^2 + 2xy + 2(xy + 1) + 2} + \frac{y^2 - 1}{(x + y - 1)^2 + 1}$$

$$\leqslant \frac{x^2}{x^2 + y^2 + 2xy - 2x - 2y + 1 + 1} + \frac{y^2 - 1}{(x + y - 1)^2 + 1}$$

$$= \frac{x^2 + y^2 - 1}{(x + y - 1)^2 + 1} = \frac{(x + y)^2 - 2xy - 1}{(x + y - 1)^2 + 1}$$

$$\leqslant \frac{(x + y)^2 + 2x + 2y + 2 - 1}{(x + y - 1)^2 + 1} = \frac{(x + y + 1)^2}{(x + y - 1)^2 + 1} \leqslant 5,$$

由 Cauchy-Schwarz 不等式

$$(x + y - 1 + 2)^2 \leqslant \left[(x + y - 1)^2 + 1\right](1 + 4).$$

我们得到 P 的最大值为 5，且在 $x = -1, y = \dfrac{5}{2}, z = \dfrac{3}{2}$ 或 $x = \dfrac{5}{2}, y = -1, z = \dfrac{3}{2}$ 时取到. $\square$

16. (An Zhenping, Mathematical Reflections) 设正实数 x, y, z 满足条件 $xyz(x + y + z) = 4$，证明：

$$(x + y)^2 + 3(y + z)^2 + (z + x)^2 \geqslant 8\sqrt{7}.$$

证 将此不等式写成齐次式

$$(x + y)^2 + 3(y + z)^2 + (z + x)^2 \geqslant 4\sqrt{7xyz(x + y + z)}.$$

由 Cauchy-Schwarz 不等式与 AM-GM 不等式，我们有

$$(x + y)^2 + (z + x)^2 \geqslant \frac{(2x + y + z)^2}{2}, \quad yz \leqslant \frac{(y + z)^2}{4}.$$

因此只需要证明

$$\frac{(2x + y + z)^2}{2} + 3(y + z)^2 \geqslant 2(y + z)\sqrt{7x(x + y + z)},$$

这等价于

$$4x^2 + 4x(y + z) + 7(y + z)^2 \geqslant 4(y + z)\sqrt{7x(x + y + z)},$$

$$4x(x + y + z) + 7(y + z)^2 \geqslant 4(y + z)\sqrt{7x(x + y + z)},$$

$$\left[2\sqrt{x(x + y + z)} - \sqrt{7}(y + z)\right]^2 \geqslant 0,$$

这是显然成立的. 等号当 $y = z$ 且 $2\sqrt{x(x + y + z)} = \sqrt{7}(y + z)$ 时成立, 即

$$y = z = \left(\frac{4}{7}\right)^{\frac{1}{4}} \approx 0.87, x = (-1 + 2\sqrt{2})y \approx 1.59.$$

$\square$

17. (Mongolia 2017) 设 a, b, c 为正实数, 证明:

$$\frac{7}{1 + a} + \frac{9}{1 + a + b} + \frac{36}{1 + a + b + c} \leqslant 4\left(1 + \frac{1}{a} + \frac{1}{b} + \frac{1}{c}\right).$$

证 由 Cauchy-Schwarz 不等式, 我们有

$$1 + \frac{1}{a} \geqslant \frac{4}{1 + a} \implies \frac{7}{4} + \frac{7}{4a} \geqslant \frac{7}{1 + a}, \tag{1}$$

$$9 + \frac{9}{a} + \frac{16}{b} \geqslant \frac{(3 + 3 + 4)^2}{1 + a + b} = \frac{100}{1 + a + b}. $$

由此得到

$$\frac{81}{100} + \frac{81}{100a} + \frac{36}{25b} \geqslant \frac{9}{1 + a + b}. \tag{2}$$

且我们有

$$9 + \frac{9}{a} + \frac{16}{b} + \frac{25}{c} \geqslant \frac{(3 + 3 + 4 + 5)^2}{1 + a + b + c} = \frac{225}{1 + a + b + c},$$

因此

$$\frac{36}{25} + \frac{36}{25a} + \frac{64}{25b} + \frac{4}{c} \geqslant \frac{36}{1 + a + b + c}. \tag{3}$$

将式 (1)(2)和 (3) 相加, 我们就得到待证的不等式, 等号当 $a = 1, b = \frac{4}{3}, c = \frac{5}{3}$ 时成立. □

18. (Titu Andreescu, Mathematical Reflections) 设正实数 a, b, c 都不小于 1, 且满足

$$5(a^2 - 4a + 5)(b^2 - 4b + 5)(c^2 - 4c + 5) \leqslant a + b + c - 1.$$

证明:

$$(a^2 + 1)(b^2 + 1)(c^2 + 1) \geqslant (a + b + c - 1)^3.$$

证 令 $a = x + 1, b = y + 1, c = z + 1$. 由 $a, b, c \geqslant 1$, 我们有 $x, y, z \geqslant 0$. 题设中的不等式等价于

$$5(x^2 - 2x + 2)(y^2 - 2y + 2)(z^2 - 2z + 2) \leqslant x + y + z + 2, \quad (1)$$

且我们需要证明

$$(x^2 + 2x + 2)(y^2 + 2y + 2)(z^2 + 2z + 2) \geqslant (x + y + z + 2)^3.$$

利用反证法, 我们假定

$$(x^2 + 2x + 2)(y^2 + 2y + 2)(z^2 + 2z + 2) < (x + y + z + 2)^3. \quad (2)$$

那么将式 (1) 与 (2) 相乘, 我们得到

$$5(x^4 + 4)(y^4 + 4)(z^4 + 4) < (x + y + z + 2)^4,$$

即

$$(1 + 1 + 1 + 1 + 1) \cdot (x^4 + 1 + 1 + 1 + 1) \cdot (1 + y^4 + 1 + 1 + 1)$$
$$\cdot (1 + 1 + z^4 + 1 + 1) < (x + y + z + 1 + 1)^4,$$

但这与 Hölder 不等式矛盾, 因此原不等式成立. □

19. (Nguyen Viet Hung, Mathematical Reflections) 设正实数 a, b, c 满足 $abc = 1$, 证明:

$$a + b + c \geqslant \frac{1}{a(b + 1)} + \frac{1}{b(c + 1)} + \frac{1}{c(a + 1)} + \frac{3}{2}.$$

证　我们有

$$a - \frac{1}{b(c+1)} = \frac{abc + ab - 1}{b(c+1)} = \frac{abc + ab - abc}{b(c+1)} = \frac{a}{c+1}.$$

同理,

$$b - \frac{1}{c(a+1)} = \frac{b}{a+1}, c - \frac{1}{a(b+1)} = \frac{c}{b+1}.$$

且由于 $abc = 1$,令

$$a = \frac{x}{y}, b = \frac{y}{z}, c = \frac{z}{x}, x, y, z > 0.$$

那么

$$\frac{a}{c+1} + \frac{b}{a+1} + \frac{c}{b+1} = \frac{x^2}{y(z+x)} + \frac{y^2}{z(x+y)} + \frac{z^2}{x(y+z)}.$$

由 Titu 引理,

$$\frac{x^2}{y(z+x)} + \frac{y^2}{z(x+y)} + \frac{z^2}{x(y+z)} \geq \frac{(x+y+z)^2}{2(xy+yz+zx)}$$
$$\geq \frac{3(xy+yz+zx)}{2(xy+yz+zx)} = \frac{3}{2},$$

待证的不等式成立. □

20. (Titu Andreescu,Mathematical Reflections) 设正实数 a, b, c 满足条件 $abc = 1$,证明:

$$\frac{1}{a^5(b+2c)^2} + \frac{1}{b^5(c+2a)^2} + \frac{1}{c^5(a+2b)^2} \geq \frac{1}{3}.$$

证法一　首先利用 Hölder 不等式,对 $x, y, z, a, b, c > 0$,我们有

$$\frac{x^3}{a^2} + \frac{y^3}{b^2} + \frac{z^3}{c^2} \geq \frac{(x+y+z)^3}{(a+b+c)^2}.$$

我们还将题设条件 $abc = 1$ 弱化为 $abc \leq 1$. 令

$$a = \frac{1}{x}, b = \frac{1}{b}, c = \frac{1}{z},$$

那么我们有 $xyz \geqslant 1$,不等式的左边等于

$$K = (xyz)^2 \sum_{\text{cyc}} \frac{x^3}{(2y+z)^2}.$$

利用前面证明的不等式,我们有

$$K \geqslant \frac{(x+y+z)^3}{9(x+y+z)^2} = \frac{x+y+z}{9} \geqslant \frac{3\sqrt[3]{xyz}}{9} \geqslant \frac{1}{3}.$$

证法二 由于

$$\frac{1}{a^5(b+2c)^2} = \frac{1}{a^5 b^2 c^2 \left(\frac{1}{c} + \frac{2}{b}\right)^2} = \frac{\left(\frac{1}{a}\right)^3}{\left(\frac{1}{c} + \frac{2}{b}\right)^2},$$

将原不等式中的 (a,b,c) 替换为 $\left(\frac{1}{a}, \frac{1}{b}, \frac{1}{c}\right)$,我们得到等价的不等式

$$\sum_{\text{cyc}} \frac{a^3}{(2b+c)^2} \geqslant \frac{1}{3},$$

其中 $abc = 1$.

注意到由 AM-GM 不等式,

$$\frac{a^2}{2b+c} + \frac{2b+c}{9} \geqslant \frac{2}{3}a.$$

因此,

$$\begin{aligned}
\sum_{\text{cyc}} \frac{a^3}{(2b+c)^2} &\geqslant \sum_{\text{cyc}} \frac{a}{2b+c}\left(\frac{2}{3}a - \frac{2b+c}{9}\right) \\
&= \frac{2}{3}\sum_{\text{cyc}} \frac{a^2}{2b+c} - \sum_{\text{cyc}} \frac{a}{9} \\
&\geqslant \frac{2}{3}\sum_{\text{cyc}} \left(\frac{2}{3}a - \frac{2b+c}{9}\right) - \sum_{\text{cyc}} \frac{a}{9} \\
&= \frac{a+b+c}{3} - \frac{2}{9}\sum_{\text{cyc}}(2b+c)
\end{aligned}$$

$$= \frac{a+b+c}{9} \geqslant \frac{3\sqrt[3]{abc}}{9} = \frac{1}{3}.$$

21. (AoPS) 设 a, b, c 为非负实数，且其中不存在两个都为 0，证明：

$$\sqrt{\frac{a}{b+c}} + \sqrt{\frac{b}{c+a}} + \sqrt{\frac{c}{a+b}} + \frac{2(a+b+c)^3}{a^3+b^3+c^3} \geqslant 6.$$

证 不失一般性，我们可以假定 $a \geqslant b \geqslant c$. 由 Hölder 不等式，我们有

$$\sqrt{\frac{b}{a+c}} + \sqrt{\frac{c}{a+b}} \geqslant \sqrt{\frac{(b+c)^3}{b^2(a+c) + c^2(a+b)}}$$

$$= \sqrt{\frac{(b+c)^3}{a\left[b^2 + c^2 + \frac{2bc(b+c)}{2a}\right]}}$$

$$\geqslant \sqrt{\frac{(b+c)^3}{a\left[b^2 + c^2 + \frac{2bc(b+c)}{b+c}\right]}} = \sqrt{\frac{b+c}{a}},$$

且

$$\frac{2(a+b+c)^3}{a^3+b^3+c^3} \geqslant \frac{2(a+b+c)^3}{a^3+(b+c)^3}.$$

令 $t^2 = \frac{a}{b+c}$，那么只需要证明

$$t + \frac{1}{t} + \frac{2(t^2+1)^3}{t^6+1} \geqslant 6,$$

即

$$\frac{(t+1)^2(t^2-3t+1)^2}{t(t^4-t^2+1)} \geqslant 0,$$

这是显然成立的，且等号在 $c = 0, a+b = 3\sqrt{ab}$ 时取到. □

22. (Marius Stănean, AoPS) 设 a, b, c 为正实数，证明：

$$\frac{a^2+bc}{\sqrt{b^2+bc+c^2}} + \frac{b^2+ca}{\sqrt{c^2+ca+a^2}} + \frac{c^2+ab}{\sqrt{a^2+ab+b^2}} \geqslant \frac{2}{\sqrt{3}}(a+b+c).$$

证 由 Cauchy-Schwarz 不等式，

$$(a^2 + ab + b^2)(a^2 + ac + c^2) = \left[\left(a + \frac{b}{2}\right)^2 + \frac{3b^2}{4}\right]\left[\left(a + \frac{c}{2}\right)^2 + \frac{3c^2}{4}\right]$$

$$\geqslant \left[\left(a + \frac{b}{2}\right)\left(a + \frac{c}{2}\right) + \frac{3bc}{4}\right]^2$$

$$= \left[a^2 + \frac{a(b+c)}{2} + bc\right]^2.$$

所以，只需要证明

$$\sum_{\text{cyc}}(a^2 + bc)\left[a^2 + \frac{a(b+c)}{2} + bc\right] \geqslant \frac{2}{\sqrt{3}}(a+b+c)\sqrt{\prod_{\text{cyc}}(a^2 + ab + b^2)},$$

即

$$(a+b+c)(a^3 + b^3 + c^3 + 6abc) + (a^2 + b^2 + c^2)^2$$
$$\geqslant \frac{4(a+b+c)}{\sqrt{3}}\sqrt{\prod_{\text{cyc}}(a^2 + ab + b^2)}.$$

由 Schur 不等式，

$$a^3 + b^3 + c^3 + 6abc \geqslant (a+b+c)(ab+bc+ca),$$

所以只需要证明

$$(a+b+c)^2(ab+bc+ca) + (a^2+b^2+c^2)^2$$
$$\geqslant \frac{4(a+b+c)}{\sqrt{3}}\sqrt{\prod_{\text{cyc}}(a^2 + ab + b^2)}.$$

进一步，我们利用等式

$$\prod_{\text{cyc}}(a^2 + ab + b^2) = (ab + bc + ca)^2\left[\sum_{\text{cyc}}(a^2 + bc)\right] - abc(a+b+c)^3,$$

不失一般性，我们假定 $a + b + c = 3$，且记 $q = ab + bc + ca = 3(1 - t^2), t \in [0, 1]$. 待证不等式可以改写为

$$9q + (9 - 2q)^2 \geqslant 4\sqrt{3q^2(9 - q) - 27abc}.$$

我们有两种情形：

214

1. 如果 $t \geqslant \dfrac{1}{2} \Rightarrow q \leqslant \dfrac{9}{4}$，那么

$$9q + (9 - 2q)^2 \geqslant 2\sqrt{9q(9 - 2q)^2} = 6(9 - 2q)\sqrt{q},$$

且

$$6(9 - 2q)\sqrt{q} \geqslant 4\sqrt{3q^2(9 - q)}$$

（这个不等式是严格比待证不等式更强的，因为 $abc > 0$）等价于

$$3(9 - 2q)^2 \geqslant 4q(9 - q),$$

即

$$(4q - 9)(4q - 27) \geqslant 0,$$

这是显然成立的.

2. 如果 $0 \leqslant t \leqslant \dfrac{1}{2}$，由引理 3，我们有

$$abc \geqslant (1 - 2t)(1 + t)^2 = 1 - 3t^2 - 2t^3.$$

因此只需要证明

$$27 - 27t^2 + 9(1 + 2t^2)^2$$
$$\geqslant 36\sqrt{(t^2 + 2)(t^4 - 2t^2 + 1)} - 1 + 3t^2 + 2t^3,$$

即

$$4t^4 + t^2 + 4 \geqslant 4\sqrt{t^6 + 2t^3 + 1},$$

也即

$$t^2(2t - 1)^2 \geqslant 0,$$

这也是成立的. 等号当 $t = 0$ 时成立，这意味着 $a = b = c$. 如果 $t = \dfrac{1}{2}$，那么 a, b, c 中有两个相等，而另一个等于 0，这是不允许的. □

23. (Marius Stănean, SL NMO Romania 2016) 设 a, b, c 为正实数，证明：

$$\frac{a}{\sqrt{2(b^2 + c^2)}} + \frac{b}{c + a} + \frac{c}{a + b} \geqslant \frac{3}{2}.$$

证法一 由 Cauchy-Schwarz 不等式, 我们有

$$\frac{a}{\sqrt{2(b^2+c^2)}} + \frac{b}{c+a} + \frac{c}{a+b} = \frac{a^2}{a\sqrt{2(b^2+c^2)}} + \frac{b^2}{bc+ab} + \frac{c^2}{ca+bc}$$

$$\geqslant \frac{(a+b+c)^2}{a\sqrt{2(b^2+c^2)}+bc+ab+ca+bc}.$$

因此, 只需要证明

$$2(a+b+c)^2 \geqslant 3(ab+ca)+6bc+3a\sqrt{2(b^2+c^2)},$$

即

$$2(a^2+b^2+c^2-ab-bc-ca) \geqslant 3a(\sqrt{2(b^2+c^2)}-b-c),$$

也即

$$(a-b)^2+(b-c)^2+(c-a)^2 \geqslant \frac{3a(b-c)^2}{b+c+\sqrt{2(b^2+c^2)}}.$$

因为 $\sqrt{2(b^2+c^2)} \geqslant b+c \Leftrightarrow (b-c)^2 \geqslant 0$, 只需要证明

$$2[(a-b)^2+(b-c)^2+(c-a)^2] \geqslant \frac{3a(b-c)^2}{b+c}. \tag{1}$$

我们有两种情形:

1. 如果 $a \neq \max\{a,b,c\}$, 那么

$$2[(a-b)^2+(b-c)^2+(c-a)^2]$$
$$= 2[(a-b)^2+(c-a)^2]+2(b-c)^2$$
$$\geqslant (a-b+c-a)^2+2(b-c)^2$$
$$= 3(b-c)^2 \geqslant \frac{3a(b-c)^2}{b+c}.$$

2. 如果 $a = \max\{a,b,c\}$, 不失一般性, 假定 $b \geqslant c$, 那么式 (1) 可以改写为

$$2(a-b)^2+2(c-a)^2+\frac{(b-c)^2}{2} \geqslant \frac{3(b-c)^2}{2(b+c)}(2a-b-c).$$

但 $\dfrac{b-c}{b+c} \leqslant 1$，所以只需要证明

$$4(a-b)^2 + 4(a-c)^2 + (b-c)^2$$
$$\geqslant 3(b-c)(a-b) + 3(b-c)(a-c),$$

即

$$4(a-b)^2 + 4(a-b+b-c)^2 + (b-c)^2$$
$$\geqslant 3(b-c)(a-b) + 3(b-c)(a-b+b-c),$$

也即

$$8(a-b)^2 + 2(b-c)^2 + 2(b-c)(a-b) \geqslant 0,$$

这是显然成立的.

证法二　由 Hölder 不等式，我们有

$$\left(\frac{a}{\sqrt{2(b^2+c^2)}} + \frac{b}{c+a} + \frac{c}{a+b}\right)^2 \left[2a(b^2+c^2) + b(c+a)^2 + c(a+b)^2\right]$$
$$\geqslant (a+b+c)^3.$$

因此只需要证明

$$9(2ab^2 + 2ac^2 + a^2b + a^2c + bc^2 + b^2c + 4abc) \leqslant 4(a+b+c)^3,$$

即

$$6ab^2 + 6ac^2 + 12abc \leqslant 4a^3 + 4b^3 + 4c^3 + 3a^2b + 3a^2c + 3bc^2 + 3b^2c.$$

最后的不等式是成立的，因为由 AM-GM 不等式，我们有

$$6ab^2 + 6ac^2 \leqslant 6 \cdot \frac{a^3 + 2b^3}{3} + 6 \cdot \frac{a^3 + 2c^3}{3} = 4a^3 + 4b^3 + 4c^3,$$

且

$$3a^2b + 3a^2c + 3bc^2 + 3b^2c \geqslant 3 \cdot 4\sqrt[4]{a^2b \cdot a^2c \cdot bc^2 \cdot b^2c} = 12abc.$$

等号当 $a = b = c = 1$ 时成立.

注　下面的不等式也是成立的：

(Michael Rozenberg, TST Israel) 设 a, b, c 为正实数, 证明：

$$\frac{a}{\sqrt[3]{4(b^3+c^3)}} + \frac{b}{c+a} + \frac{c}{a+b} \geq \frac{3}{2}.$$

证　由 Cauchy-Schwarz 不等式，

$$\frac{b}{c+a} + \frac{c}{a+b} \geq \frac{(b+c)^2}{ab+ac+2bc}.$$

因此, 只需要证明

$$\frac{a}{\sqrt[3]{4(b^3+c^3)}} + \frac{(b+c)^2}{ab+ac+2bc} \geq \frac{3}{2},$$

即

$$2(b+c)a^2 - \left[3(b+c)\sqrt[3]{4(b^3+c^3)} - 4bc\right]a + 2(b^2-bc+c^2)\sqrt[3]{4(b^3+c^3)} \geq 0.$$

这是一个关于 a 的二次式, 因此, 只需要证明

$$16(b+c)(b^2-bc+c^2)\sqrt[3]{4(b^3+c^3)} \geq \left[3(b+c)\sqrt[3]{4(b^3+c^3)} - 4bc\right]^2,$$

即

$$16\sqrt[3]{4(b^3+c^3)^4} \geq \left[3(b+c)\sqrt[3]{4(b^3+c^3)} - 4bc\right]^2.$$

由于

$$3(b+c)\sqrt[3]{4(b^3+c^3)} > 4bc,$$

只需要证明

$$4\sqrt[3]{2(b^3+c^3)^2} \geq 3(b+c)\sqrt[3]{4(b^3+c^3)} - 4bc.$$

利用

$$x^3 + y^3 + z^3 - 3xyz = (x+y+z)(x^2+y^2+z^2-xy-xz-yz),$$

其中

$$x^2 + y^2 + z^2 - xy - xz - yz \neq 0,$$

218

我们需要证明

$$128(b^3+c^3)^2-108(b+c)^3(b^3+c^3)+64b^3c^3+288(b+c)(b^3+c^3)bc \geqslant 0.$$

上式因式分解以后得到

$$4(b-c)^4(5b^2+11bc+5c^2) \geqslant 0,$$

结论得证. □

24. (Titu Andreescu, Mathematical Reflections) 设实数 a, b, c 满足

$$\frac{2}{a^2+1}+\frac{2}{b^2+1}+\frac{2}{c^2+1} \geqslant 3.$$

证明: $(a-2)^2+(b-2)^2+(c-2)^2 \geqslant 3.$

证 注意到

$$\sum_{\text{cyc}} \frac{2}{a^2+1} \geqslant 3 \Leftrightarrow \sum_{\text{cyc}} \left(\frac{2}{a^2+1}-1\right) \geqslant 0 \Leftrightarrow \sum_{\text{cyc}} \frac{1-a^2}{1+a^2} \geqslant 0.$$

现在只需要注意到

$$\begin{aligned}
(a-2)^2-\frac{2}{a^2+1} &= \frac{a^4-4a^3+5a^2-4a+2}{a^2+1} \\
&= \frac{a^4-4a^3+6a^2-4a+1+1-a^2}{a^2+1} \\
&= \frac{(a-1)^4}{a^2+1}+\frac{1-a^2}{1+a^2}.
\end{aligned}$$

于是

$$\begin{aligned}
\sum_{\text{cyc}}(a-2)^2 &= \sum_{\text{cyc}} \frac{2}{a^2+1}+\sum_{\text{cyc}} \frac{(a-1)^4}{a^2+1}+\sum_{\text{cyc}} \frac{1-a^2}{1+a^2} \\
&\geqslant \sum_{\text{cyc}} \frac{2}{a^2+1} \geqslant 3.
\end{aligned}$$

□

25. (Marius Stănean, SL NMO Romania 2017) 设正实数 x, y, z 满足

$$\frac{(x+y)(y+z)(z+x)}{xyz} = 9.$$

证明：

$$31.25 \leqslant \frac{(x+y+z)^3}{xyz} \leqslant 32.$$

证 作代换：

$$a = \frac{y+z}{x}, b = \frac{z+x}{y}, c = \frac{x+y}{z}$$

题设条件变为 $abc = 9$. 进一步, 我们有

$$\frac{1}{a+1} + \frac{1}{b+1} + \frac{1}{c+1} = 1,$$

这意味着

$$ab + bc + ca + 2(a+b+c) + 3 = 1 + a + b + c + ab + bc + ca + abc,$$

即

$$a + b + c = 7.$$

显然 $0 < a, b, c < 9$. 由 AM-GM 不等式, 我们有

$$(b+c)^2 \geqslant 4bc \Leftrightarrow (7-a)^2 \geqslant \frac{36}{a},$$

这等价于

$$a^3 - 14a^2 + 49a - 36 \geqslant 0,$$

即

$$(a-1)(a-4)(a-9) \geqslant 0 \Leftrightarrow 1 \leqslant a \leqslant 4.$$

同理我们还有 $b, c \in [1, 4]$. 我们现在回到要证的不等式, 我们有

$$\frac{(x+y+z)^3}{xyz} = (a+1)(b+1)(c+1)$$

$$= 1 + a + b + c + ab + bc + ca + abc$$

$$= 17 + ab + bc + ca = 17 + a(7-a) + \frac{9}{a}.$$

所以,我们需要证明

$$\frac{125}{4} \leqslant 17 + 7a - a^2 + \frac{9}{a} \leqslant 32,$$

即

$$\frac{57}{4} \leqslant 7a - a^2 + \frac{9}{a} \leqslant 15.$$

首先,我们来证明左边的不等式,我们有

$$\frac{57}{4} \leqslant 7a - a^2 + \frac{9}{a} \Leftrightarrow (a-4)(2a-3)^2 \leqslant 0,$$

这是显然成立的. 等号成立时,$a = 4$,此时 $b = c = \frac{3}{2}$;或者 $a = \frac{3}{2}$,这就得到了 a, b, c 之间的轮换.

右边的不等式等价于

$$a^3 - 7a^2 + 15a - 9 \geqslant 0 \Leftrightarrow (a-1)(a-3)^2 \geqslant 0,$$

这也是显然成立的. 等号成立时,$a = 1$,所以 $b = c = 3$;或 $a = 3$,这也得到了 a, b, c 之间的轮换. □

26. (Kazahstan 2017) 设正实数 $x, y, z \geqslant \frac{1}{2}$ 满足 $x^2 + y^2 + z^2 = 1$,证明:

$$\left(\frac{1}{x} + \frac{1}{y} - \frac{1}{z}\right)\left(\frac{1}{x} - \frac{1}{y} + \frac{1}{z}\right) \geqslant 2.$$

证 记 $a = yz \geqslant \frac{1}{4}$,由 AM-GM 不等式有

$$x^2 = 1 - y^2 - z^2 \leqslant 1 - 2yz = 1 - 2a,$$

且

$$4\left(y^2 - \frac{1}{4}\right)\left(z^2 - \frac{1}{4}\right) \geqslant 0 \Rightarrow (y-z)^2 \leqslant \frac{(4a-1)^2}{4}.$$

因此,

$$\frac{1}{x^2} - \left(\frac{1}{y} - \frac{1}{z}\right)^2 - 2 = \frac{1}{x^2} - \frac{(y-z)^2}{(yz)^2}$$

$$\geq \frac{1}{1-2a} - \frac{(4a-1)^2}{4a^2} - 2$$

$$= \frac{(4a-1)\left[3a^2 + (3a-1)^2\right]}{4a^2(1-2a)} \geq 0.$$

等号当 $x = \dfrac{1}{\sqrt{2}}, y = z = \dfrac{1}{2}$ 时取到. $\qquad\qquad\square$

27. 设正实数 a, b, c 满足 $a^2 + b^2 + c^2 + abc = 4$,证明:

$$a + b + c \geq 2 + \sqrt{abc}.$$

证法一 作代换:

$$a = \frac{2\sqrt{yz}}{\sqrt{(x+y)(z+x)}}, b = \frac{2\sqrt{zx}}{\sqrt{(x+y)(y+z)}}, c = \frac{2\sqrt{xy}}{\sqrt{(y+z)(z+x)}},$$

原不等式化为

$$\sum_{\text{cyc}} \sqrt{xy(x+y)} \geq \sqrt{2xyz} + \sqrt{(x+y)(x+z)(y+z)},$$

两边平方以后化为

$$\sum_{\text{cyc}} \sqrt{x(x+y)(x+z)} \geq 2\sqrt{xyz} + \sqrt{2(x+y)(x+z)(y+z)}. \quad (1)$$

由 Cauchy-Schwarz 不等式与 Schur 不等式,我们有

$$\left(\sum_{\text{cyc}} \sqrt{x(x+y)(x+z)}\right)^2$$

$$= \sum_{\text{cyc}}(x^3 + x^2y + x^2z + xyz) + 2\sum_{\text{cyc}} \sqrt{x(x+y)(x+z)y(y+z)(y+x)}$$

$$= \sum_{\text{cyc}}(x^3 + x^2y + x^2z + xyz) +$$

$$2 \sum_{\text{cyc}} \sqrt{\left(x^2 \sum_{\text{cyc}} x + xyz\right)\left(y^2 \sum_{\text{cyc}} x + xyz\right)}$$

$$\geqslant \sum_{\text{cyc}} (x^3 + x^2 y + x^2 z + xyz) + 2 \sum_{\text{cyc}} [xy(x + y + z) + xyz]$$

$$= \sum_{\text{cyc}} (x^3 + 6xyz) + 3(x + y + z)(xy + yz + zx)$$

$$\geqslant 4(x + y + z)(xy + yz + zx).$$

回到式 (1)，只需要证明

$$2\sqrt{(x + y + z)(xy + xz + yz)} \geqslant 2\sqrt{xyz} + \sqrt{2(x + y)(x + z)(y + z)},$$

即

$$2\sqrt{(x + y)(x + z)(y + z) + xyz} \geqslant 2\sqrt{xyz} + \sqrt{2(x + y)(x + z)(y + z)}.$$

如果我们令 $t = \sqrt{\dfrac{(x + y)(x + z)(y + z)}{8xyz}} \geqslant 1$，那么不等式等价于

$$\sqrt{8t^2 + 1} \geqslant 2t + 1,$$

这是自然成立的，因为 $8t^2 + 1 \geqslant 4t^2 + 4t + 1 = (2t + 1)^2$. 等号成立时，$x = y = z \Rightarrow a = b = c = 1$.

证法二　注意到 $a, b, c \in (0, 2)$，那么我们可以作代换：

$$a = 2\cos A, b = 2\cos B, c = 2\cos C,$$

其中 $A, B, C \in \left(0, \dfrac{\pi}{2}\right)$. 利用三角形中已知的等式

$$\cos A + \cos B + \cos C = \frac{r}{R} + 1,$$

$$\cos A \cos B \cos C = \frac{s^2 - (2R + r)^2}{4R^2},$$

不等式变为

$$\frac{r}{R} \geqslant \sqrt{\frac{s^2 - (2R + r)^2}{2R^2}},$$

223

即

$$s^2 \leqslant 4R^2 + 4Rr + 3r^2,$$

这就是 Gerretsen 不等式（见例 24）. □

28. 设正实数 a, b, c 满足 $a^2 + b^2 + c^2 + abc = 4$,证明：

$$a + b + c \geqslant 2 + \sqrt{\left(\frac{18}{a+b+c+3} - 2\right)abc}.$$

证 注意到 $a, b, c \in (0, 2)$,那么我们可以作代换：

$$a = 2\cos A, b = 2\cos B, c = 2\cos C,$$

其中 $A, B, C \in \left(0, \frac{\pi}{2}\right)$. 利用三角形中已知的等式

$$\cos A + \cos B + \cos C = \frac{r}{R} + 1,$$

$$\cos A \cos B \cos C = \frac{s^2 - (2R + r)^2}{4R^2},$$

不等式变为

$$r^2(2r + 5R) \geqslant 2(2R - r)(s^2 - (2R + r)^2).$$

由 Bludon 不等式（见例 64）,我们有

$$s^2 \leqslant 2R^2 + 10Rr - r^2 + 2(R - 2r)\sqrt{R(R - 2r)}.$$

因此只需要证明

$$r^2(2r + 5R) \geqslant 4(2R - r)\left[-R^2 + 3Rr - r^2 + (R - 2r)\sqrt{R(R - 2r)}\right],$$

即

$$(R - 2r)(8R^2 - 12Rr + r^2) \geqslant 4(2R - r)(R - 2r)\sqrt{R(R - 2r)},$$

将两边平方得

$$r^2(R - 2r)^2(4R + r)^2 \geqslant 0,$$

证毕. □

注　此不等式比之前的不等式更强, 因为我们可以证明 $x + y + z \leqslant 3$.
根据上面的计算, 由 Euler 不等式可得

$$x + y + z = 2\left(\frac{r}{R} + 1\right) \leqslant 3.$$

或者也可以直接利用代数方法. 如果 $a, b, c > 0$ 满足

$$a^2 + b^2 + c^2 + abc = 4,$$

作代换:

$$a = \frac{2\sqrt{yz}}{\sqrt{(x + y)(z + x)}}, b = \frac{2\sqrt{zx}}{\sqrt{(x + y)(y + z)}}, c = \frac{2\sqrt{xy}}{\sqrt{(y + z)(z + x)}},$$

由 AM-GM 不等式, 我们有

$$a + b + c = 2\sum_{\text{cyc}} \sqrt{\frac{yz}{(x + y)(x + z)}} \leqslant \sum_{\text{cyc}} \left(\frac{y}{x + y} + \frac{z}{x + z}\right) = 3.$$

29. (AoPS) 设 x, y, z 为非负实数, 证明:

$$\frac{x^2}{(5x + 4y)^2} + \frac{y^2}{(5y + 4z)^2} + \frac{z^2}{(5z + 4x)^2} \geqslant \frac{1}{27}.$$

证　由 Cauchy-Schwarz 不等式,

LHS

$$= \frac{x^2(5z + 4x)^2}{(5x + 4y)^2(5z + 4x)^2} + \frac{y^2(5x + 4y)^2}{(5y + 4z)^2(5x + 4y)^2} + \frac{z^2(5y + 4z)^2}{(5z + 4x)^2(5y + 4z)^2}$$

$$\geqslant \frac{\left[4(x^2 + y^2 + z^2) + 5(xy + yz + zx)\right]^2}{(5x + 4y)^2(5z + 4x)^2 + (5y + 4z)^2(5x + 4y)^2 + (5z + 4x)^2(5y + 4z)^2}.$$

所以, 只需要证明

$$27\left[4(x^2 + y^2 + z^2) + 5(xy + yz + zx)\right]^2$$

$$\geqslant (5x + 4y)^2(5z + 4x)^2 + (5y + 4z)^2(5x + 4y)^2 + (5z + 4x)^2(5y + 4z)^2,$$

即

$$16\sum_{\text{cyc}} x^4 + 220\sum_{\text{cyc}} x^3 y + 40\sum_{\text{cyc}} x^3 z + 129\sum_{\text{cyc}} x^2 y^2 \geqslant 405xyz(x + y + z).$$

这是成立的,因为

$$x^4 + y^4 + z^4 \geqslant x^2y^2 + y^2z^2 + z^2x^2 \geqslant xyz(x + y + z),$$

且由 Cauchy-Schwarz 不等式有

$$\sum_{\text{cyc}} \frac{x^3y}{xyz} = \sum_{\text{cyc}} \frac{x^2}{z} \geqslant \frac{(x + y + z)^2}{x + y + z} = x + y + z,$$

类似地,有

$$\sum_{\text{cyc}} x^3z \geqslant xyz(x + y + z).$$

$\square$

30. (Vasile Cîrtoaje) 设非负实数 a, b, c 满足 $a + b + c = 3$,证明:

$$\frac{a}{2a + bc} + \frac{b}{2b + ca} + \frac{c}{2c + ab} \geqslant \frac{9}{10}.$$

证 如果 a, b, c 中有一个为 0,不等式显然成立. 现在假定 a, b, c 均为正数,令

$$\frac{bc}{a} = x^2, \frac{ca}{b} = y^2, \frac{ab}{c} = z^2,$$

其中 $x, y, z > 0$. 题设条件变为 $xy + yz + xz = 3$,且不等式变为

$$\frac{1}{x^2 + 2} + \frac{1}{y^2 + 2} + \frac{1}{z^2 + 2} \geqslant \frac{9}{10}.$$

由于 $\frac{2}{x^2 + 2} = 1 - \frac{x^2}{x^2 + 2}$,不等式可以改写为

$$\frac{x^2}{x^2 + 2} + \frac{y^2}{y^2 + 2} + \frac{z^2}{z^2 + 2} \leqslant \frac{6}{5}.$$

由 Cauchy-Schwarz 不等式,我们有

$$\frac{x^2}{x^2 + 2} = \frac{3x^2}{3x^2 + 2(xy + yz + zx)}$$

$$= \frac{3x^2}{2x(x+y+z)+x^2+2yz}$$

$$\leqslant \frac{48x^2}{50x(x+y+z)} + \frac{3x^2}{25(x^2+2yz)}$$

$$= \frac{24x}{25(x+y+z)} + \frac{3x^2}{25(x^2+2yz)}.$$

将这样类似的不等式循环相加,我们只需要证明

$$\frac{x^2}{x^2+2yz} + \frac{y^2}{y^2+2zx} + \frac{z^2}{z^2+2xy} \leqslant 2,$$

即

$$\frac{2yz}{x^2+2yz} + \frac{2zx}{y^2+2zx} + \frac{2xy}{z^2+2xy} \geqslant 1.$$

再由 Cauchy-Schwarz 不等式,我们有

$$\frac{2yz}{x^2+2yz} + \frac{2zx}{y^2+2zx} + \frac{2xy}{z^2+2xy}$$

$$\geqslant \frac{2(yz+zx+xy)^2}{2(y^2z^2+z^2x^2+x^2y^2)+xyz(x+y+z)} \geqslant 1.$$

当且仅当 x,y,z 中有一个等于 0,剩下两个等于 $\sqrt{3}$ 时等号成立. 但我们要求 $x,y,z > 0$,所以对原不等式是无法取等的. □

31. (Marius Stănean, Mathematical Reflections) 设 a,b,c 为非负实数,证明:

$$\frac{(4a+b+c)^2}{2a^2+(b+c)^2} + \frac{(4b+c+a)^2}{2b^2+(c+a)^2} + \frac{(4c+a+b)^2}{2c^2+(a+b)^2} \leqslant 18.$$

证法一　不等式关于 a,b,c 是齐次的,我们可以假定 $a+b+c=3$. 因此不等式可以改写为

$$\frac{(a+1)^2}{a^2-2a+3} + \frac{(b+1)^2}{b^2-2b+3} + \frac{(c+1)^2}{c^2-2c+3} \leqslant 6$$

由 Dirichlet 法则,在 a,b,c 中存在两个数,不妨设 a,b,满足

$$(a-1)(b-1) \geqslant 0 \Leftrightarrow ab \geqslant 2-c.$$

由 Cauchy-Schwarz 不等式,我们有

$$\frac{(a-2)^2}{a^2-2a+3}+\frac{(b-2)^2}{b^2-2b+3}\geqslant\frac{(4-a-b)^2}{(a+b)^2-2ab-2(a+b)+6}$$

$$=\frac{(c+1)^2}{(3-c)^2-2ab-6+2c+6}$$

$$=\frac{(c+1)^2}{c^2-4c+9-2ab}$$

$$\geqslant\frac{(c+1)^2}{c^2-4c+9-4+2c}=\frac{(c+1)^2}{c^2-2c+5}.$$

所以,只需要证明

$$\frac{(c+1)^2}{c^2-2c+5}+\frac{(c-2)^2}{c^2-2c+3}\geqslant\frac{3}{2},$$

通过简单地计算,这也等价于

$$\frac{(c-1)^2(c+1)^2}{2(c^2-2c+5)(c^2-2c+3)}\geqslant0,$$

这是显然成立的,等号当 $a=b=c$ 时成立.

证法二 和证法一一样,不等式可以改写为

$$\frac{2a-1}{a^2-2a+3}+\frac{2b-1}{b^2-2b+3}+\frac{2c-1}{c^2-2c+3}\leqslant\frac{3}{2},$$

其中 $a+b+c=3$.

我们有 $0<a,b,c<3$,考虑函数 $f:(0,3)\mapsto\mathbf{R}$,其定义为

$$f(x)=\frac{2x-1}{x^2-2x+3}.$$

那么

$$f'(x)=\frac{2(2-x)(x+1)}{(x^2-2x+3)^2},f''(x)=\frac{2(2x^3-3x^2-12x+11)}{(x^2-2x+3)^3}.$$

于是 f 在 $(0,2]$ 上单调递减,在 $[2,3)$ 上单调递减,且

$$f''(0)>0,f''(1)<0,f''\left(\frac{3}{2}\right)<0,f''(3)>0,$$

所以 f 在 $\left(0, \dfrac{3}{2}\right)$ 内存在拐点,且 f 在 $\left[1, \dfrac{3}{2}\right]$ 上是凹函数.

由于当 $a = b = c = 1$ 时,等号成立,我们考虑函数 f 的图像在 $x = 1$ 处的切线(见图 7),其切线方程为

$$y = f'(1)(x - 1) + f(1) = x - \frac{1}{2}.$$

但

$$f(x) + \frac{1}{2} - x = -\frac{(2x - 1)(x - 1)^2}{2(x^2 - 2x + 3)},$$

所以当 $\dfrac{1}{2} \leqslant x < 3$ 时,我们有 $f(x) \leqslant x - \dfrac{1}{2}$.

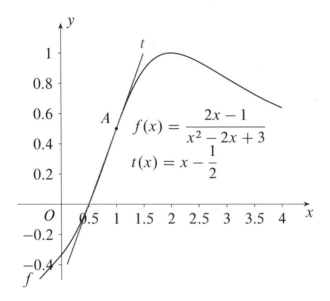

图 7

因此,如果 $a, b, c \in \left[\dfrac{1}{2}, 3\right)$,那么

$$f(a) + f(b) + f(c) \leqslant a + b + c - \frac{3}{2} = \frac{3}{2}.$$

如果 $a < \dfrac{1}{2}$,令 $t = \dfrac{b + c}{2} = \dfrac{3 - a}{2}$,那么 $t \in \left(\dfrac{5}{4}, \dfrac{3}{2}\right)$. 在 $x = t$ 处的切线方程形式为

$$y = f(t) + f'(t)(x - t),$$

我们要找出过点 $(0, f(0))$ 的切线对应的横坐标 x_0，我们有

$$f(0) - f(x_0) = f'(x_0)(0 - x_0) \Rightarrow x_0 = 3\sqrt{3} - 4.$$

由于 $t > \dfrac{5}{4} > 3\sqrt{3} - 4 > 1$，拐点的横坐标小于 1，那么在 $x = t$ 处的切线是在函数 f 的图像上方，因此

$$f(x) \leqslant f(t) + f'(t)(x - t).$$

将此不等式应用于 $x = b, c$，我们得到

$$f(a) + f(b) + f(c) \leqslant f(a) + 2f(t) + f'(t)(b + c - 2t)$$
$$= f(a) + 2f\left(\frac{3 - a}{2}\right).$$

只需要证明

$$f(a) + 2f\left(\frac{3 - a}{2}\right) \leqslant \frac{3}{2},$$

即

$$\frac{3(a - 1)^2(a + 1)^2}{2(a^2 - 2a + 3)(a^2 - 2a + 9)} \geqslant 0,$$

这是显然成立的.

32.(Titu Andreescu，Mathematical Reflections) 设正实数 x, y, z 满足

$$(2x^4 + 3y^4)(2y^4 + 3z^4)(2z^4 + 3x^4) \leqslant (3x + 2y)(3y + 2z)(3z + 2x),$$

证明：$xyz \leqslant 1$.

证 利用反证法，如果 $xyz > 1$，那么

$$(2x^4 + 3y^4)(2y^4 + 3z^4)(2z^4 + 3x^4) > (3x + 2y)(3y + 2z)(3z + 2x).$$

我们期望得到一个不等式，形如

$$(2x^4 + 3y^4)^\alpha(2y^4 + 3z^4)^\beta(2z^4 + 3x^4)^\gamma \geqslant x^\alpha y^\beta z^\gamma(3x + 2y).$$

假定 $\alpha + \beta + \gamma = 1$，由 Hölder 不等式，我们有

$$(2x^4 + 3y^4)^\alpha(2y^4 + 3z^4)^\beta(2z^4 + 3x^4)^\gamma \geqslant 3x^{4\gamma}y^{4\alpha}z^{4\beta} + 2x^{4\alpha}y^{4\beta}z^{4\gamma}.$$

230

为了得到所需要的表达式形式,我们可以取 $\beta = \gamma$,由此得

$$3x^{4\gamma}y^{4\alpha}z^{4\beta} + 2x^{4\alpha}y^{4\beta}z^{4\gamma} = 3x^{4\beta}y^{4\alpha}z^{4\beta} + 2x^{4\alpha}y^{4\beta}z^{4\beta}$$
$$= x^{4\alpha}y^{4\alpha}z^{4\beta}(3x^{4(\beta-\alpha)} + 2y^{4(\beta-\alpha)}).$$

令 $\beta - \alpha = \dfrac{1}{4}$,我们得到 $\alpha = \dfrac{1}{6}$,且 $\beta = \gamma = \dfrac{5}{12}$. 由此我们得到

$$(2x^4 + 3y^4)^{\frac{1}{6}}(2y^4 + 3z^4)^{\frac{5}{12}}(2z^4 + 3x^4)^{\frac{5}{12}} \geqslant x^{\frac{2}{3}}y^{\frac{2}{3}}z^{\frac{5}{3}}(3x + 2y).$$

将此不等式以及它类似的其他两个不等式相乘,就得到了待证的结果. □

33. (Titu Andreescu,Mathematical Reflections) 设 a, b, c 为正实数,证明:

$$\frac{1}{a+b+\frac{1}{abc}+1} + \frac{1}{b+c+\frac{1}{abc}+1} + \frac{1}{c+a+\frac{1}{abc}+1} \leqslant \frac{a+b+c}{a+b+c+1}.$$

证 令 $d = \dfrac{1}{abc}$,原不等式等价于

$$\frac{1}{a+b+d+1} + \frac{1}{b+c+d+1} + \frac{1}{c+a+d+1} + \frac{1}{a+b+c+1} \leqslant 1,$$

其中 $abcd = 1$. 作替换:$a \to a^4, b \to b^4, c \to c^4, d \to d^4$,只需要证明

$$\frac{1}{a^4+b^4+d^4+abcd} + \frac{1}{b^4+c^4+d^4+abcd} +$$
$$\frac{1}{c^4+a^4+d^4+abcd} + \frac{1}{a^4+b^4+c^4+abcd} \leqslant 1.$$

但

$$u^4 + v^4 + w^4 \geqslant u^2v^2 + v^2w^2 + w^2u^2 \geqslant uvw(u + v + w),$$

所以

$$a^4 + b^4 + d^4 + abcd \geqslant abd(a + b + d + c).$$

利用此不等式以及它的对称式,我们发现原不等式左边小于等于

$$\frac{1}{abd(a+b+c+d)} + \frac{1}{bcd(a+b+c+d)} + \frac{1}{cad(a+b+c+d)} +$$
$$\frac{1}{abc(a+b+c+d)} = \frac{c+a+b+d}{abcd(c+a+b+d)} = 1,$$

证毕. □

231

34.（An Zhenping, Mathematical Reflections）设正实数 a,b,c 满足条件 $abc=1$,证明：

$$\sqrt{9+16a^2}+\sqrt{9+16b^2}+\sqrt{9+16c^2}\leqslant 1+\frac{14}{3}(a+b+c).$$

证 令

$$f(x)=\frac{1}{3}+\frac{14x}{3}-\frac{22}{15}\log x-\sqrt{16x^2+9}.$$

计算可得 $f(1)=f'(1)=0$,且

$$f''(x)=\frac{22}{15x^2}-\frac{144}{(16x^2+9)^{\frac{3}{2}}}.$$

令 $x=\frac{3}{4}\tan t$,那么

$$f''\left(\frac{3}{4}\tan t\right)=\frac{352}{135}\cot^2 t-\frac{16}{3}\cos^3 t=\frac{16}{135}\cdot\frac{\cos^2 t(22-45\cos t\sin^2 t)}{\sin^2 t}.$$

由 AM-GM 不等式可知,对 $0\leqslant c\leqslant 1$,我们有

$$c(1-c^2)\leqslant\frac{2}{3\sqrt{3}}<\frac{22}{45}.$$

因此 $f''(x)>0$,进一步得到 $f(x)\geqslant 0$ 对任意 x 成立,因此

$$0\leqslant f(a)+f(b)+f(c)$$
$$=1+\frac{14(a+b+c)}{3}-\frac{22}{15}\log(abc)-$$
$$\sqrt{16a^2+9}-\sqrt{16b^2+9}-\sqrt{16c^2+9},$$

这就得到了待证不等式,且当 $a=b=c=1$ 时取等. $\qquad\square$

35.（Marius Stănean, Mathematical Reflections）设 a,b,c 是一个三角形的三边,证明：

$$\frac{a}{\sqrt{b+c-a}}+\frac{b}{\sqrt{c+a-b}}+\frac{c}{\sqrt{a+b-c}}$$
$$\geqslant 3\sqrt{\frac{a^2+b^2+c^2+\sum_{\text{cyc}}(a-b)^2}{a+b+c}}.$$

证 记 $x^2 = b + c - a, y^2 = c + a - b, z^2 = a + b - c$，那么原不等式可以依次改写为

$$\frac{y^2 + z^2}{x} + \frac{z^2 + x^2}{y} + \frac{x^2 + y^2}{z} \geq 6\sqrt{\frac{x^4 + y^4 + z^4}{x^2 + y^2 + z^2}},$$

$$\sum_{\text{cyc}}\left(\frac{x^2}{y} + \frac{y^2}{x} - x - y\right) \geq 2\left(3\sqrt{\frac{x^4 + y^4 + z^4}{x^2 + y^2 + z^2}} - x - y - z\right),$$

$$\sum_{\text{cyc}}\left(\frac{1}{x} + \frac{1}{y}\right)(x - y)^2 \geq 2 \cdot \frac{9\sum\limits_{\text{cyc}} x^4 - (x + y + z)^2(x^2 + y^2 + z^2)}{3\sqrt{\sum\limits_{\text{cyc}} x^4 \sum\limits_{\text{cyc}} x^2} + \sum\limits_{\text{cyc}} x^2 \sum\limits_{\text{cyc}} x}.$$

但由 Cauchy-Schwarz 不等式有

$$3(x^4 + y^4 + z^4) \geq (x^2 + y^2 + z^2)^2, 3(x^2 + y^2 + z^2) \geq (x + y + z)^2,$$

只需要证明

$$\sum_{\text{cyc}}\left(\frac{1}{x} + \frac{1}{y}\right)(x - y)^2 \geq \frac{9\sum\limits_{\text{cyc}} x^4 - (x + y + z)^2(x^2 + y^2 + z^2)}{(x^2 + y^2 + z^2)(x + y + z)},$$

即

$$\sum_{\text{cyc}}\left(\frac{1}{x} + \frac{1}{y}\right)(x - y)^2$$

$$\geq \frac{9\sum\limits_{\text{cyc}} x^4 - 3\left(\sum\limits_{\text{cyc}} x^2\right)^2 + 3\left(\sum\limits_{\text{cyc}} x^2\right)^2 - \left(\sum\limits_{\text{cyc}} x\right)^2 \sum\limits_{\text{cyc}} x^2}{(x^2 + y^2 + z^2)(x + y + z)},$$

也即

$$\sum_{\text{cyc}}\left(\frac{1}{x} + \frac{1}{y}\right)(x - y)^2 \geq \sum_{\text{cyc}} \frac{3(x + y)^2 + (x^2 + y^2 + z^2)}{(x^2 + y^2 + z^2)(x + y + z)}(x - y)^2,$$

也即

$$S_x(y - z)^2 + S_y(z - x)^2 + S_z(x - y)^2 \geq 0, \tag{1}$$

其中我们记

$$S_x = \frac{1}{y} + \frac{1}{z} - \frac{3(y+z)^2 + (x^2+y^2+z^2)}{(x^2+y^2+z^2)(x+y+z)},$$

$$S_y = \frac{1}{z} + \frac{1}{x} - \frac{3(z+x)^2 + (x^2+y^2+z^2)}{(x^2+y^2+z^2)(x+y+z)},$$

$$S_z = \frac{1}{x} + \frac{1}{y} - \frac{3(x+y)^2 + (x^2+y^2+z^2)}{(x^2+y^2+z^2)(x+y+z)}.$$

不失一般性,假定 $x \geqslant y \geqslant z$. 容易看出 $S_x \geqslant S_y \geqslant S_z$,且

$$
\begin{aligned}
S_y + S_z &= \frac{(xy+2yz+zx)}{xyz} - \frac{8x^2+5y^2+5z^2+6xy+6zx}{(x^2+y^2+z^2)(x+y+z)} \\
&= \frac{(xy+2yz+zx)(x+y+z)}{xyz(x+y+z)} - \\
&\quad \frac{8x^2+5y^2+5z^2+6xy+6zx}{(x^2+y^2+z^2)(x+y+z)} \\
&\geqslant \frac{9\sqrt[3]{2}}{x+y+z} - \frac{8x^2+5y^2+5z^2+6xy+6zx}{(x^2+y^2+z^2)(x+y+z)} \\
&\geqslant \frac{11(x^2+y^2+z^2) - (8x^2+5y^2+5z^2+6xy+6zx)}{(x^2+y^2+z^2)(x+y+z)} \\
&= \frac{\frac{3}{2}x^2 - 6xy + 6y^2 + \frac{3}{2}x^2 - 6xz + 6z^2}{(x^2+y^2+z^2)(x+y+z)} \\
&= \frac{3(x-2y)^2 + 3(x-2z)^2}{2(x^2+y^2+z^2)(x+y+z)} \geqslant 0.
\end{aligned}
$$

其中我们运用了不等式

$$(xy + 2yz + zx)(x+y+z) \geqslant 9\sqrt[3]{2}xyz,$$

这由 AM-GM 不等式可得. 由 SOS 方法的第二个条件, 不等式 (1) 得证. □

36. (AoPS) 设非负实数 a, b, c 满足 $ab + bc + ca = 1$,证明:

$$\frac{1}{\sqrt{a^2+ab+b^2}} + \frac{1}{\sqrt{b^2+bc+c^2}} + \frac{1}{\sqrt{c^2+ca+a^2}} \geqslant 2 + \frac{1}{\sqrt{3}}.$$

证 将原不等式改为齐次式

$$\sqrt{\frac{ab+bc+ca}{a^2+ab+b^2}}+\sqrt{\frac{ab+bc+ca}{b^2+bc+c^2}}+\sqrt{\frac{ab+bc+ca}{c^2+ca+a^2}}\geqslant 2+\frac{1}{\sqrt{3}}.$$

不失一般性,假定 $a\geqslant b\geqslant c\geqslant 0$. 注意到

$$\frac{ab+bc+ca}{b^2+bc+c^2}-\frac{a+c}{b+c}=\frac{c(ab-c^2)}{(b^2+bc+c^2)(b+c)}\geqslant 0,$$

$$\frac{ab+bc+ca}{c^2+ca+a^2}-\frac{b+c}{a+c}=\frac{c(ab-c^2)}{(c^2+ca+a^2)(a+c)}\geqslant 0,$$

且

$$\frac{ab+bc+ca}{a^2+ab+b^2}-\frac{(a+c)(b+c)}{(a+c)^2+(a+c)(b+c)+(b+c)^2}$$

$$\geqslant \frac{ab+bc+ca}{a^2+ab+b^2}-\frac{(a+c)(b+c)}{a^2+ab+b^2+c(a+b)}$$

$$=\frac{c(a+b)(ab+bc+ca)-c^2(a^2+ab+b^2)}{(a^2+ab+b^2)[a^2+ab+b^2+c(a+b)]}$$

$$=\frac{c(a+b+c)}{(a^2+ab+b^2)[a^2+ab+b^2+c(a+b)]}\geqslant 0.$$

我们只需要证明

$$\sqrt{\frac{(a+c)(b+c)}{(a+c)^2+(a+c)(b+c)+(b+c)^2}}+\sqrt{\frac{a+c}{b+c}}+\sqrt{\frac{b+c}{a+c}}\geqslant 2+\frac{1}{\sqrt{3}}.$$

令 $\sqrt{\dfrac{a+c}{b+c}}+\sqrt{\dfrac{b+c}{a+c}}=t\geqslant 2$,不等式变为

$$\frac{1}{\sqrt{t^2-1}}+t\geqslant 2+\frac{1}{\sqrt{3}},$$

即

$$(t-2)\left[1-\frac{t+2}{\sqrt{3(t^2-1)}(\sqrt{t^2-1}+\sqrt{3})}\right]\geqslant 0.$$

这对 $t\geqslant 2$ 是显然成立的. 当 a,b,c 中有一个为 0,两个为 1 的时候等号成立. $\square$

37. 设正实数 a, b, c 满足 $a + b + c = 3$,证明:

$$\frac{a}{b} + \frac{b}{c} + \frac{c}{a} \geq \frac{12}{3abc + 1}.$$

证 令 $a + b + c = 3u, ab + ac + bc = 3v^2, abc = w^3, 1 = u^2 \geq v^2$,那么我们有

$$2(a^2b + b^2c + c^2a)$$
$$= \sum_{cyc} ab(a + b) + \sum_{cyc} ab(a - b)$$
$$= 9uv^2 - 3w^3 - (a - b)(b - c)(c - a)$$
$$\geq 9uv^2 - 3w^3 - \sqrt{(a - b)^2(b - c)^2(c - a)^2}$$
$$= 9v^2 - 3w^3 - 3\sqrt{12(u^2 - v^2)^3 - 3[w^3 - (3uv^2 - 2u^3)]^2}.$$

因此只需要证明

$$9v^2 - 3w^3 - \frac{24w^3}{3w^3 + 1} \geq 3\sqrt{12(u^2 - v^2)^3 - 3[w^3 - (3uv^2 - 2u^3)]^2},$$

即

$$3v^2 - \frac{3w^3(w^3 + 3)}{3w^3 + 1} \geq \sqrt{12(1 - v^2)^3 - 3[w^3 - (3v^2 - 2)]^2}. \quad (1)$$

我们将证明

$$3v^2 - \frac{3w^3(w^3 + 3)}{3w^3 + 1} \geq 0.$$

利用不等式

$$(ab + bc + ca)^2 \geq 3abc(a + b + c),$$

我们得到 $v^4 \geq w^3$,将此不等式改写为

$$v^4 - \frac{w^6(w^3 + 3)^2}{(3w^3 + 1)^2} \geq 0,$$

只需要证明

$$w^3 - \frac{w^6(w^3 + 3)^2}{(3w^3 + 1)^2} \geq 0 \Leftrightarrow w^3(1 - w^3)^3 \geq 0,$$

由 AM-GM 不等式可得 $w^3 \leqslant 1$, 上述不等式成立.

回到原问题, 将不等式 (1) 两边平方, 我们得到

$$9v^4 - \frac{18v^2w^3(w^3+3)}{3w^3+1} + \frac{9w^6(w^3+3)^2}{(3w^3+1)^2}$$

$$\geqslant -3(w^6 + 9v^4 + 4 - 6v^2w^3 - 12v^2 + 4w^3) + 12(1 - 3v^2 + 3v^4 - v^6),$$

即

$$3v^4 - \frac{6v^2w^3(w^3+3)}{3w^3+1} + \frac{3w^6(w^3+3)^2}{(3w^3+1)^2} \geqslant -4v^6 + 3v^4 + 6v^2w^3 - w^6 - 4w^3,$$

也即

$$4v^6 + \frac{4w^3(w^3+1)(3w^6+12w^3+1)}{(3w^3+1)^2} \geqslant \frac{24v^2w^3(w^3+1)}{3w^3+1}. \qquad (2)$$

由 AM-GM 不等式可得

$$3w^6 + 12w^3 + 1 = (3w^6 + 4w^3 + 1) + 8w^3 \geqslant 2\sqrt{8w^3(w^3+1)(3w^3+1)}.$$

因此, 再次利用 AM-GM 不等式, 我们有

$$4v^6 + \frac{4w^3(w^3+1)(3w^6+12w^3+1)}{(3w^3+1)^2}$$

$$\geqslant 4v^6 + 2 \cdot \frac{4w^3(w^3+1)\sqrt{8w^3(w^3+1)(3w^3+1)}}{(3w^3+1)^2}$$

$$\geqslant 3\sqrt[3]{4v^6 \cdot \frac{4^2w^6(w^3+1)^2 \cdot 8w^3(w^3+1)(3w^3+1)}{(3w^3+1)^4}}$$

$$= \frac{24v^2w^3(w^3+1)}{3w^3+1}.$$

因此不等式 (2) 得证. □

38. (Marius Stănean, Mathematical Reflections) 设非负实数 a, b, c 满足条件 $\dfrac{a}{b+c} \geqslant 2$, 证明:

$$5\left(\frac{a}{b+c} + \frac{b}{c+a} + \frac{c}{a+b} \right) \geqslant \frac{a^2+b^2+c^2}{ab+bc+ca} + 10.$$

证 由于不等式是齐次的, 我们可以假定 $a+b+c=3$, 这意味着 $a \geqslant 2$ 且 $b+c \leqslant 1$. 记 $q=ab+bc+ca, r=abc$, 由 AM-GM 不等式, 我们有

$$q = a(b+c) + bc \leqslant a(3-a) + \frac{(b+c)^2}{4} = \frac{9+6a-3a^2}{4} \leqslant \frac{9}{4}. \quad (1)$$

此外,

$$q = a(b+c) + bc \leqslant a(3-a) + \frac{abc}{2} = a(3-a) + \frac{r}{2}$$
$$= 2 - (a-2)(a-1) + \frac{r}{2} \leqslant 2 + \frac{r}{2},$$

所以

$$r \geqslant 2(q-2). \quad (2)$$

我们将此不等式写成 q, r 的形式. 利用等式

$$(a+b)(b+c)(c+a) = (a+b+c)(ab+bc+ca) - abc,$$

我们需要证明

$$5\left(\frac{a+b+c}{b+c} - 1 + \frac{a+b+c}{b+c} - 1 + \frac{a+b+c}{b+c} - 1\right) \geqslant \frac{a^2+b^2+c^2}{ab+bc+ca} + 10,$$

此不等式可以依次等价于

$$15\left(\frac{1}{b+c} + \frac{1}{c+a} + \frac{1}{a+b}\right) - 15 \geqslant \frac{9-2q}{q} + 10,$$
$$\frac{15(a^2+b^2+c^2+3ab+3bc+3ca)}{(a+b)(b+c)(c+a)} \geqslant \frac{9}{q} + 23,$$
$$\frac{15(9+q)}{3q-r} \geqslant \frac{9+23q}{q},$$
$$3q - r \leqslant \frac{15q(9+q)}{9+23q},$$
$$r \geqslant \frac{54q(q-2)}{9+23q}.$$

如果 $q \leqslant 2$, 那么不等式是显然成立的. 否则 $q > 2$, 由式 (2), 我们需要证明

$$2(q-2) \geqslant \frac{54q(q-2)}{9+23q},$$

即

$$9 + 23q \geqslant 27q \Leftrightarrow q \leqslant \frac{9}{4},$$

这由式 (1) 可知是成立的.

等号成立时, $r = 0, q = 2$, 这意味着 $a = 2, \{b, c\} = \{0, 1\}$; 或 $q = \frac{9}{4}, r = \frac{1}{2}$, 这意味着 $a = 2, b = c = \frac{1}{2}$. □

39. (Marius Stănean, Mathematical Reflections) 设非负实数 a, b, c 满足条件 $\frac{a}{b + c} \geqslant 2$, 证明:

$$(ab + bc + ca)\left[\frac{1}{(a + b)^2} + \frac{1}{(b + c)^2} + \frac{1}{(c + a)^2}\right] \geqslant \frac{49}{18}.$$

证 由于不等式是齐次的, 我们可以假定 $a + b + c = 3$, 这意味着 $a \geqslant 2$ 且 $b + c \leqslant 1$. 记 $q = ab + bc + ca, r = abc$, 我们有

$$q = a(b + c) + bc \leqslant a(3 - a) + \frac{abc}{2} = a + a(2 - a) + \frac{r}{2}$$
$$= 2 + a - 2 + a(2 - a) + \frac{r}{2} = 2 - (a - 2)(a - 1) + \frac{r}{2}$$
$$\leqslant 2 + \frac{r}{2},$$

所以

$$r \geqslant 2(q - 2). \tag{1}$$

我们将此不等式写成 q 和 r 的形式. 利用等式

$$(a + b)(b + c)(c + a) = (a + b + c)(ab + bc + ca) - abc,$$

我们需要证明

$$\frac{q \sum\limits_{\text{cyc}} (a^2 + q)^2}{(3q - r)^2} \geqslant \frac{49}{18},$$

这可以依次等价于

$$\frac{q(a^4 + b^4 + c^4 + 18q - 4q^2 + 3q^2)}{(3q - r)^2} \geqslant \frac{49}{18},$$

239

$$\frac{q\left[(9-2q)^2 - 2q^2 + 12r + 18q - q^2\right]}{(3q-r)^2} \geqslant \frac{49}{18},$$

$$\frac{q\left[(9-q)^2 + 12r\right]}{(3q-r)^2} \geqslant \frac{49}{18}.$$

我们有两种情形:

1. 如果 $q \leqslant 2$, 我们有

$$\frac{q\left[(9-q)^2 + 12r\right]}{(3q-r)^2} \geqslant \frac{q(9-q)^2}{(3q)^2} = \frac{(9-q)^2}{9q} \geqslant \frac{(9-2)^2}{18} = \frac{49}{18}.$$

2. 如果 $q \geqslant 2$, 由式 (1), 我们有

$$\frac{q\left[(9-q)^2 + 12r\right]}{(3q-r)^2} - \frac{49}{18} \geqslant \frac{q\left[(9-q)^2 + 24q - 48\right]}{(q+4)^2} - \frac{49}{18}$$

$$= \frac{(q-2)(18q^2 + 95q + 392)}{18(q+4)^2} \geqslant 0.$$

等号成立当且仅当 $r = 0, q = 2$, 即 $a = 2, \{b, c\} = \{0, 1\}$. $\square$

40. (Nguyen Viet Hung, Mathematical Reflections) 设 a, b, c 为正实数, 证明:

$$\frac{1}{a} + \frac{1}{b} + \frac{1}{c} + \frac{9(a+b+c)}{ab+bc+ca} \geqslant 8\left(\frac{a}{a^2+bc} + \frac{b}{b^2+ca} + \frac{c}{c^2+ab}\right).$$

证 由 Cauchy-Schwarz 不等式, 我们有

$$\frac{a}{a^2+bc} = \frac{ac}{(c+b)(a^2+bc)} + \frac{ab}{(b+c)(a^2+bc)}$$

$$\leqslant \frac{ac}{\left(a\sqrt{c} + \sqrt{b}\sqrt{bc}\right)^2} + \frac{ab}{\left(a\sqrt{b} + \sqrt{c}\sqrt{bc}\right)^2}$$

$$= \frac{a}{(a+b)^2} + \frac{a}{(a+c)^2},$$

将此式及其类似的两个式子相加, 我们得到

$$\frac{a}{a^2+bc} + \frac{b}{b^2+ca} + \frac{c}{c^2+ab} \leqslant \frac{1}{a+b} + \frac{1}{b+c} + \frac{1}{c+a}.$$

因此,只需要证明

$$\frac{1}{a} + \frac{1}{b} + \frac{1}{c} + \frac{9(a+b+c)}{ab+bc+ca} \geq \frac{8}{a+b} + \frac{8}{b+c} + \frac{8}{c+a},$$

即

$$\frac{ab+bc+ca}{abc} + \frac{9(a+b+c)}{ab+bc+ca} \geq \frac{8(a^2+b^2+c^2+3ab+3bc+3ca)}{(a+b)(b+c)(c+a)}.$$

由 $a+b+c=3$,我们令

$$ab+bc+ca = 3(1-t^2), t \in [0,1),$$

我们需要证明

$$\frac{3(1-t^2)}{abc} + \frac{9}{1-t^2} \geq \frac{8(12-3t^2)}{9(1-t^2)-abc},$$

利用引理 3,即 $abc \leq (1+2t)(1-t)^2$,

$$\frac{1+t}{(1+2t)(1-t)} + \frac{3}{(1-t)(1+t)} \geq \frac{8(2-t)(2+t)}{(1-t)(9+9t-1-t+2t^2)},$$

即

$$\frac{1+t}{1+2t} + \frac{3}{1+t} \geq \frac{4(2-t)}{t+2},$$

也即

$$\frac{3t^2(3t+2)}{(1+t)(1+2t)(t+2)} \geq 0,$$

这是显然成立的. 等号成立时 $t=0$,即 $a=b=c$.　□

41. 设正实数 a,b,c,d 满足 $a+b+c+d=4$,证明:

$$2(ab+cd) + \frac{1}{a^2b^2} + \frac{1}{c^2d^2} \geq \frac{24}{(a+b)(c+d)}.$$

证　我们考虑函数 $f:(0,\infty) \mapsto (0,\infty), f(x)=2x+\frac{1}{x^2}$. 函数 f 在 $(0,1)$ 上单调递增,在 $[1,+\infty)$ 上单调递减,因为

$$\frac{f(x)-f(y)}{x-y} = 2 - \frac{1}{x^2y} - \frac{1}{xy^2},$$

那么当 $x, y \in (0, 1)$ 时，

$$\frac{f(x) - f(y)}{x - y} < 0,$$

而当 $x, y \in [1, +\infty)$ 时，

$$\frac{f(x) - f(y)}{x - y} > 0.$$

此外，由 AM-GM 不等式，我们有

$$4ab(c + d) \leqslant (a + b)^2(c + d) \leqslant (a + b)\left(\frac{a + b + c + d}{2}\right)^2 = 4(a + b),$$

所以

$$ab(c + d) \leqslant a + b \Leftrightarrow ab \leqslant \frac{a + b}{c + d},$$

类似的还有

$$cd \leqslant \frac{c + d}{a + b}.$$

注意到 $\dfrac{a + b}{c + d}, \dfrac{c + d}{a + b}$ 中有一个不大于 1，我们假定 $\dfrac{a + b}{c + d} \leqslant 1$，那么 $ab \leqslant \dfrac{a + b}{c + d} \leqslant 1$ 意味着

$$2ab + \frac{1}{a^2b^2} \geqslant 2 \cdot \frac{a + b}{c + d} + \frac{(c + d)^2}{(a + b)^2},$$

由 AM-GM 不等式可得

$$2cd + \frac{1}{c^2d^2} = cd + cd + \frac{1}{c^2d^2} \geqslant 3\sqrt[3]{cd \cdot cd \cdot \frac{1}{c^2d^2}} = 3.$$

所以，只需要证明

$$2 \cdot \frac{a + b}{c + d} + \frac{(c + d)^2}{(a + b)^2} + 3 \geqslant \frac{24}{(a + b)(c + d)}.$$

记 $t = \dfrac{a + b}{c + d} \leqslant 1$，所以 $a + b = \dfrac{4t}{t + 1}$ 且 $c + d = \dfrac{4}{t + 1}$.

那么上述不等式可以依次改写为

$$\frac{16t}{(t+1)^2}\left(2t + \frac{1}{t^2} + 3\right) \geq 24,$$

$$2(2t^3 + 3t^2 + 1) \geq 3t(t+1)^2,$$

$$t^3 - 3t + 2 \geq 0 \Leftrightarrow (t-1)^2(t+2) \geq 0,$$

得证,且等号当 $a = b = c = d = 1$ 时成立.　　　　　　　□

42. (Kolmogorov Olympiad 2013) 设 a, b, c, d 为正实数,证明:

$$\frac{1}{(a+b)^2} + \frac{1}{(b+c)^2} + \frac{1}{(c+d)^2} + \frac{1}{(d+a)^2} \geq \frac{2}{ac+bd}.$$

证　由 Cauchy-Schwarz 不等式,我们得到

$$(ac + bd)\left(\frac{a}{c} + \frac{b}{d}\right) \geq (a+b)^2,$$

$$(bd + ac)\left(\frac{b}{d} + \frac{c}{a}\right) \geq (b+c)^2,$$

$$(ac + bd)\left(\frac{c}{a} + \frac{d}{b}\right) \geq (c+d)^2,$$

$$(bd + ac)\left(\frac{d}{b} + \frac{a}{c}\right) \geq (d+a)^2.$$

由此结合 AM-GM 不等式可得

$$\frac{1}{(a+b)^2} + \frac{1}{(b+c)^2} + \frac{1}{(c+d)^2} + \frac{1}{(d+a)^2}$$

$$\geq \frac{1}{ac+bd}\left(\frac{1}{\frac{a}{c} + \frac{b}{d}} + \frac{1}{\frac{b}{d} + \frac{c}{a}} + \frac{1}{\frac{c}{a} + \frac{d}{b}} + \frac{1}{\frac{d}{b} + \frac{a}{c}}\right)$$

$$= \frac{1}{ac+bd}\left(\frac{ab+cd}{ad+bc} + \frac{ad+bc}{ab+cd}\right)$$

$$\geq \frac{1}{ac+bd} \cdot 2\sqrt{\frac{ab+cd}{ad+bc} \cdot \frac{ad+bc}{ab+cd}} = \frac{2}{ac+bd}.$$

等号成立时, $a = b = c = d$.　　　　　　　　　　　　□

43. (China) 设非负实数 a, b, c, d 满足 $a + b + c + d = 1$, 证明:

$$ab + ac + ad + bc + bd + cd + 48abcd \geq 9(abc + abd + acd + bcd).$$

证 不失一般性, 我们可以假定

$$a = \min\{a, b, c, d\}, b = a + x, c = a + y \, d = a + z, x, y, z \geq 0.$$

我们将原不等式齐次化, 并将之写为

$$\left(\sum_{\text{sym}} ab\right)\left(\sum_{\text{cyc}} a\right)^2 + 48abcd - 9\left(\sum_{\text{cyc}} abc\right)\left(\sum_{\text{cyc}} a\right) \geq 0. \qquad (1)$$

但

$$(ab + ac + ad + bc + bd + cd)(a + b + c + d)^2$$

$$= \left[6a^2 + 3a\sum_{\text{cyc}} x + \sum_{\text{cyc}} xy\right]\left[16a^2 + 8a\sum_{\text{cyc}} x + \left(\sum_{\text{cyc}} x\right)^2\right]$$

$$= 96a^5 + 96a^3\sum_{\text{cyc}} x + a^2\left[16\sum_{\text{cyc}} xy + 30\left(\sum_{\text{cyc}} x\right)^2\right] +$$

$$a\sum_{\text{cyc}} x\left[3\left(\sum_{\text{cyc}} x\right)^2 + 8\sum_{\text{cyc}} xy\right] + \left(\sum_{\text{cyc}} x\right)^2\sum_{\text{cyc}} xy,$$

$$abcd = a^4 + a^3(x + y + z) + a^2(xy + yz + zx) + axyz,$$

$$(abc + abd + acd + bcd)(a + b + c + d)$$
$$= \left[4a^3 + 3a^2(x + y + z) + 2a(xy + yz + zx) + xyz\right](4a + x + y + z)$$
$$= 16a^4 + 16a^3(x + y + z) + a^2\left[3(x + y + z)^2 + 8(xy + yz + zx)\right] +$$
$$2a[(x + y + z)(xy + yz + zx) + 2xyz] + xyz(x + y + z).$$

因此, 不等式 (1) 变为

$$\sum_{\text{cyc}}(3x^2 - 2xy)a^2 + \sum_{\text{cyc}}(3x^3 - x^2y - x^2z)a +$$

$$\left(\sum_{\mathrm{cyc}} x\right)^2 \sum_{\mathrm{cyc}} xy - 9xyz \sum_{\mathrm{cyc}} x \geqslant 0,$$

这是成立的, 因为

$$\sum_{\mathrm{cyc}}(3x^2 - 2xy) = (x-y)^2 + (y-z)^2 + (z-x)^2 + x^2 + y^2 + z^2 \geqslant 0,$$

$$\sum_{\mathrm{cyc}}(3x^3 - x^2 y - x^2 z) = 3(x^3 + y^3 + z^3) - \sum_{\mathrm{cyc}} xy(x+y)$$

$$= x^3 + y^3 + z^3 + \sum_{\mathrm{cyc}}(x+y)(x-y)^2 \geqslant 0,$$

且

$$(x+y+z)(xy+yz+zx) - 9xyz = x(y-z)^2 + y(z-x)^2 + z(x-y)^2 \geqslant 0.$$

等号当 $x = y = z = 0$, 即 $a = b = c = d = \dfrac{1}{4}$ 时成立. $\qquad\square$

44. 设非负实数 a, b, c, d 不全相等, 且满足 $a^2 + b^2 + c^2 + d^2 = 4$, 证明:

$$\frac{2}{\sqrt{3}} \leqslant \frac{a^3 + b^3 + c^3 + d^3 - 4}{4 - a - b - c - d} \leqslant \frac{7}{2}.$$

证　消去分母, 我们得到不等式

$$a^3 + b^3 + c^3 + d^3 + \frac{2}{\sqrt{3}}(a+b+c+d) \geqslant 4 + \frac{8}{\sqrt{3}}$$

和

$$a^3 + b^3 + c^3 + d^3 + \frac{7}{2}(a+b+c+d) \leqslant 18.$$

通过齐次化, 这两个不等式可以改写为

$$a^3 + b^3 + c^3 + d^3 + \frac{1}{2\sqrt{3}} \sum_{\mathrm{cyc}} a \sum_{\mathrm{cyc}} a^2 \geqslant \left(\frac{1}{2} + \frac{1}{\sqrt{3}}\right)\sqrt{(a^2 + b^2 + c^2 + d^2)^3}$$

和

$$a^3 + b^3 + c^3 + d^3 + \frac{7}{8} \sum_{\mathrm{cyc}} a \sum_{\mathrm{cyc}} a^2 \leqslant \frac{9}{4}\sqrt{(a^2 + b^2 + c^2 + d^2)^3}.$$

现在利用条件 $a+b+c+d=4$,令

$$\sum_{cyc} ab = 6(1-t^2), t \in [0,1].$$

因为 $\sum_{cyc} ab \leqslant 6 \Leftrightarrow \sum_{cyc} (a-b)^2 \geqslant 0$,所以 $a^2+b^2+c^2+d^2=4(1+3t^2)$,原来的两个不等式可以改写为

$$a^3+b^3+c^3+d^3+\frac{8(1+3t^2)}{\sqrt{3}} \geqslant \left(4+\frac{8}{\sqrt{3}}\right)(1+3t^2)\sqrt{1+3t^2}, \quad (1)$$

和

$$a^3+b^3+c^3+d^3+14(1+3t^2) \leqslant 18(1+3t^2)\sqrt{1+3t^2}. \quad (2)$$

我们先来证明不等式 (1). 由于 $a,b,c,d \geqslant 0$,我们有两种情形:

1. 如果 $t \in \left[0, \dfrac{1}{3}\right]$,由引理 8,我们有

$$\sum_{cyc} a^3 \geqslant 4(1+9t^2-6t^3).$$

所以只需要证明

$$1+9t^2-6t^3+\frac{2(1+3t^2)}{\sqrt{3}} \geqslant \left(1+\frac{2}{\sqrt{3}}\right)(1+3t^2)\sqrt{1+3t^2},$$

将不等式的两边平方以后展开,我们得到

$$t^2(1-3t)\left(12\sqrt{3}t^3+9t^3+12\sqrt{3}t^2+39t^2+4\sqrt{3}t+3t+4\sqrt{3}+5\right) \geqslant 0,$$

这是显然成立的.

2. 如果 $t \in \left[\dfrac{1}{3}, 1\right]$,那么由 Cauchy-Schwarz 不等式有

$$\sum_{cyc} a^3 \sum_{cyc} a \geqslant \left(\sum_{cyc} a^2\right)^2,$$

这意味着

$$\sum_{\text{cyc}} a^3 \geqslant 4(1 + 3t^2)^2.$$

我们需要证明

$$(1 + 3t^2)^2 + \frac{2(1 + 3t^2)}{\sqrt{3}} \geqslant \left(1 + \frac{2}{\sqrt{3}}\right)(1 + 3t^2)\sqrt{1 + 3t^2},$$

即

$$1 + 3t^2 + \frac{2}{\sqrt{3}} \geqslant \left(1 + \frac{2}{\sqrt{3}}\right)\sqrt{1 + 3t^2},$$

将不等式两边平方以后展开,我们得到

$$t^2(3t - 1)(3t + 1) \geqslant 0,$$

这是显然成立的.

现在,我们来证明不等式 (2). 由引理 8,我们有

$$\sum_{\text{cyc}} a^3 \leqslant 4(1 + 9t^2 + 6t^3).$$

所以我们需要证明

$$2(1 + 9t^2 + 6t^3) + 7(1 + 3t^2) \leqslant 9(1 + 3t^2)\sqrt{1 + 3t^2}.$$

将两边平方然后展开,我们得到

$$(4t^3 + 13t^2 + 3)^2 \leqslant 9(1 + 3t^2)^3,$$

即

$$t^2(227t^4 - 104t^3 + 74t^2 - 24t + 3) \geqslant 0,$$

这是成立的,因为 $48t^2 - 24t + 3 = 3(4t - 1)^2 \geqslant 0$,且

$$227t^4 + 26t^2 \geqslant 2\sqrt{227 \cdot 26}\, t^3 \geqslant 104t^3.$$

式 (1) 中的等号成立时,

$$t = 0 \Rightarrow a = b = c = d = 1, \text{或} t = \frac{1}{3} \Rightarrow a = 0, b = c = d = \frac{4}{3}$$

只有第二种情形能得到原不等式中的下界. 而在不等式 (2) 中等号成立时,

$$t = 0 \Rightarrow a = b = c = d = 1,$$

因此原不等式的上界取不到. □

45. (AoPS) 设实数 a, b, c, d 满足 $a^2 + b^2 + c^2 + d^2 = 4$, 证明:

$$3(a^4 + b^4 + c^4 + d^4) + 4(a + b + c + d)^2 \leq 76.$$

证 注意到如果此不等式对四元组 (a, b, c, d) 成立, 那么它也同样对四元组 $(-a, -b, -c, -d)$ 成立. 我们只需要证明

$$f(a, b, c, d) = 3(a^4 + b^4 + c^4 + d^4) + 4(a + b + c + d)^2 \leq 76.$$

但

$$f(|a|, |b|, |c|, |d|) - f(a, b, c, d)$$
$$= 4(|a| + |b| + |c| + |d| + a + b + c + d) \cdot$$
$$(|a| + |b| + |c| + |d| - a - b - c - d) \geq 0.$$

所以, 只需要对 $a, b, c, d \geq 0$ 证明原不等式即可.

首先将不等式齐次化, 可得

$$12(a^4 + b^4 + c^4 + d^4) + 4(a + b + c + d)^2(a^2 + b^2 + c^2 + d^2)$$
$$\leq 19(a^2 + b^2 + c^2 + d^2)^2.$$

我们可以假定 $a + b + c + d = 4$, 为了计算的方便, 记

$$6p = \sum_{\text{sym}} ab, \quad 4q = \sum_{\text{cyc}} abc, \quad r = abcd.$$

我们有

$$\sum_{\text{cyc}} a^2 = 16 - 12p,$$

$$\sum_{\text{cyc}} a^3 = 4 \sum_{\text{cyc}} a^2 - 24p + 12q = 64 - 72p + 12q,$$

$$\sum_{\text{cyc}} a^4 = 4 \sum_{\text{cyc}} a^3 - 6p \sum_{\text{cyc}} a^2 + 16q - 4r$$
$$= 4(64 - 96p + 18p^2 + 16q - r).$$

因此不等式可以改写为

$$40p - 39p^2 + 16q - r \leqslant 16. \tag{1}$$

下面我们作一个代换消掉含 q 的项. 令

$$a = 4 - 3x, b = 4 - 3y, c = 4 - 3z, d = 4 - 3t,$$

其中 $x, y, z, t \in \left[0, \dfrac{4}{3}\right]$,且 $x + y + z + t = 4$.

如上所述,记

$$6p' = \sum_{\text{sym}} xy, 4q' = \sum_{\text{cyc}} xyz, r' = xyzt.$$

我们有

$$6p = \sum_{\text{sym}} (4 - 3x)(4 - 3y) = 9 \sum_{\text{sym}} xy - 48 = 54p' - 48,$$

所以

$$p = 9p' - 8,$$
$$4q = \sum_{\text{cyc}} (4 - 3x)(4 - 3y)(4 - 3z) = -320 + 72 \sum_{\text{sym}} xy - 27 \sum_{\text{cyc}} xyz.$$

于是

$$q = -80 + 108p' - 27q',$$

且

$$r = (4 - 3x)(4 - 3y)(4 - 3z)(4 - 3t)$$
$$= -512 + 144 \sum_{\text{sym}} xy - 108 \sum_{\text{cyc}} xyz + 81xyzt$$
$$= -512 + 864p' - 432q' + 81r'.$$

不等式 (1) 变为

$$351p'^2 - 760p' + 400 + 9r' \geqslant 0. \tag{2}$$

令 $p' = 1 - u^2, u \in [0, 1)$,那么不等式 (2) 等价于

$$9r' + 351u^4 + 58u^2 \geqslant 9. \tag{3}$$

如果 $u \geqslant \dfrac{1}{3}$,那么不等式 (3) 是成立的,因为

$$351u^4 + 58u^2 \geqslant \frac{351}{81} + \frac{58}{9} > 9.$$

如果 $u \leqslant \dfrac{1}{3}$,由引理 6,我们有

$$r' \geqslant (1 - 3u)(1 + u)^3.$$

所以,要证明不等式 (3),只需要证明

$$9(1 - 3u)(1 + u)^3 + 351u^4 + 58u^2 \geqslant 9 \Leftrightarrow 4u^2(9u - 1)^2 \geqslant 0,$$

这是显然成立的. 等号成立时,$u = 0$,这意味着 $x = y = z = t = 1 \Rightarrow a = b = c = d = 1$;或者 $u = \dfrac{1}{9}$,这意味着 $x = \dfrac{2}{3} \Rightarrow a = 2$,且 $y = z = t = \dfrac{10}{9} \Rightarrow b = c = d = \dfrac{2}{3}$,以及这些值的轮换. 其他情形还有 $a = b = c = d = -1$ 和 $a = -2, b = c = d = -\dfrac{2}{3}$,以及这些值的轮换. $\qquad\square$

46. 设非负实数 a, b, c, d 满足 $a + b + c + d = 4$,证明:

$$abcd(a^2 + b^2 + c^2 + d^2) \leqslant 4.$$

证法一 由引理 6,我们有

$$a^2 + b^2 + c^2 + d^2 = 16 - 2\sum_{\text{cyc}} ab = 16 - 12(1 - t^2) = 4(1 + 3t^2),$$

且

$$abcd \leqslant (1 + 3t)(1 - t)^3, t \in [0, 1).$$

所以,只需要证明

$$(1 + 3t)(1 + 3t^2)(1 - t)^3 \leqslant 1,$$

即

$$-t^2(9t^4 - 24t^3 + 21t^2 - 8t + 3) \leqslant 0,$$

这是成立的,因为

$$9t^4 - 24t^3 + 15t^2 \geqslant 0 \Leftrightarrow 3t^2(t - 1)(3t - 5) \geqslant 0,$$

且

$$6t^2 + 3 \geqslant 2\sqrt{6t^2 \cdot 3} = 6\sqrt{2}t \geqslant 8t.$$

等号成立时, $t = 0$, 这意味着 $a = b = c = d = 1$.

证法二 令

$$a + b + c + d = 4u, ab + ac + bc + ad + bd + cd = 6v^2,$$
$$abc + abd + acd + bcd = 4w^3, abcd = t^4,$$

其中 $u, v, w, t \geqslant 0$. 不等式可以改写为

$$t^4(16u^2 - 12v^2) \leqslant 4 \Leftrightarrow t^4(4u^2 - 3v^2) \leqslant u^6.$$

由 AM-GM 不等式,我们有

$$abc + bcd + cda + dab \geqslant 4\sqrt[4]{a^3b^3c^3d^3} \Leftrightarrow 4w^3 \geqslant 4\sqrt[4]{t^{12}} \Leftrightarrow w \geqslant t.$$

只需要证明

$$u^6 \geqslant w^4(4u^2 - 3v^2).$$

我们考虑多项式 $P : \mathbf{R} \mapsto \mathbf{R}$,

$$P(x) = (x - a)(x - b)(x - c)(x - d) = x^4 - 4ux^3 + 6v^2x^2 - 4w^3x + t^4.$$

由 Rolle 定理, P 的一阶导数 $P'(x)$ 有三个非负根. 设 $x, y, z \geqslant 0$ 是

$$P'(x) = 4(x^3 - 3ux^2 + 3v^2x - w^3)$$

的三个根,那么

$$x + y + z = 3u, xy + yz + zx = 3v^2, xyz = w^3.$$

由批注 7 (定理 3),我们有

$$w^3 \leqslant 3uv^2 - 2u^3 + 2\sqrt{(u^2 - v^2)^3}.$$

令 $q = \dfrac{v^2}{u^2} \leqslant 1$,我们需要证明

$$u^{18} \geqslant \left(3uv^2 - 2u^3 + 2\sqrt{(u^2 - v^2)^3}\right)^4 (4u^2 - 3v^2)^3,$$

即

$$1 \geqslant \left[3q - 2 + 2(1-q)\sqrt{1-q}\right]^4 (4 - 3q)^3.$$

记 $p^2 = 1 - q \in [0, 1]$,通过化简可知上面的不等式变为

$$1 \geqslant (1 - 3p^2 + 2p^3)^4 (1 + 3p^2)^3,$$

即

$$1 \geqslant (1 - p)^8 (1 + 2p)^4 (1 + 3p^2)^3. \tag{1}$$

由加权 AM-GM 不等式,我们有

$$
\begin{aligned}
(1 - p)^8 (1 + 2p)^4 (1 + 3p^2)^3 &= \left(1 - 3p^2 + 2p^3\right)^4 \left(1 + 3p^2\right)^3 \\
&\leqslant \left(\frac{4 - 12p^2 + 8p^3 + 3 + 9p^2}{7}\right)^7 \\
&= \left(\frac{7 - 3p^2 + 8p^3}{7}\right)^7 \leqslant 1, p \leqslant \frac{3}{8}.
\end{aligned}
$$

此外,

$$
\begin{aligned}
&(1 - p)^8 (1 + 2p)^4 (1 + 3p^2)^3 \\
&= (1 - p)\left[(1 - p)^4 (1 + 2p)^4\right]\left[(1 - p)^3 (1 + 3p^2)^3\right] \\
&= (1 - p)(1 + p - 2p^2)^4 (1 - p + 3p^2 - 3p^3)^3 \\
&\leqslant \left(\frac{1 - p + 4 + 4p - 8p^2 + 3 - 3p + 9p^2 - 9p^3}{8}\right)^8
\end{aligned}
$$

$$= \left(\frac{8 + p^2 - 9p^3}{8} \right)^8 \leqslant 1, \ p \geqslant \frac{1}{9}.$$

因此，不等式 (1) 对任意 $p \in [0, 1]$ 都成立，因此原不等式得证. □

47.（Olympic Revenge 2013）设 a, b, c, d 为非负实数，且满足

$$ab + ac + ad + bc + bd + cd = 6,$$

证明：

$$\frac{1}{a^2 + 1} + \frac{1}{b^2 + 1} + \frac{1}{c^2 + 1} + \frac{1}{d^2 + 1} \geqslant 2.$$

证　由 Cauchy-Schwarz 不等式有

$$\sum_{\text{cyc}} \frac{1}{a^2 + 1} = \sum_{\text{cyc}} \frac{(bc + bd + cd)^2}{(a^2 + 1)(bc + bd + cd)^2}$$

$$\geqslant \frac{\left(2 \sum\limits_{\text{sym}} ab \right)^2}{\sum\limits_{\text{cyc}} (a^2 + 1)(bc + bd + cd)^2}.$$

现在只需要证明

$$2 \left(\sum_{\text{sym}} ab \right)^2 \geqslant \sum_{\text{cyc}} (a^2 + 1)(bc + bd + cd)^2,$$

展开以后得到

$$2 \sum_{\text{sym}} a^2 bc + 12 abcd \geqslant 3 \sum_{\text{cyc}} a^2 b^2 c^2 + 4 \sum_{\text{sym}} a^2 b^2 cd.$$

将上述不等式写成齐次式

$$\left(\sum_{\text{sym}} ab \right) \left(\sum_{\text{sym}} a^2 bc + 6 abcd \right) \geqslant 9 \sum_{\text{cyc}} a^2 b^2 c^2 + 12 \sum_{\text{sym}} a^2 b^2 cd,$$

即

$$\sum_{\text{sym}} a^3 b^2 c + 3 \sum_{\text{cyc}} a^3 bcd \geqslant 6 \sum_{\text{cyc}} a^2 b^2 c^2 + 2 \sum_{\text{sym}} a^2 b^2 cd,$$

也即

$$2[(3,2,1,0)] + [(3,1,1,1)] \geqslant 2[(2,2,2,0)] + [(2,2,1,1)],$$

这由 Muirhead 不等式

$$[(3,2,1,0)] \geqslant [(2,2,2,0)], [(3,1,1,1)] \geqslant [(2,2,1,1)]$$

可知是成立的. □

48.（Vasile Cîrtoaje）设正实数 a,b,c,d 满足 $a^2 + b^2 + c^2 + d^2 = 4$,证明:

$$(a + b + c + d - 2)\left(\frac{1}{a} + \frac{1}{b} + \frac{1}{c} + \frac{1}{d} + \frac{1}{2}\right) \geqslant 9.$$

证 将不等式写成齐次式

$$\left(\sum_{\text{cyc}} a - \sqrt{a^2 + b^2 + c^2 + d^2}\right)\left(\sum_{\text{cyc}} \frac{1}{a} + \frac{1}{\sqrt{a^2 + b^2 + c^2 + d^2}}\right) \geqslant 9.$$

现在,我们可以假定 $a + b + c + d = 4$. 我们有两种情形:

1. 如果 $a^2 + b^2 + c^2 + d^2 = 4$,那么 $a = b = c = d = 1$,不等式是显然成立的.

2. 如果 $a^2 + b^2 + c^2 + d^2 > 4$,令 $a^2 + b^2 + c^2 + d^2 = 4 + 12t^2$,其中 $0 < t < 1$,那么由引理 7,我们有

$$\frac{1}{a} + \frac{1}{b} + \frac{1}{c} + \frac{1}{d} \geqslant \frac{4(1 + 2t)}{(1 + 3t)(1 - t)}.$$

所以,只需要证明

$$(4 - \sqrt{4 + 12t^2})\left[\frac{4(1 + 2t)}{(1 + 3t)(1 - t)} + \frac{1}{\sqrt{4 + 12t^2}}\right] \geqslant 9,$$

即

$$\frac{8(1 + 2t)}{(1 + 3t)(1 - t)} + \frac{1}{\sqrt{1 + 3t^2}} - \frac{4\sqrt{1 + 3t^2}(1 + 2t)}{(1 + 3t)(1 - t)} \geqslant 5,$$

也即

$$\frac{3 + 6t + 15t^2}{(1 + 3t)(1 - t)} \geqslant \frac{3 + 6t + 15t^2 + 24t^3}{\sqrt{1 + 3t^2}(1 + 3t)(1 - t)},$$

也即

$$(1 + 2t + 5t^2)\sqrt{1 + 3t^2} \geqslant 1 + 2t + 5t^2 + 8t^3,$$

也即

$$3(1 + 2t + 5t^2) \geqslant 8t(1 + \sqrt{1 + 3t^2}),$$

也即

$$(15t^2 - 2t + 3)^2 \geqslant 64t^2(1 + 3t^2),$$

也即

$$(t - 1)^2(11t^2 + 2t + 3) \geqslant 0,$$

这是显然成立的. □

49. (Marius Stǎnean，Mathematical Reflections) 设非负实数 a, b, c, d 满足

$$ab + ac + ad + bc + bd + cd = 6,$$

证明：

$$a + b + c + d + (3\sqrt{2} - 4)abcd \geqslant 3\sqrt{2}.$$

证法一　首先,我们将不等式齐次化,可得

$$(a + b + c + d)\sqrt{(ab + bc + cd + da + ac + bd)^3} +$$

$$12\sqrt{3}(3 - 2\sqrt{2})abcd$$

$$\geqslant (ab + bc + cd + da + ac + bd)^2\sqrt{3}.$$

现在可以假定 $a + b + c + d = 4$,且令 $\displaystyle\sum_{\text{sym}} ab = 6(1 - t^2), t \geqslant 0$,那么前面的不等式变为

$$24\sqrt{6}(1 - t^2)\sqrt{1 - t^2} + 12\sqrt{3}(3 - 2\sqrt{2})abcd \geqslant 36\sqrt{3}(1 - t^2)^2,$$

即

$$2\sqrt{2}(1 - t^2)\sqrt{1 - t^2} + (3 - 2\sqrt{2})abcd \geqslant 3(1 - t^2)^2. \tag{1}$$

如果 $t \geqslant \dfrac{1}{3}$, 那么不等式 (1) 是成立的, 因为

$$2\sqrt{2}(1-t^2)\sqrt{1-t^2} \geqslant 3(1-t^2)^2 \Leftrightarrow 2\sqrt{2} \geqslant 3\sqrt{1-t^2} \Leftrightarrow 9t^2 \geqslant 1.$$

如果 $t \leqslant \dfrac{1}{3}$, 由引理 6, 我们有

$$abcd \geqslant (1-3t)(1+t)^2.$$

因此, 要证明不等式 (1), 只需证明

$$2\sqrt{2}(1-t^2)\sqrt{1-t^2} + (3-2\sqrt{2})(1-3t)(t+1)^3 \geqslant 3(1-t^2)^2,$$

即

$$2\sqrt{2}(1-t)\sqrt{1-t} + (3-2\sqrt{2})(1-3t)(t+1)\sqrt{t+1} \geqslant 3(1-t)^2\sqrt{1+t},$$

也即

$$t^2(1-3t)\left(t^2 - \dfrac{4\sqrt{2}}{3}t + 1\right) \geqslant 0,$$

这是成立的. 且式 (1) 中的等号成立时, t=0, 这意味着 $a = b = c = d = 1$; 或者 $t = \dfrac{1}{3}$, 这意味着 a, b, c, d 中有一个为 0, 其他数等于 $\dfrac{4}{3}$. 那么原不等式中等号成立时, $a = b = c = d = 1$, 或者 a, b, c, d 中有一个为 0, 其余数等于 $\sqrt{2}$.

证法二 由 AM-GM 不等式, 我们有

$$6 = ab + ac + ad + bc + bd + cd \geqslant 6\sqrt[6]{a^3b^3c^3d^3} \Rightarrow abcd \leqslant 1.$$

进一步,

$$(3\sqrt{2}-4)abcd \leqslant 3\sqrt{2} - 4 < 3\sqrt{2}, \quad a^2b^2c^2d^2 \leqslant abcd.$$

现在, 我们的不等式可以依次改写成下面的等价形式:

$$a + b + c + d \geqslant 3\sqrt{2} - (3\sqrt{2}-4)abcd,$$

$$a^2 + b^2 + c^2 + d^2 + 12 \geqslant 18 + (34-24\sqrt{2})a^2b^2c^2d^2 - (36-24\sqrt{2})abcd.$$

由于我们有

$$(34 - 24\sqrt{2})(abcd - a^2b^2c^2d^2) \geqslant 0,$$

那么有

$$18 + (34 - 24\sqrt{2})a^2b^2c^2d^2 - (36 - 24\sqrt{2})abcd \leqslant 18 - 2abcd.$$

因此只需要证明

$$a^2 + b^2 + c^2 + d^2 + 12 \geqslant 18 - 2abcd,$$

即

$$a^2 + b^2 + c^2 + d^2 + 2abcd \geqslant 6,$$

也即

$$2abcd \geqslant ab + ac + ad + bc + bd + cd - (a^2 + b^2 + c^2 + d^2),$$

也即

$$12abcd \geqslant (ab + ac + ad + bc + bd + cd) \cdot$$
$$(ab + ac + ad + bc + bd - a^2 - b^2 - c^2 - d^2),$$

也即

$$\sum_{\text{cyc}} a(b^3 + c^3 + d^3) + 6abcd \geqslant \frac{1}{2}\sum_{\text{cyc}} a^2(b^2 + c^2 + d^2) + \sum_{\text{cyc}} abc(a + b + c).$$

由 Schur 不等式, 我们有

$$a(b^3 + c^3 + d^3 + 3bcd) \geqslant a[bc(b + c) + cd(c + d) + db(d + b)],$$

所以

$$\sum_{\text{cyc}} a(b^3 + c^3 + d^3) + 12abcd \geqslant 2\sum_{\text{cyc}} abc(a + b + c),$$

即

$$\frac{1}{2}\sum_{\text{cyc}} a(b^3 + c^3 + d^3) + 6abcd \geqslant \sum_{\text{cyc}} abc(a + b + c).$$

因此只需要证明

$$\frac{1}{2}\sum_{\text{cyc}}a(b^3+c^3+d^3) \geqslant \frac{1}{2}\sum_{\text{cyc}}a^2(b^2+c^2+d^2).$$

而这由 Muirhead 不等式 $[(3,1,0,0)] \geqslant [(2,2,0,0)]$ 即得. 等号成立时, $a=b=c=d=1$, 或 a,b,c,d 中有一个为 0, 其余数等于 $\sqrt{2}$. $\qquad\square$

50. (Marius Stǎnean, Mathematical Reflections) 设非负实数 a,b,c,d 满足

$$ab+ac+ad+bc+bd+cd=6,$$

证明:

$$a^4+b^4+c^4+d^4+8abcd \geqslant 12.$$

证法一 注意到只需要证明

$$(ab+bc+cd+da+ac+bd)^2 = 36 \leqslant 3(a^4+b^4+c^4+d^4)+24abcd.$$

定义

$$f(a,b,c,d) = 3(a^4+b^4+c^4+d^4)+24abcd-(ab+bc+cd+da+ac+bd)^2,$$

不失一般性, 我们可以假定 $a \geqslant b \geqslant c \geqslant d$, 只需要证明 $f(a,b,c,d) \geqslant 0$ 对 $a \geqslant b \geqslant c \geqslant d \geqslant 0$ 成立即可.

注意到如果我们定义 $x=a-c, y=b-c$, 使得 $x \geqslant y \geqslant 0$, 那么

$$\begin{aligned}
f(a,b,c,d)-f(c,c,c,d) = {}&6cd(c-d)(x+y)+5c(c-d)(x^2+y^2)+\\
&9c^2(x-y)^2+4c(c+2d)xy+\\
&d(c-d)(x+y)^2+6c(x^3+y^3)+\\
&6c(x+y)(x-y)^2+2(c-d)xy(x+y)+\\
&3(x^2-y^2)^2+5x^2y^2.
\end{aligned}$$

由于 $c-d \geqslant 0$, 右边的所有项都是非负的. 若最后一项要为零, 需要 $x^2y^2=0$, 而它的前一项为 0 要求 $x^2=y^2$. 当令 $x=y=0$ 时, 右边是恒为 0 的, 与 c,d 无关, 因此我们得到 $f(a,b,c,d) \geqslant f(c,c,c,d)$, 等号成立当且仅当 $a=b=c$.

最后注意到

$$f(c,c,c,d) = 6c^3 d - 9c^2 d^2 + 3d^4 = 3d(2c+d)(c-d)^2,$$

显然是非负的, 当且仅当 $c = d$ 或 $d = 0$ 时等于 0. $d = 0$ 的情形得到

$$ab + bc + cd + da + ac + bd = 3c^2 = 6 \Rightarrow a = b = c = \sqrt{2}, d = 0.$$

而 $c = d$ 的情形得到

$$ab + bc + cd + da + ac + bd = 6c^2 = 6,$$

这得到 $a = b = c = d = 1$. 将这两组值代入原不等式显然是可以取等的, 因此原不等式中等号成立当且仅当 $a = b = c = d = 1$, 或者 (a, b, c, d) 是 $(\sqrt{2}, \sqrt{2}, \sqrt{2}, 0)$ 的一个置换.

证法二 不失一般性, 我们可以假定

$$d = \min\{a, b, c, d\},$$

且令 $a = d + x, b = d + y, c = d + z, x, y, z \geq 0$. 因此, 不等式可以改写为

$$(d+x)^4 + (d+y)^4 + (d+z)^4 + d^4 + 8d(d+x)(d+y)(d+z)$$
$$\geq \left(xy + yz + zx + 3dx + 3dy + 3dz + 6d^2\right)^2.$$

展开并整理, 不等式变为

$$3\left(\sum_{\text{cyc}}(3x^2 - 2yz)\right)d^2 + 6\left(2\sum_{\text{cyc}}x^3 - \sum_{\text{cyc}}xy(x+y) + xyz\right)d +$$
$$3(x^4 + y^4 + z^4) - 2xyz(x+y+z) - x^2y^2 - y^2z^2 - z^2x^2 \geq 0,$$

这由 Muirhead 不等式

$$[(2,0,0)] \geq [(1,1,0)],$$
$$[(3,0,0)] \geq [(2,1,0)],$$
$$[(4,0,0)] \geq [(2,1,1)],$$
$$[(4,0,0)] \geq [(2,2,0)].$$

259

等号成立时, $d = 0$ 且 $x = y = z$, 所以 $a = b = c$; 或者 $x = y = z = 0$, 这意味着 $a = b = c = d$. □

51. (Marius Stănean, Mathematical Reflections) 设实数 a, b, c, d 满足条件 $a^2 + b^2 + c^2 + d^2 = 4$, 证明:

$$\frac{2}{3}(ab + bc + cd + da + ac + bd) \leqslant \left(3 - \sqrt{3}\right)abcd + 1 + \sqrt{3}.$$

证 注意到如果此不等式对四元组 (a, b, c, d) 成立, 那么它也同样对四元组 $(-a, -b, -c, -d)$ 成立. 我们只需要证明

$$f(a, b, c, d) = (a + b + c + d)^2 - 3(3 - \sqrt{3})abcd \leqslant 7 + 3\sqrt{3}.$$

但

$$f(|a|, |b|, |c|, |d|) - f(a, b, c, d)$$

$$= \left(\sum_{\text{cyc}} |a| + \sum_{\text{cyc}} a\right)\left(\sum_{\text{cyc}} |a| - \sum_{\text{cyc}} a\right) - 3(3 - \sqrt{3})(|abcd| - abcd).$$

如果 $abcd \geqslant 0$, 那么

$$f(|a|, |b|, |c|, |d|) - f(a, b, c, d) = \left(\sum_{\text{cyc}} |a| + \sum_{\text{cyc}} a\right)\left(\sum_{\text{cyc}} |a| - \sum_{\text{cyc}} a\right) \geqslant 0,$$

如果 $abcd < 0$, 那么这四个数中的有三个数的符号相同, 假定这个三个数是 a, b, c, 而 d 的符号跟其他数相反. 于是, 由 AM-GM 不等式有

$$f(|a|, |b|, |c|, |d|) - f(a, b, c, d)$$

$$= 4|d|(|a| + |b| + |c|) - 6(3 - \sqrt{3})|abcd|$$

$$= |d|\left[(a^2 + b^2 + c^2 + d^2)(|a| + |b| + |c|) - 6(3 - \sqrt{3})|abc|\right]$$

$$\geqslant |d|\left[(a^2 + b^2 + c^2)(|a| + |b| + |c|) - 6(3 - \sqrt{3})|abc|\right]$$

$$\geqslant |d|\left[9|abc| - 6(3 - \sqrt{3})|abc|\right]$$

$$= 3|abcd|(2\sqrt{3} - 3) \geqslant 0.$$

所以, 只需要对 $a, b, c, d \geqslant 0$ 证明不等式即可.

首先,我们将不等式齐次化,得到下面的不等式

$$\frac{1}{6} \sum_{\text{cyc}} a^2 \sum_{\text{sym}} ab \leqslant (3 - \sqrt{3})abcd + \frac{1 + \sqrt{3}}{16} \left(\sum_{\text{cyc}} a^2 \right)^2.$$

现在假定 $a + b + c + d = 4$,令

$$\sum_{\text{cyc}} ab = 6(1 - t^2), t \in [0, 1),$$

那么前面的不等式变为

$$(16 - 12 + 12t^2)(1 - t^2) \leqslant (3 - \sqrt{3})abcd + \frac{1 + \sqrt{3}}{16}(16 - 12 + 12t^2)^2,$$

即

$$4(1 + 3t^2)(1 - t^2) \leqslant (3 - \sqrt{3})abcd + (1 + \sqrt{3})(1 + 3t^2)^2. \qquad (1)$$

如果 $t \geqslant \dfrac{1}{3}$,那么不等式 (1) 是成立的,因为

$$(1 + \sqrt{3})(1 + 3t^2)^2 \geqslant 4(1 + 3t^2)(1 - t^2) \Leftrightarrow (7 + 3\sqrt{3})t^2 \geqslant 3 - \sqrt{3}.$$

对 $t \leqslant \dfrac{1}{3}$,由引理 6,我们有

$$abcd \geqslant (1 - 3t)(1 + t)^3.$$

所以,要证明不等式 (1),只需要证明

$$4(1 + 3t^2)(1 - t^2) \leqslant (3 - \sqrt{3})(1 - 3t)(1 + t)^3 + (1 + \sqrt{3})(1 + 3t^2)^2,$$

即

$$t^2(3t - 2\sqrt{3} + 3)^2 \geqslant 0.$$

这是显然成立的.

式 (1) 中的等号成立时, $t = 0$, 这意味着 $a = b = c = d = 1$; 或者 $t = \dfrac{2}{\sqrt{3}} - 1 \leqslant \dfrac{1}{3}$, 这意味着 a, b, c, d 中有一个等于 $4 - 2\sqrt{3}$, 其余数则等于 $\dfrac{2}{\sqrt{3}}$.

$\square$

52.（Marius Stănean, Mathematical Reflections）设正实数 a, b, c, d 满足条件 $a + b + c + d = 1$，证明：

$$\sqrt{a + \frac{2(b-c)^2}{9} + \frac{2(c-d)^2}{9} + \frac{2(d-b)^2}{9}} + \sqrt{b} + \sqrt{c} + \sqrt{d} \leq 2.$$

证 首先我们证明下面的引理.

引理 9 设 x, y, z 为非负实数，则

$$2\sum_{\text{cyc}}(y^2 - z^2)^2 \leq 3(x^2 + y^2 + z^2)\sum_{\text{cyc}}(y - z)^2.$$

引理的证明 我们将此不等式改写为

$$\sum_{\text{cyc}}(3x^2 + y^2 + z^2 - 4yz)(y - z)^2 \geq 0,$$

这里我们可以用 SOS 方法. 不失一般性，假定 $x \geq y \geq z$，我们有

$$S_x = 3x^2 + y^2 + z^2 - 4yz \geq 4y^2 - 4yz + z^2 = (2y - z)^2 \geq 0,$$
$$S_y = x^2 + 3y^2 + z^2 - 4xz \geq x^2 - 4xz + 4z^2 = (x - 2z)^2 \geq 0,$$

且

$$S_y + S_z = 2x^2 + 4y^2 + 4z^2 - 4xy - 4xz = 2(y - z)^2 + 2(y + z - x)^2 \geq 0.$$

因此由 SOS 方法的第二个条件可知不等式成立. $\qquad\square$

现在我们回到原来的不等式，由上述引理我们有

$$2\sum_{\text{cyc}}(b - c)^2 \leq 3(b + c + d)\sum_{\text{cyc}}\left(\sqrt{b} - \sqrt{c}\right)^2.$$

但 $b + c + d \leq 1$，所以

$$\frac{2}{9}\sum_{\text{cyc}}(b - c)^2 \leq \frac{1}{3}\sum_{\text{cyc}}\left(\sqrt{b} - \sqrt{c}\right)^2$$

$$= b + c + d - \frac{\left(\sqrt{b} + \sqrt{c} + \sqrt{d}\right)^2}{3}. \tag{1}$$

由 Cauchy-Schwarz 不等式,我们有

$$
\left(\sqrt{a + \frac{2(b-c)^2}{9} + \frac{2(c-d)^2}{9} + \frac{2(d-b)^2}{9}} + \sqrt{b} + \sqrt{c} + \sqrt{d} \right)^2
$$

$$
\leqslant \left[a + \frac{2(b-c)^2}{9} + \frac{2(c-d)^2}{9} + \frac{2(d-b)^2}{9} + \frac{\left(\sqrt{b} + \sqrt{c} + \sqrt{d}\right)^2}{3} \right] \cdot
$$

$$
(1+3)
$$

$$
\overset{(1)}{\leqslant} 4(a+b+c+d) = 4,
$$

这就得到了待证的结果,等号当 $a = b = c = d = \dfrac{1}{4}$ 时成立. □

53. (Vo Quoc Ba Can)设正实数 a, b, c, d 满足 $a + b + c + d = 4$,证明:

$$
\frac{a^2}{2a+1} + \frac{b^2}{2b+1} + \frac{c^2}{2c+1} + \frac{d^2}{2d+1}
$$

$$
\geqslant \frac{104}{3(ab + ac + ad + bc + bd + cd + 20)}.
$$

证 此不等式可以依次改写为

$$
\sum_{\text{cyc}} \frac{4a^2 - 1 + 1}{2a+1} \geqslant \frac{416}{3(ab + ac + ad + bc + bd + cd + 20)},
$$

$$
\sum_{\text{cyc}} \frac{1}{2a+1} \geqslant \frac{416}{3(ab + ac + ad + bc + bd + cd + 20)} - 4,
$$

$$
\sum_{\text{cyc}} \frac{3}{2a+1} \geqslant \frac{416}{ab + ac + ad + bc + bd + cd + 20} - 12.
$$

记

$$
x = \frac{2a+1}{3}, y = \frac{2b+1}{3}, z = \frac{2c+1}{3}, w = \frac{2d+1}{3},
$$

我们有 $x + y + z + w = 4$,且

$$
9 \sum_{\text{cyc}} xy = 4 \sum_{\text{cyc}} ab + 30.
$$

用 x, y, z, w 来表示, 不等式变为

$$\frac{1}{x} + \frac{1}{y} + \frac{1}{z} + \frac{1}{w} \geqslant \frac{1\,664}{9(xy + xz + xw + yz + yw + zw) + 50} - 12.$$

存在 $t \in [0, 1)$, 使得 $\sum_{\text{cyc}} xy = 6(1 - t^2)$, 因此, 由引理 7, 我们有

$$\frac{1}{x} + \frac{1}{y} + \frac{1}{z} + \frac{1}{w} \geqslant \frac{4(1 + 2t)}{(1 - t)(1 + 3t)}.$$

于是, 只需要证明

$$\frac{(1 + 2t)}{(1 - t)(1 + 3t)} \geqslant \frac{208}{52 - 27t^2} - 3.$$

消去分母化简后, 不等式变为

$$t^2(9t - 4)^2 \geqslant 0,$$

这是显然成立的. 等号成立时, $t = 0$, 这意味着 $x = y = z = w = 1$, 所以 $a = b = c = d = 1$; 或 $t = \dfrac{4}{9}$, 由引理 7 中的等号情形可知 $x = \dfrac{7}{3}, y = z = t = \dfrac{5}{9}$, 所以 a, b, c, d 中有一个为 2, 其余数等于 $\dfrac{1}{3}$. $\qquad \square$

54. (Marius Stănean, Mathematical Reflections) 设非负实数 a, b, c, x, y, z 满足 $a \geqslant b \geqslant c, x \geqslant y \geqslant z$, 且

$$a + b + c + x + y + z = 6,$$

证明:

$$(a + x)(b + y)(c + z) \leqslant 6 + abc + xyz.$$

证 将不等式改写为

$$abz + bcx + cay + xyc + yza + zxb \leqslant 6.$$

我们将证明下面的不等式

$$[(a + b)z + (b + c)x + (c + a)y]^2 \geqslant 4(abz + bcx + cay)(x + y + z). \quad (1)$$

这等价于

$$(a-b)^2z^2 + (b-c)^2x^2 + (c-a)^2y^2$$
$$\geqslant 2(a-b)(b-c)zx + 2(b-c)(c-a)xy + 2(c-a)(a-b)yz,$$

即

$$[(a-b)z - (b-c)x + (c-a)y]^2 \geqslant 4(c-a)(a-b)yz,$$

这是显然成立的.

类似地,如果在式 (1) 中我们代换 $(a,b,c,x,y,z) \leftrightarrow (x,y,z,a,b,c)$,我们得到下面的不等式

$$[(x+y)c + (y+z)a + (z+x)b]^2 \geqslant 4(xyc+yza+zxb)(a+b+c). \quad (2)$$

由式 (1) 和 (2) 可得

$$abz + bcx + cay + xyc + yza + zxb$$
$$\leqslant \frac{[(a+b)z + (b+c)x + (c+a)y]^2}{4(x+y+z)} + \frac{[(x+y)c + (y+z)a + (z+x)b]^2}{4(a+b+c)}$$
$$= \frac{[(a+b)z + (b+c)x + (c+a)y]^2(a+b+c+x+y+z)}{4(x+y+z)(a+b+c)}$$
$$= \frac{6[(a+b)z + (b+c)x + (c+a)y]^2}{4(x+y+z)(a+b+c)}.$$

而

$$3[(a+b)z + (b+c)x + (c+a)y] \leqslant 2(a+b+c)(x+y+z),$$

因为它可以化简为

$$(a+b-2c)z + (b+c-2a)x + (c+a-2b)y \leqslant 0,$$

即

$$(b-c)z - (c-a)z + (c-a)x - (a-b)x + (a-b)y - (b-c)y \leqslant 0,$$

也即

$$(a-b)(x-y) + (b-c)(y-z) + (c-a)(z-x) \geqslant 0,$$

这是显然成立的.

于是,利用此结果与 AM-GM 不等式,可得

$$abz + bcx + cay + xyc + yza + zxb \leq \frac{2(a+b+c)(x+y+z)}{3}$$
$$\leq \frac{2(a+b+c+x+y+z)^2}{12}$$
$$= 6.$$

等号成立当且仅当 $a = b = c$ 且 $x = y = z$. □

55. (CMO 2018) 设 $a, b, c, d, e \geq -1$ 满足 $a + b + c + d + e = 5$,证明:

$$-512 \leq (a+b)(b+c)(c+d)(d+e)(e+a) \leq 288.$$

证 首先记

$$S = (a+b)(b+c)(c+d)(d+e)(e+a).$$

不失一般性,假定 $e = \max\{a, b, c, d, e\}$,这意味着 $d+e \geq 0$ 且 $e+a \geq 0$. 要得到 S 的最小值(显然是负的),我们有两种可能.

1. $a+b, b+c, c+d$ 中有一个是非负的, 假定 $a+b \leq 0$, 那么由 AM-GM 不等式得

   $$-S = (-a-b)(b+c)(c+d)(d+e)(e+a)$$
   $$\leq \left(\frac{2(c+d+e)}{5}\right)^5$$
   $$= \left(\frac{2(5-a-b)}{5}\right)^5 \leq \left(\frac{14}{5}\right)^5 < 512.$$

2. $a+b \leq 0, b+c \leq 0, c+d \leq 0$, 那么由 AM-GM 不等式得

   $$-S = (-a-b)(-b-c)(-c-d)(d+e)(e+a)$$
   $$\leq \left(\frac{-a-2b-2c-d}{3}\right)^3 \left(\frac{a+d+2e}{2}\right)^2$$
   $$= \left(\frac{a+d+2e-10}{3}\right)^3 \left(\frac{a+d+2e}{2}\right)^2 \leq 512,$$

   这对 $10 \leq a+d+2e = 10-a-2b-2c-d \leq 16$ 是成立的,等号当 $a = b = c = d = -1, e = 9$ 时成立.

266

要得到 S 的最大值(显然是正的),我们有 4 种情形:

1. $a + b, b + c, c + d$ 都是非负的,那么由 AM-GM 不等式得

$$S \leqslant \left(\frac{2(a + b + c + d + e)}{5}\right)^5 = 32 < 288.$$

2. $a + b \leqslant 0, b + c \leqslant 0, c + d \geqslant 0$,那么由 AM-GM 不等式得

$$S = (-a - b)(-b - c)(c + d)(d + e)(e + a)$$

$$\leqslant \left(\frac{-a - 2b - c}{2}\right)^2 \left(\frac{c + d + e + a}{2}\right)^2 (d + e)$$

$$= \left(\frac{d + e - b - 5}{2}\right)^2 \left(\frac{5 - b}{2}\right)^2 (d + e) \leqslant 288,$$

其中 $d + e + b = 5 - a - c \leqslant 7 \Rightarrow d + e - b - 5 \leqslant 2 - 2b$,且

$$(1 - b)^2 (5 - b)^2 (7 - b) - 4 \times 288 \leqslant 0$$

对 $-1 \leqslant b \leqslant 7$ 是成立的(因为此时 $|(1 - b)(5 - b)| \leqslant 12$). 等号成立时,$a = b = c = -1, d = e = 4$.

3. $a + b \geqslant 0, b + c \leqslant 0, c + d \leqslant 0$,这与第二种情形类似.

4. $a + b \leqslant 0, b + c \geqslant 0, c + d \leqslant 0$,那么由 AM-GM 不等式得

$$S = (-a - b)(b + c)(-c - d)(d + e)(e + a)$$

$$\leqslant \left(\frac{-a - b - c - d}{2}\right)^2 \left(\frac{b + c + d + e + e + a}{3}\right)^3$$

$$= \left(\frac{e - 5}{2}\right)^2 \left(\frac{5 + e}{3}\right)^3 < 288,$$

其中 $e \geqslant 5, b + c \geqslant 0 \Leftrightarrow 5 - a - d - e \geqslant 0 \Rightarrow e \leqslant 5 - a - d \leqslant 7.$ □

56.(Marius Stănean, Mathematical Reflections)设正实数 a, b, c, x, y, z 满足

$$(a + b + c)(x + y + z) = (a^2 + b^2 + c^2)(x^2 + y^2 + z^2) = 4,$$

证明:

$$\sqrt{abcxyz} \leqslant \frac{4}{27}.$$

证 记 $3u = a + b + c, 3v^2 = ab + bc + ca, w^3 = abc$,且

$$3u_0 = x + y + z, 3v_0^2 = xy + yz + zx, w_0^3 = xyz.$$

所以,

$$u_0 = \frac{4}{9u}, v_0^2 = \frac{2(9u^2 - 8v^2)}{27u^2(3u^2 - 2v^2)}.$$

但由批注 7,我们有

$$w^3 \leqslant 3uv^2 - 2u^3 + 2\sqrt{(u^2 - v^2)^3}, \tag{1}$$

且

$$w_0^3 \leqslant 3u_0 v_0^2 - 2u_0^3 + 2\sqrt{(u_0^2 - v_0^2)^3}. \tag{2}$$

如果我们记 $t = \dfrac{v^2}{u^2} \leqslant 1$,那么由 $u_0^2 \geqslant v_0^2$ 可得

$$\frac{16}{81u^2} \geqslant \frac{2(9u^2 - 8v^2)}{27u^2(3u^2 - 2v^2)} \Leftrightarrow \frac{8}{3} \geqslant \frac{9 - 8t}{3 - 2t} \Leftrightarrow t \geqslant \frac{3}{8}.$$

通过计算,我们可将不等式 (1) 和 (2) 分别改写为

$$w^3 \leqslant u^3\left(3t - 2 + 2\sqrt{(1 - t)^3}\right),$$

以及

$$w_0^3 \leqslant \frac{2}{729u^3}\left(\frac{132 - 160t}{3 - 2t} + \sqrt{\left(\frac{16t - 6}{3 - 2t}\right)^3}\right).$$

因此

$$abcxyz = w^3 w_0^3$$

$$\leqslant \frac{2}{729}\left(3t - 2 + 2\sqrt{(1 - t)^3}\right)\left(\frac{132 - 160t}{3 - 2t} + \sqrt{\left(\frac{16t - 6}{3 - 2t}\right)^3}\right).$$

所以我们需要证明

$$\left(3t - 2 + 2\sqrt{(1 - t)^3}\right)\left[\frac{132 - 160t}{3 - 2t} + \sqrt{\left(\frac{16t - 6}{3 - 2t}\right)^3}\right] \leqslant 8,$$

或者如果我记 $1 - t = s^2 \leqslant \dfrac{5}{8}$，那么

$$(2s^3 - 3s^2 + 1)\left[\frac{80s^2 - 14}{1 + 2s^2} + \frac{5 - 8s^2}{1 + 2s^2} \cdot \sqrt{2\left(\frac{5 - 8s^2}{1 + 2s^2}\right)}\right] \leqslant 4.$$

而由 AM-GM 不等式得

$$\sqrt{2\left(\frac{5 - 8s^2}{1 + 2s^2}\right)} \leqslant \frac{2(1 + 2s^2) + 5 - 8s^2}{2(1 + 2s^2)} = \frac{7 - 4s^2}{2(1 + 2s^2)},$$

所以只需要证明

$$(2s^3 - 3s^2 + 1)\left[\frac{80s^2 - 14}{1 + 2s^2} + \frac{(5 - 8s^2)(7 - 4s^2)}{2(1 + 2s^2)^2}\right] \leqslant 4,$$

即

$$\frac{(2s - 1)^2(-176s^5 + 88s^4 + 118s^3 + 37s^2 + 4s + 1)}{2(1 + 2s^2)^2} \geqslant 0,$$

这是显然成立的，得证. 等号成立时，$t = \dfrac{3}{4}$，这意味着 $3u^2 = 4v^2$，$3u_0^2 = 4v_0^2$，这意味着

$$a^2 + b^2 + c^2 = 2(ab + bc + ca), x^2 + y^2 + z^2 = 2(xy + yz + zx).$$

在式 (1) 和 (2) 中等号成立时，a, b, c 中有两个数相等，x, y, z 中有两个数相等. 解此方程组，我们得到

$$a = b = m, c = 4m; x = y = \frac{1}{9m}, z = \frac{4}{9m}, m > 0. \qquad \square$$

57. (Marius Stănean, Mathematical Reflections) 设正实数 $a_1, a_2, \cdots, a_n$ 满足 $a_1 + a_2 + \cdots + a_n = n, n \geqslant 4$，证明：

$$\sum_{1 \leqslant i < j \leqslant n} 2a_i a_j \geqslant (n - 1)\sqrt{na_1 a_2 \cdots a_n(a_1^2 + a_2^2 + \cdots + a_n^2)}.$$

证 由引理 6,由于 $a_1 + a_2 + \cdots + a_n = n$,存在实数 $t \in [0, 1)$,使得

$$\sum_{1 \leqslant i < j \leqslant n} a_i a_j = \frac{n(n-1)}{2}(1 - t^2).$$

不失一般性,假定 $a_1 \leqslant a_2 \leqslant \cdots \leqslant a_n$,由推论 2,当乘积式 $a_1 a_2 \cdots a_n$ 最大时,有

$$a_1 = a_2 = \cdots = a_{n-1} = 1 - t, a_n = 1 + (n-1)t,$$

所以 $a_1 a_2 \cdots a_n \leqslant (1 - t)^{n-1}[1 + (n-1)t]$.

下面我们来证明

$$(1 - t^2) \geqslant \sqrt{[1 + (n-1)t^2](1-t)^{n-1}[1 + (n-1)t]},$$

即

$$(1 - t^2)^2 \geqslant (1 - t)^{n-1}[1 + (n-1)t^2][1 + (n-1)t]. \tag{1}$$

我们将证明上述不等式的右边关于 n 是单调递增的,即对 $m \geqslant 4$ 有

$$(1 - t)^{m-1}[1 + (m-1)t^2][1 + (m-1)t] \geqslant (1 - t)^m (1 + mt^2)(1 + mt),$$

这个不等式等价于

$$(1 - t)^{m-1} t^2 [m^2 t^2 - (m-1)t + m - 1] \geqslant 0,$$

这是显然成立的,等号当 $t = 0$ 时成立.

所以,只需要对 $n = 4$ 证明不等式 (1),即

$$(1 - t^2)^2 \geqslant (1 - t)^3 [(1 + 3t^2)(1 + 3t),$$

即

$$(1 - t)^2 t^2 (1 - 3t)^2 \geqslant 0,$$

这是显然成立的. 等号成立时,$t = 0$,这意味着 $a_1 = a_2 = a_3 = a_4 = 1$;或 $t = \dfrac{1}{3}$,这意味着 $a_1 = a_2 = a_3 = \dfrac{2}{3}$ 且 $a_4 = 2$.

对 $n > 4$,等号当 $a_1 = a_2 = \cdots = a_n = 1$ 时成立. □

58.（Romania，Danube Cup 2010）设非负实数 $x_1, x_2, \cdots, x_n$ 满足

$$x_1 + x_2 + \cdots + x_n = n, n \geqslant 3,$$

证明：

$$(n-1)(x_1^2 + x_2^2 + \cdots + x_n^2) + nx_1x_2\cdots x_n \geqslant n^2.$$

证　我们有 $x_1 + x_2 + \cdots + x_n = n$，且存在实数 $t \in [0, 1)$，使得

$$\sum_{1 \leqslant i < j \leqslant n} x_i x_j = \frac{n(n-1)}{2}(1 - t^2),$$

因此

$$\sum_{i=1}^n x_i^2 = n + n(n-1)t^2.$$

如果 $t > \dfrac{1}{n-1}$，那么我们有

$$\begin{aligned}
(n-1)(x_1^2 + x_2^2 + \ldots + x_n^2) &= n(n-1)\left[1 + (n-1)t^2\right] \\
&> n(n-1)\left(1 + \frac{1}{n-1}\right) = n^2.
\end{aligned}$$

如果 $t \leqslant \dfrac{1}{n-1}$，那么由引理 6，我们有

$$x_1 x_2 \cdots x_n \geqslant [1 - (n-1)t](1+t)^{n-1}.$$

所以，只需要证明

$$n(n-1)\left[1 + (n-1)t^2\right] + n[1 - (n-1)t](1+t)^{n-1} \geqslant n^2,$$

即

$$(n-1)^2 t^2 + [1 - (n-1)t](1+t)^{n-1} \geqslant 1,$$

也即

$$[1 - (n-1)t]\left[(1+t)^{n-1} - 1 - (n-1)t\right] \geqslant 0,$$

这是成立的,因为 $t \leqslant \dfrac{1}{n-1}$,且

$$(1+t)^{n-1} - 1 - (n-1)t = t^2\left[\binom{n}{2} + \binom{n}{3}t + \cdots + \binom{n}{n}t^{n-2}\right] \geqslant 0.$$

等号成立时,$t = 0$,这意味着 $x_1 = x_2 = \cdots = x_n = 1$;或 $t = \dfrac{1}{n-1}$,这意味着 $x_1, x_2, \cdots, x_n$ 中有一个为 0,其余数等于 $\dfrac{n}{n-1}$. □

59. (Vasile Cîrtoaje) 设非负实数 $x_1, x_2, \cdots, x_n$ 满足 $x_1 + x_2 + \cdots + x_n = n$,证明:

$$\frac{1}{x_1} + \frac{1}{x_2} + \cdots + \frac{1}{x_n} + \frac{2n\sqrt{n-1}}{x_1^2 + x_2^2 + \cdots + x_n^2} \geqslant n + 2\sqrt{n-1}.$$

证 存在实数 $t \in [0, 1)$,使得

$$\sum_{1 \leqslant i < j \leqslant n} x_i x_j = \frac{n(n-1)}{2}(1 - t^2).$$

于是,由引理 7,我们有

$$\frac{1}{x_1} + \frac{1}{x_2} + \cdots + \frac{1}{x_n} \geqslant \frac{n[1 + (n-2)t]}{(1-t)[1 + (n-1)t]}.$$

因此,只需要证明

$$\frac{n[1 + (n-2)t]}{(1-t)[1 + (n-1)t]} + \frac{2\sqrt{n-1}}{1 + (n-1)t^2} \geqslant n + 2\sqrt{n-1}.$$

通过简单计算,我们可以将上述不等式化简为

$$t^2\left[\sqrt{n-1}(\sqrt{n-1} + 1)t - \sqrt{n-1} + 1\right]^2 \geqslant 0,$$

这是显然成立的.

等号成立时,$t = 0$,这意味着 $x_1 = x_2 = \cdots = x_n = 1$;或

$$t = \frac{\sqrt{n-1} - 1}{n - 1 + \sqrt{n-1}},$$

这意味着 $x_1, x_2, \cdots, x_n$ 中有一个为 $\dfrac{n}{\sqrt{n-1} + 1}$,其余数为 $\dfrac{n}{n - 1 + \sqrt{n-1}}$. □

刘培杰数学工作室
已出版(即将出版)图书目录——初等数学

书　　名	出版时间	定　价	编号
新编中学数学解题方法全书(高中版)上卷(第2版)	2018－08	58.00	951
新编中学数学解题方法全书(高中版)中卷(第2版)	2018－08	68.00	952
新编中学数学解题方法全书(高中版)下卷(一)(第2版)	2018－08	58.00	953
新编中学数学解题方法全书(高中版)下卷(二)(第2版)	2018－08	58.00	954
新编中学数学解题方法全书(高中版)下卷(三)(第2版)	2018－08	68.00	955
新编中学数学解题方法全书(初中版)上卷	2008－01	28.00	29
新编中学数学解题方法全书(初中版)中卷	2010－07	38.00	75
新编中学数学解题方法全书(高考复习卷)	2010－01	48.00	67
新编中学数学解题方法全书(高考真题卷)	2010－01	38.00	62
新编中学数学解题方法全书(高考精华卷)	2011－03	68.00	118
新编平面解析几何解题方法全书(专题讲座卷)	2010－01	18.00	61
新编中学数学解题方法全书(自主招生卷)	2013－08	88.00	261
数学奥林匹克与数学文化(第一辑)	2006－05	48.00	4
数学奥林匹克与数学文化(第二辑)(竞赛卷)	2008－01	48.00	19
数学奥林匹克与数学文化(第二辑)(文化卷)	2008－07	58.00	36′
数学奥林匹克与数学文化(第三辑)(竞赛卷)	2010－01	48.00	59
数学奥林匹克与数学文化(第四辑)(竞赛卷)	2011－08	58.00	87
数学奥林匹克与数学文化(第五辑)	2015－06	98.00	370
世界著名平面几何经典著作钩沉——几何作图专题卷(共3卷)	2022－01	198.00	1460
世界著名平面几何经典著作钩沉(民国平面几何老课本)	2011－03	38.00	113
世界著名平面几何经典著作钩沉(建国初期平面三角老课本)	2015－08	38.00	507
世界著名解析几何经典著作钩沉——平面解析几何卷	2014－01	38.00	264
世界著名数论经典著作钩沉(算术卷)	2012－01	28.00	125
世界著名数学经典著作钩沉——立体几何卷	2011－02	28.00	88
世界著名三角学经典著作钩沉(平面三角卷Ⅰ)	2010－06	28.00	69
世界著名三角学经典著作钩沉(平面三角卷Ⅱ)	2011－01	38.00	78
世界著名初等数论经典著作钩沉(理论和实用算术卷)	2011－07	38.00	126
发展你的空间想象力(第3版)	2021－01	98.00	1464
空间想象力进阶	2019－05	68.00	1062
走向国际数学奥林匹克的平面几何试题诠释.第1卷	2019－07	88.00	1043
走向国际数学奥林匹克的平面几何试题诠释.第2卷	2019－09	78.00	1044
走向国际数学奥林匹克的平面几何试题诠释.第3卷	2019－03	78.00	1045
走向国际数学奥林匹克的平面几何试题诠释.第4卷	2019－09	98.00	1046
平面几何证明方法全书	2007－08	35.00	1
平面几何证明方法全书习题解答(第2版)	2006－12	18.00	10
平面几何天天练上卷·基础篇(直线型)	2013－01	58.00	208
平面几何天天练中卷·基础篇(涉及圆)	2013－01	28.00	234
平面几何天天练下卷·提高篇	2013－01	58.00	237
平面几何专题研究	2013－07	98.00	258
平面几何解题之道.第1卷	2022－05	38.00	1494
几何学习题集	2020－10	48.00	1217
通过解题学习代数几何	2021－04	88.00	1301

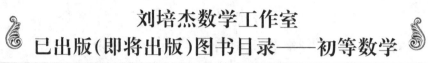
书 名	出版时间	定 价	编号
最新世界各国数学奥林匹克中的平面几何试题	2007—09	38.00	14
数学竞赛平面几何典型题及新颖解	2010—07	48.00	74
初等数学复习及研究(平面几何)	2008—09	68.00	38
初等数学复习及研究(立体几何)	2010—06	38.00	71
初等数学复习及研究(平面几何)习题解答	2009—01	58.00	42
几何学教程(平面几何卷)	2011—03	68.00	90
几何学教程(立体几何卷)	2011—07	68.00	130
几何变换与几何证题	2010—06	88.00	70
计算方法与几何证题	2011—06	28.00	129
立体几何技巧与方法	2014—04	88.00	293
几何瑰宝——平面几何500名题暨1500条定理(上、下)	2021—07	168.00	1358
三角形的解法与应用	2012—07	18.00	183
近代的三角形几何学	2012—07	48.00	184
一般折线几何学	2015—08	48.00	503
三角形的五心	2009—06	28.00	51
三角形的六心及其应用	2015—10	68.00	542
三角形趣谈	2012—08	28.00	212
解三角形	2014—01	28.00	265
探秘三角形:一次数学旅行	2021—10	68.00	1387
三角学专门教程	2014—09	28.00	387
图天下几何新题试卷.初中(第2版)	2017—11	58.00	855
圆锥曲线习题集(上册)	2013—06	68.00	255
圆锥曲线习题集(中册)	2015—01	78.00	434
圆锥曲线习题集(下册·第1卷)	2016—10	78.00	683
圆锥曲线习题集(下册·第2卷)	2018—01	98.00	853
圆锥曲线习题集(下册·第3卷)	2019—10	128.00	1113
圆锥曲线的思想方法	2021—08	48.00	1379
圆锥曲线的八个主要问题	2021—10	48.00	1415
论九点圆	2015—05	88.00	645
近代欧氏几何学	2012—03	48.00	162
罗巴切夫斯基几何学及几何基础概要	2012—07	28.00	188
罗巴切夫斯基几何学初步	2015—06	28.00	474
用三角、解析几何、复数、向量计算解数学竞赛几何题	2015—03	48.00	455
用解析法研究圆锥曲线的几何理论	2022—05	48.00	1495
美国中学几何教程	2015—04	88.00	458
三线坐标与三角形特征点	2015—04	98.00	460
坐标几何学基础.第1卷,笛卡儿坐标	2021—08	48.00	1398
坐标几何学基础.第2卷,三线坐标	2021—09	28.00	1399
平面解析几何方法与研究(第1卷)	2015—05	18.00	471
平面解析几何方法与研究(第2卷)	2015—06	18.00	472
平面解析几何方法与研究(第3卷)	2015—07	18.00	473
解析几何研究	2015—01	38.00	425
解析几何学教程.上	2016—01	38.00	574
解析几何学教程.下	2016—01	38.00	575
几何学基础	2016—01	58.00	581
初等几何研究	2015—02	58.00	444
十九和二十世纪欧氏几何学中的片段	2017—01	58.00	696
平面几何中考.高考.奥数一本通	2017—07	28.00	820
几何学简史	2017—08	28.00	833
四面体	2018—01	48.00	880
平面几何证明方法思路	2018—12	68.00	913

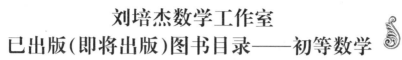

刘培杰数学工作室
已出版(即将出版)图书目录——初等数学

书　　名	出版时间	定　价	编号
平面几何图形特性新析.上篇	2019—01	68.00	911
平面几何图形特性新析.下篇	2018—06	88.00	912
平面几何范例多解探究.上篇	2018—04	48.00	910
平面几何范例多解探究.下篇	2018—12	68.00	914
从分析解题过程学解题:竞赛中的几何问题研究	2018—07	68.00	946
从分析解题过程学解题:竞赛中的向量几何与不等式研究(全2册)	2019—06	138.00	1090
从分析解题过程学解题:竞赛中的不等式问题	2021—01	48.00	1249
二维、三维欧氏几何的对偶原理	2018—12	38.00	990
星形大观及闭折线论	2019—03	68.00	1020
立体几何的问题和方法	2019—11	58.00	1127
三角代换论	2021—05	58.00	1313
俄罗斯平面几何问题集	2009—08	88.00	55
俄罗斯立体几何问题集	2014—03	58.00	283
俄罗斯几何大师——沙雷金论数学及其他	2014—01	48.00	271
来自俄罗斯的5000道几何习题及解答	2011—03	58.00	89
俄罗斯初等数学问题集	2012—05	38.00	177
俄罗斯函数问题集	2011—03	38.00	103
俄罗斯组合分析问题集	2011—01	48.00	79
俄罗斯初等数学万题选——三角卷	2012—11	38.00	222
俄罗斯初等数学万题选——代数卷	2013—08	68.00	225
俄罗斯初等数学万题选——几何卷	2014—01	68.00	226
俄罗斯《量子》杂志数学征解问题100题选	2018—08	48.00	969
俄罗斯《量子》杂志数学征解问题又100题选	2018—08	48.00	970
俄罗斯《量子》杂志数学征解问题	2020—05	48.00	1138
463个俄罗斯几何老问题	2012—01	28.00	152
《量子》数学短文精粹	2018—09	38.00	972
用三角、解析几何等计算解来自俄罗斯的几何题	2019—11	88.00	1119
基谢廖夫平面几何	2022—01	48.00	1461
数学:代数、数学分析和几何(10—11年级)	2021—01	48.00	1250
立体几何.10—11年级	2022—01	58.00	1472
直观几何学:5—6年级	2022—04	58.00	1508
谈谈素数	2011—03	18.00	91
平方和	2011—03	18.00	92
整数论	2011—05	38.00	120
从整数谈起	2015—10	28.00	538
数与多项式	2016—01	38.00	558
谈谈不定方程	2011—05	28.00	119
解析不等式新论	2009—06	68.00	48
建立不等式的方法	2011—03	98.00	104
数学奥林匹克不等式研究(第2版)	2020—07	68.00	1181
不等式研究(第二辑)	2012—02	68.00	153
不等式的秘密(第一卷)(第2版)	2014—02	38.00	286
不等式的秘密(第二卷)	2014—01	38.00	268
初等不等式的证明方法	2010—06	38.00	123
初等不等式的证明方法(第二版)	2014—11	38.00	407
不等式·理论·方法(基础卷)	2015—07	38.00	496
不等式·理论·方法(经典不等式卷)	2015—07	38.00	497
不等式·理论·方法(特殊类型不等式卷)	2015—07	48.00	498
不等式探究	2016—03	38.00	582
不等式探秘	2017—01	88.00	689
四面体不等式	2017—01	68.00	715
数学奥林匹克中常见重要不等式	2017—09	38.00	845

刘培杰数学工作室
已出版(即将出版)图书目录——初等数学

书　名	出版时间	定　价	编号
三正弦不等式	2018—09	98.00	974
函数方程与不等式:解法与稳定性结果	2019—04	68.00	1058
数学不等式.第1卷,对称多项式不等式	2022—05	78.00	1455
数学不等式.第2卷,对称有理不等式与对称无理不等式	2022—05	88.00	1456
数学不等式.第3卷,循环不等式与非循环不等式	2022—05	88.00	1457
数学不等式.第4卷,Jensen不等式的扩展与加细	2022—05	88.00	1458
数学不等式.第5卷,创建不等式与解不等式的其他方法	2022—05	88.00	1459
同余理论	2012—05	38.00	163
[x]与{x}	2015—04	48.00	476
极值与最值.上卷	2015—06	28.00	486
极值与最值.中卷	2015—06	38.00	487
极值与最值.下卷	2015—06	28.00	488
整数的性质	2012—11	38.00	192
完全平方数及其应用	2015—08	78.00	506
多项式理论	2015—10	88.00	541
奇数、偶数、奇偶分析法	2018—01	98.00	876
不定方程及其应用.上	2018—12	58.00	992
不定方程及其应用.中	2019—01	78.00	993
不定方程及其应用.下	2019—02	98.00	994
历届美国中学生数学竞赛试题及解答(第一卷)1950—1954	2014—07	18.00	277
历届美国中学生数学竞赛试题及解答(第二卷)1955—1959	2014—04	18.00	278
历届美国中学生数学竞赛试题及解答(第三卷)1960—1964	2014—06	18.00	279
历届美国中学生数学竞赛试题及解答(第四卷)1965—1969	2014—04	28.00	280
历届美国中学生数学竞赛试题及解答(第五卷)1970—1972	2014—06	18.00	281
历届美国中学生数学竞赛试题及解答(第六卷)1973—1980	2017—07	18.00	768
历届美国中学生数学竞赛试题及解答(第七卷)1981—1986	2015—01	18.00	424
历届美国中学生数学竞赛试题及解答(第八卷)1987—1990	2017—05	18.00	769
历届中国数学奥林匹克试题集(第3版)	2021—10	58.00	1440
历届加拿大数学奥林匹克试题集	2012—08	38.00	215
历届美国数学奥林匹克试题集:1972~2019	2020—04	88.00	1135
历届波兰数学竞赛试题集.第1卷,1949~1963	2015—03	18.00	453
历届波兰数学竞赛试题集.第2卷,1964~1976	2015—03	18.00	454
历届巴尔干数学奥林匹克试题集	2015—05	38.00	466
保加利亚数学奥林匹克	2014—10	38.00	393
圣彼得堡数学奥林匹克试题集	2015—01	38.00	429
匈牙利奥林匹克数学竞赛题解.第1卷	2016—05	28.00	593
匈牙利奥林匹克数学竞赛题解.第2卷	2016—05	28.00	594
历届美国数学邀请赛试题集(第2版)	2017—10	78.00	851
普林斯顿大学数学竞赛	2016—06	38.00	669
亚太地区数学奥林匹克竞赛题	2015—07	18.00	492
日本历届(初级)广中杯数学竞赛试题及解答.第1卷(2000~2007)	2016—05	28.00	641
日本历届(初级)广中杯数学竞赛试题及解答.第2卷(2008~2015)	2016—05	38.00*	642
越南数学奥林匹克题选:1962—2009	2021—07	48.00	1370
360个数学竞赛问题	2016—08	58.00	677
奥数最佳实战题.上卷	2017—06	38.00	760
奥数最佳实战题.下卷	2017—05	58.00	761
哈尔滨市早期中学数学竞赛试题汇编	2016—07	28.00	672
全国高中数学联赛试题及解答:1981—2019(第4版)	2020—07	138.00	1176
2021年全国高中数学联合竞赛模拟题集	2021—04	30.00	1302
20世纪50年代全国部分城市数学竞赛试题汇编	2017—07	28.00	797

刘培杰数学工作室
已出版(即将出版)图书目录——初等数学

书　　名	出版时间	定　价	编号
国内外数学竞赛题及精解:2018~2019	2020—08	45.00	1192
国内外数学竞赛题及精解:2019~2020	2021—11	58.00	1439
许康华竞赛优学精选集.第一辑	2018—08	68.00	949
天问叶班数学问题征解100题.Ⅰ,2016—2018	2019—05	88.00	1075
天问叶班数学问题征解100题.Ⅱ,2017—2019	2020—07	98.00	1177
美国初中数学竞赛:AMC8准备(共6卷)	2019—07	138.00	1089
美国高中数学竞赛:AMC10准备(共6卷)	2019—08	158.00	1105
王连笑教你怎样学数学:高考选择题解题策略与客观题实用训练	2014—01	48.00	262
王连笑教你怎样学数学:高考数学高层次讲座	2015—02	48.00	432
高考数学的理论与实践	2009—08	38.00	53
高考数学核心题型解题方法与技巧	2010—01	28.00	86
高考思维新平台	2014—03	38.00	259
高考数学压轴题解题诀窍(上)(第2版)	2018—01	58.00	874
高考数学压轴题解题诀窍(下)(第2版)	2018—01	48.00	875
北京市五区文科数学三年高考模拟题详解:2013~2015	2015—08	48.00	500
北京市五区理科数学三年高考模拟题详解:2013~2015	2015—09	68.00	505
向量法巧解数学高考题	2009—08	28.00	54
高中数学课堂教学的实践与反思	2021—11	48.00	791
数学高考参考	2016—01	78.00	589
新课程标准高考数学解答题各种题型解法指导	2020—08	78.00	1196
全国及各省市高考数学试题审题要津与解法研究	2015—02	48.00	450
高中数学章节起始课的教学研究与案例设计	2019—05	28.00	1064
新课标高考数学——五年试题分章详解(2007~2011)(上、下)	2011—10	78.00	140,141
全国中考数学压轴题审题要津与解法研究	2013—04	78.00	248
新编全国及各省市中考数学压轴题审题要津与解法研究	2014—05	58.00	342
全国及各省市5年中考数学压轴题审题要津与解法研究(2015版)	2015—04	58.00	462
中考数学专题总复习	2007—04	28.00	6
中考数学较难题常考题型解题方法与技巧	2016—09	48.00	681
中考数学难题常考题型解题方法与技巧	2016—09	48.00	682
中考数学中档题常考题型解题方法与技巧	2017—08	68.00	835
中考数学选择填空压轴好题妙解365	2017—05	38.00	759
中考数学:三类重点考题的解法例析与习题	2020—04	48.00	1140
中小学数学的历史文化	2019—11	48.00	1124
初中平面几何百题多思创新解	2020—01	58.00	1125
初中数学中考备考	2020—01	58.00	1126
高考数学之九章演义	2019—08	68.00	1044
化学可以这样学:高中化学知识方法智慧感悟疑难辨析	2019—07	58.00	1103
如何成为学习高手	2019—09	58.00	1107
高考数学:经典真题分类解析	2020—04	78.00	1134
高考数学解答题破解策略	2020—11	58.00	1221
从分析解题过程学解题:高考压轴题与竞赛题之关系探究	2020—08	88.00	1179
教学新思考:单元整体视角下的初中数学教学设计	2021—03	58.00	1278
思维再拓展:2020年经典几何题的多解探究与思考	即将出版		1279
中考数学小压轴汇编初讲	2017—07	48.00	788
中考数学大压轴专题微言	2017—09	48.00	846
怎么解中考平面几何探索题	2019—06	48.00	1093
北京中考数学压轴题解题方法突破(第7版)	2021—11	68.00	1442
助你高考成功的数学解题智慧:知识是智慧的基础	2016—01	58.00	596
助你高考成功的数学解题智慧:错误是智慧的试金石	2016—04	58.00	643
助你高考成功的数学解题智慧:方法是智慧的推手	2016—04	68.00	657
高考数学奇思妙解	2016—04	38.00	610
高考数学解题策略	2016—05	48.00	670
数学解题泄天机(第2版)	2017—10	48.00	850

刘培杰数学工作室
已出版(即将出版)图书目录——初等数学

书　名	出版时间	定　价	编号
高考物理压轴题全解	2017—04	58.00	746
高中物理经典问题25讲	2017—05	28.00	764
高中物理教学讲义	2018—01	48.00	871
高中物理教学讲义:全模块	2022—03	98.00	1492
高中物理答疑解惑65篇	2021—11	48.00	1462
中学物理基础问题解析	2020—08	48.00	1183
2016年高考文科数学真题研究	2017—04	58.00	754
2016年高考理科数学真题研究	2017—04	78.00	755
2017年高考理科数学真题研究	2018—01	58.00	867
2017年高考文科数学真题研究	2018—01	48.00	868
初中数学、高中数学脱节知识补缺教材	2017—06	48.00	766
高考数学小题抢分必练	2017—10	48.00	834
高考数学核心素养解读	2017—09	38.00	839
高考数学客观题解题方法和技巧	2017—10	38.00	847
十年高考数学精品试题审题要津与解法研究	2021—10	98.00	1427
中国历届高考数学试题及解答.1949—1979	2018—01	38.00	877
历届中国高考数学试题及解答.第二卷,1980—1989	2018—10	28.00	975
历届中国高考数学试题及解答.第三卷,1990—1999	2018—10	48.00	976
数学文化与高考研究	2018—03	48.00	882
跟我学解高中数学题	2018—07	58.00	926
中学数学研究的方法及案例	2018—05	58.00	869
高考数学抢分技能	2018—07	68.00	934
高一新生常用数学方法和重要数学思想提升教材	2018—06	38.00	921
2018年高考数学真题研究	2019—01	68.00	1000
2019年高考数学真题研究	2020—05	88.00	1137
高考数学全国卷六道解答题常考题型解题诀窍:理科(全2册)	2019—07	78.00	1101
高考数学全国卷16道选择、填空题常考题型解题诀窍.理科	2018—09	88.00	971
高考数学全国卷16道选择、填空题常考题型解题诀窍.文科	2020—01	88.00	1123
新课程标准高中数学各种题型解法大全.必修一分册	2021—06	58.00	1315
高中数学一题多解	2019—06	58.00	1087
历届中国高考数学试题及解答:1917—1999	2021—08	98.00	1371
2000~2003年全国及各省市高考数学试题及解答	2022—05	88.00	1499
突破高原:高中数学解题思维探究	2021—08	48.00	1375
高考数学中的"取值范围"	2021—10	48.00	1429
新课程标准高中数学各种题型解法大全.必修二分册	2022—01	68.00	1471

书　名	出版时间	定　价	编号
新编640个世界著名数学智力趣题	2014—01	88.00	242
500个最新世界著名数学智力趣题	2008—06	48.00	3
400个最新世界著名数学最值问题	2008—09	48.00	36
500个世界著名数学征解问题	2009—06	48.00	52
400个中国最佳初等数学征解老问题	2010—01	48.00	60
500个俄罗斯数学经典老题	2011—01	28.00	81
1000个国外中学物理好题	2012—04	48.00	174
300个日本高考数学题	2012—05	38.00	142
700个早期日本高考数学试题	2017—02	88.00	752
500个前苏联早期高考数学试题及解答	2012—05	28.00	185
546个早期俄罗斯大学生数学竞赛题	2014—03	38.00	285
548个来自美苏的数学好问题	2014—11	28.00	396
20所苏联著名大学早期入学试题	2015—02	18.00	452
161道德国工科大学生必做的微分方程习题	2015—05	28.00	469
500个德国工科大学生必做的高数习题	2015—06	28.00	478
360个数学竞赛问题	2016—08	58.00	677
200个趣味数学故事	2018—02	48.00	857
470个数学奥林匹克中的最值问题	2018—10	88.00	985
德国讲义日本考题.微积分卷	2015—04	48.00	456
德国讲义日本考题.微分方程卷	2015—04	38.00	457
二十世纪中叶中、英、美、日、法、俄高考数学试题精选	2017—06	38.00	783

刘培杰数学工作室
已出版(即将出版)图书目录——初等数学

书　名	出版时间	定　价	编号
中国初等数学研究　2009卷(第1辑)	2009—05	20.00	45
中国初等数学研究　2010卷(第2辑)	2010—05	30.00	68
中国初等数学研究　2011卷(第3辑)	2011—07	60.00	127
中国初等数学研究　2012卷(第4辑)	2012—07	48.00	190
中国初等数学研究　2014卷(第5辑)	2014—02	48.00	288
中国初等数学研究　2015卷(第6辑)	2015—06	68.00	493
中国初等数学研究　2016卷(第7辑)	2016—04	68.00	609
中国初等数学研究　2017卷(第8辑)	2017—01	98.00	712
初等数学研究在中国.第1辑	2019—03	158.00	1024
初等数学研究在中国.第2辑	2019—10	158.00	1116
初等数学研究在中国.第3辑	2021—05	158.00	1306
初等数学研究在中国.第4辑	2022—06	158.00	1520
几何变换(Ⅰ)	2014—07	28.00	353
几何变换(Ⅱ)	2015—06	28.00	354
几何变换(Ⅲ)	2015—01	38.00	355
几何变换(Ⅳ)	2015—12	38.00	356
初等数论难题集(第一卷)	2009—05	68.00	44
初等数论难题集(第二卷)(上、下)	2011—02	128.00	82,83
数论概貌	2011—03	18.00	93
代数数论(第二版)	2013—08	58.00	94
代数多项式	2014—06	38.00	289
初等数论的知识与问题	2011—02	28.00	95
超越数论基础	2011—03	28.00	96
数论初等教程	2011—03	28.00	97
数论基础	2011—03	18.00	98
数论基础与维诺格拉多夫	2014—03	18.00	292
解析数论基础	2012—08	28.00	216
解析数论基础(第二版)	2014—01	48.00	287
解析数论问题集(第二版)(原版引进)	2014—05	88.00	343
解析数论问题集(第二版)(中译本)	2016—04	88.00	607
解析数论基础(潘承洞,潘承彪著)	2016—07	98.00	673
解析数论导引	2016—07	58.00	674
数论入门	2011—03	38.00	99
代数数论入门	2015—03	38.00	448
数论开篇	2012—07	28.00	194
解析数论引论	2011—03	48.00	100
Barban Davenport Halberstam均值和	2009—01	40.00	33
基础数论	2011—03	28.00	101
初等数论100例	2011—05	18.00	122
初等数论经典例题	2012—07	18.00	204
最新世界各国数学奥林匹克中的初等数论试题(上、下)	2012—01	138.00	144,145
初等数论(Ⅰ)	2012—01	18.00	156
初等数论(Ⅱ)	2012—01	18.00	157
初等数论(Ⅲ)	2012—01	28.00	158

刘培杰数学工作室
已出版(即将出版)图书目录——初等数学

书　名	出版时间	定　价	编号
平面几何与数论中未解决的新老问题	2013—01	68.00	229
代数数论简史	2014—11	28.00	408
代数数论	2015—09	88.00	532
代数、数论及分析习题集	2016—11	98.00	695
数论导引提要及习题解答	2016—01	48.00	559
素数定理的初等证明.第2版	2016—09	48.00	686
数论中的模函数与狄利克雷级数(第二版)	2017—11	78.00	837
数论:数学导引	2018—01	68.00	849
范氏大代数	2019—02	98.00	1016
解析数学讲义.第一卷,导来式及微分、积分、级数	2019—04	88.00	1021
解析数学讲义.第二卷,关于几何的应用	2019—04	68.00	1022
解析数学讲义.第三卷,解析函数论	2019—04	78.00	1023
分析·组合·数论纵横谈	2019—04	58.00	1039
Hall代数:民国时期的中学数学课本:英文	2019—08	88.00	1106
数学精神巡礼	2019—01	58.00	731
数学眼光透视(第2版)	2017—06	78.00	732
数学思想领悟(第2版)	2018—01	68.00	733
数学方法溯源(第2版)	2018—08	68.00	734
数学解题引论	2017—05	58.00	735
数学史话览胜(第2版)	2017—01	48.00	736
数学应用展观(第2版)	2017—08	68.00	737
数学建模尝试	2018—04	48.00	738
数学竞赛采风	2018—01	68.00	739
数学测评探营	2019—05	58.00	740
数学技能操握	2018—03	48.00	741
数学欣赏拾趣	2018—02	48.00	742
从毕达哥拉斯到怀尔斯	2007—10	48.00	9
从迪利克雷到维斯卡尔迪	2008—01	48.00	21
从哥德巴赫到陈景润	2008—05	98.00	35
从庞加莱到佩雷尔曼	2011—08	138.00	136
博弈论精粹	2008—03	58.00	30
博弈论精粹.第二版(精装)	2015—01	88.00	461
数学 我爱你	2008—01	28.00	20
精神的圣徒　别样的人生——60位中国数学家成长的历程	2008—09	48.00	39
数学史概论	2009—06	78.00	50
数学史概论(精装)	2013—03	158.00	272
数学史选讲	2016—01	48.00	544
斐波那契数列	2010—02	28.00	65
数学拼盘和斐波那契魔方	2010—07	38.00	72
斐波那契数列欣赏(第2版)	2018—08	58.00	948
Fibonacci数列中的明珠	2018—06	58.00	928
数学的创造	2011—02	48.00	85
数学美与创造力	2016—01	48.00	595
数海拾贝	2016—01	48.00	590
数学中的美(第2版)	2019—04	68.00	1057
数论中的美学	2014—12	38.00	351

刘培杰数学工作室
已出版(即将出版)图书目录——初等数学

书 名	出版时间	定 价	编号
数学王者 科学巨人——高斯	2015—01	28.00	428
振兴祖国数学的圆梦之旅:中国初等数学研究史话	2015—06	98.00	490
二十世纪中国数学史料研究	2015—10	48.00	536
数字谜、数阵图与棋盘覆盖	2016—01	58.00	298
时间的形状	2016—01	38.00	556
数学发现的艺术:数学探索中的合情推理	2016—07	58.00	671
活跃在数学中的参数	2016—07	48.00	675
数海趣史	2021—05	98.00	1314
数学解题——靠数学思想给力(上)	2011—07	38.00	131
数学解题——靠数学思想给力(中)	2011—07	48.00	132
数学解题——靠数学思想给力(下)	2011—07	38.00	133
我怎样解题	2013—01	48.00	227
数学解题中的物理方法	2011—06	28.00	114
数学解题的特殊方法	2011—06	48.00	115
中学数学计算技巧(第2版)	2020—10	48.00	1220
中学数学证明方法	2012—01	58.00	117
数学趣题巧解	2012—03	28.00	128
高中数学教学通鉴	2015—05	58.00	479
和高中生漫谈:数学与哲学的故事	2014—08	28.00	369
算术问题集	2017—03	38.00	789
张教授讲数学	2018—07	38.00	933
陈永明实话实说数学教学	2020—04	68.00	1132
中学数学学科知识与教学能力	2020—06	58.00	1155
怎样把课讲好:大罕数学教学随笔	2022—03	58.00	1484
中国高考评价体系下高考数学探秘	2022—03	48.00	1487
自主招生考试中的参数方程问题	2015—01	28.00	435
自主招生考试中的极坐标问题	2015—04	28.00	463
近年全国重点大学自主招生数学试题全解及研究.华约卷	2015—02	38.00	441
近年全国重点大学自主招生数学试题全解及研究.北约卷	2016—05	38.00	619
自主招生数学解证宝典	2015—09	48.00	535
中国科学技术大学创新班数学真题解析	2022—03	48.00	1488
中国科学技术大学创新班物理真题解析	2022—03	58.00	1489
格点和面积	2012—07	18.00	191
射影几何趣谈	2012—04	28.00	175
斯潘纳尔引理——从一道加拿大数学奥林匹克试题谈起	2014—01	28.00	228
李普希兹条件——从几道近年高考数学试题谈起	2012—10	18.00	221
拉格朗日中值定理——从一道北京高考试题的解法谈起	2015—10	18.00	197
闵科夫斯基定理——从一道清华大学自主招生试题谈起	2014—01	28.00	198
哈尔测度——从一道冬令营试题的背景谈起	2012—08	28.00	202
切比雪夫逼近问题——从一道中国台北数学奥林匹克试题谈起	2013—04	38.00	238
伯恩斯坦多项式与贝齐尔曲面——从一道全国高中数学联赛试题谈起	2013—03	38.00	236
卡塔兰猜想——从一道普特南竞赛试题谈起	2013—06	18.00	256
麦卡锡函数和阿克曼函数——从一道前南斯拉夫数学奥林匹克试题谈起	2012—08	18.00	201
贝蒂定理与拉姆贝克莫斯尔定理——从一个拣石子游戏谈起	2012—08	18.00	217
皮亚诺曲线和豪斯道夫分球定理——从无限集谈起	2012—08	18.00	211
平面凸图形与凸多面体	2012—10	28.00	218
斯坦因豪斯问题——从一道二十五省市自治区中学数学竞赛试题谈起	2012—07	18.00	196

— 9 —

刘培杰数学工作室
已出版（即将出版）图书目录——初等数学

书　名	出版时间	定　价	编号
纽结理论中的亚历山大多项式与琼斯多项式——从一道北京市高一数学竞赛试题谈起	2012—07	28.00	195
原则与策略——从波利亚"解题表"谈起	2013—04	38.00	244
转化与化归——从三大尺规作图不能问题谈起	2012—08	28.00	214
代数几何中的贝祖定理（第一版）——从一道IMO试题的解法谈起	2013—08	18.00	193
成功连贯理论与约当块理论——从一道比利时数学竞赛试题谈起	2012—04	18.00	180
素数判定与大数分解	2014—08	18.00	199
置换多项式及其应用	2012—10	18.00	220
椭圆函数与模函数——从一道美国加州大学洛杉矶分校(UCLA)博士资格考题谈起	2012—10	28.00	219
差分方程的拉格朗日方法——从一道2011年全国高考理科试题的解法谈起	2012—08	28.00	200
力学在几何中的一些应用	2013—01	38.00	240
从根式解到伽罗华理论	2020—01	48.00	1121
康托洛维奇不等式——从一道全国高中联赛试题谈起	2013—03	28.00	337
西格尔引理——从一道第18届IMO试题的解法谈起	即将出版		
罗斯定理——从一道前苏联数学竞赛试题谈起	即将出版		
拉克斯定理和阿廷定理——从一道IMO试题的解法谈起	2014—01	58.00	246
毕卡大定理——从一道美国大学数学竞赛试题谈起	2014—07	18.00	350
贝齐尔曲线——从一道全国高中联赛试题谈起	即将出版		
拉格朗日乘子定理——从一道2005年全国高中联赛试题的高等数学解法谈起	2015—05	28.00	480
雅可比定理——从一道日本数学奥林匹克试题谈起	2013—04	48.00	249
李天岩—约克定理——从一道波兰数学竞赛试题谈起	2014—06	28.00	349
整系数多项式因式分解的一般方法——从克朗耐克算法谈起	即将出版		
布劳维不动点定理——从一道前苏联数学奥林匹克试题谈起	2014—01	38.00	273
伯恩赛德定理——从一道英国数学奥林匹克试题谈起	即将出版		
布查特-莫斯特定理——从一道上海市初中竞赛试题谈起	即将出版		
数论中的同余数问题——从一道普特南竞赛试题谈起	即将出版		
范·德蒙行列式——从一道美国数学奥林匹克试题谈起	即将出版		
中国剩余定理:总数法构建中国历史年表	2015—01	28.00	430
牛顿程序与方程求根——从一道全国高考试题解法谈起	即将出版		
库默尔定理——从一道IMO预选试题谈起	即将出版		
卢丁定理——从一道冬令营试题的解法谈起	即将出版		
沃斯滕霍姆定理——从一道IMO预选试题谈起	即将出版		
卡尔松不等式——从一道莫斯科数学奥林匹克试题谈起	即将出版		
信息论中的香农熵——从一道近年高考压轴题谈起	即将出版		
约当不等式——从一道希望杯竞赛试题谈起	即将出版		
拉比诺维奇定理	即将出版		
刘维尔定理——从一道《美国数学月刊》征解问题的解法谈起	即将出版		
卡塔兰恒等式与级数求和——从一道IMO试题的解法谈起	即将出版		
勒让德猜想与素数分布——从一道爱尔兰竞赛试题谈起	即将出版		
天平称重与信息论——从一道基辅市数学奥林匹克试题谈起	即将出版		
哈密尔顿-凯莱定理:从一道高中数学联赛试题的解法谈起	2014—09	18.00	376
艾思特曼定理——从一道CMO试题的解法谈起	即将出版		

刘培杰数学工作室
已出版(即将出版)图书目录——初等数学

书　名	出版时间	定　价	编号
阿贝尔恒等式与经典不等式及应用	2018-06	98.00	923
迪利克雷除数问题	2018-07	48.00	930
幻方、幻立方与拉丁方	2019-08	48.00	1092
帕斯卡三角形	2014-03	18.00	294
蒲丰投针问题——从2009年清华大学的一道自主招生试题谈起	2014-01	38.00	295
斯图姆定理——从一道"华约"自主招生试题的解法谈起	2014-01	18.00	296
许瓦兹引理——从一道加利福尼亚大学伯克利分校数学系博士生试题谈起	2014-08	18.00	297
拉姆塞定理——从王诗宬院士的一个问题谈起	2016-04	48.00	299
坐标法	2013-12	28.00	332
数论三角形	2014-04	38.00	341
毕克定理	2014-07	18.00	352
数林掠影	2014-09	48.00	389
我们周围的概率	2014-10	38.00	390
凸函数最值定理:从一道华约自主招生题的解法谈起	2014-10	28.00	391
易学与数学奥林匹克	2014-10	38.00	392
生物数学趣谈	2015-01	18.00	409
反演	2015-01	28.00	420
因式分解与圆锥曲线	2015-01	18.00	426
轨迹	2015-01	28.00	427
面积原理:从常庚哲命的一道CMO试题的积分解法谈起	2015-01	48.00	431
形形色色的不动点定理:从一道28届IMO试题谈起	2015-01	38.00	439
柯西函数方程:从一道上海交大自主招生的试题谈起	2015-02	28.00	440
三角恒等式	2015-02	28.00	442
无理性判定:从一道2014年"北约"自主招生试题谈起	2015-01	38.00	443
数学归纳法	2015-03	18.00	451
极端原理与解题	2015-04	28.00	464
法雷级数	2014-08	18.00	367
摆线族	2015-01	38.00	438
函数方程及其解法	2015-05	38.00	470
含参数的方程和不等式	2012-09	28.00	213
希尔伯特第十问题	2016-01	38.00	543
无穷小量的求和	2016-01	28.00	545
切比雪夫多项式:从一道清华大学金秋营试题谈起	2016-01	38.00	583
泽肯多夫定理	2016-03	38.00	599
代数等式证题法	2016-01	28.00	600
三角等式证题法	2016-01	28.00	601
吴大任教授藏书中的一个因式分解公式:从一道美国数学邀请赛试题的解法谈起	2016-06	28.00	656
易卦——类万物的数学模型	2017-08	68.00	838
"不可思议"的数与数系可持续发展	2018-01	38.00	878
最短线	2018-01	38.00	879
幻方和魔方(第一卷)	2012-05	68.00	173
尘封的经典——初等数学经典文献选读(第一卷)	2012-07	48.00	205
尘封的经典——初等数学经典文献选读(第二卷)	2012-07	38.00	206
初级方程式论	2011-03	28.00	106
初等数学研究(Ⅰ)	2008-09	68.00	37
初等数学研究(Ⅱ)(上、下)	2009-05	118.00	46,47

刘培杰数学工作室
已出版(即将出版)图书目录——初等数学

书　　名	出版时间	定　价	编号
趣味初等方程妙题集锦	2014—09	48.00	388
趣味初等数论选美与欣赏	2015—02	48.00	445
耕读笔记(上卷):一位农民数学爱好者的初数探索	2015—04	28.00	459
耕读笔记(中卷):一位农民数学爱好者的初数探索	2015—05	28.00	483
耕读笔记(下卷):一位农民数学爱好者的初数探索	2015—05	28.00	484
几何不等式研究与欣赏.上卷	2016—01	88.00	547
几何不等式研究与欣赏.下卷	2016—01	48.00	552
初等数列研究与欣赏·上	2016—01	48.00	570
初等数列研究与欣赏·下	2016—01	48.00	571
趣味初等函数研究与欣赏.上	2016—09	48.00	684
趣味初等函数研究与欣赏.下	2018—09	48.00	685
三角不等式研究与欣赏	2020—10	68.00	1197
新编平面解析几何解题方法研究与欣赏	2021—10	78.00	1426
火柴游戏(第2版)	2022—05	38.00	1493
智力解谜.第1卷	2017—07	38.00	613
智力解谜.第2卷	2017—07	38.00	614
故事智力	2016—07	48.00	615
名人们喜欢的智力问题	2020—01	48.00	616
数学大师的发现、创造与失误	2018—01	48.00	617
异曲同工	2018—09	48.00	618
数学的味道	2018—01	58.00	798
数学千字文	2018—10	68.00	977
数贝偶拾——高考数学题研究	2014—04	28.00	274
数贝偶拾——初等数学研究	2014—04	38.00	275
数贝偶拾——奥数题研究	2014—04	48.00	276
钱昌本教你快乐学数学(上)	2011—12	48.00	155
钱昌本教你快乐学数学(下)	2012—03	58.00	171
集合、函数与方程	2014—01	28.00	300
数列与不等式	2014—01	38.00	301
三角与平面向量	2014—01	28.00	302
平面解析几何	2014—01	38.00	303
立体几何与组合	2014—01	28.00	304
极限与导数、数学归纳法	2014—01	38.00	305
趣味数学	2014—03	28.00	306
教材教法	2014—04	68.00	307
自主招生	2014—05	58.00	308
高考压轴题(上)	2015—01	48.00	309
高考压轴题(下)	2014—10	68.00	310
从费马到怀尔斯——费马大定理的历史	2013—10	198.00	I
从庞加莱到佩雷尔曼——庞加莱猜想的历史	2013—10	298.00	II
从切比雪夫到爱尔特希(上)——素数定理的初等证明	2013—07	48.00	III
从切比雪夫到爱尔特希(下)——素数定理100年	2012—12	98.00	III
从高斯到盖尔方特——二次域的高斯猜想	2013—10	198.00	IV
从库默尔到朗兰兹——朗兰兹猜想的历史	2013—10	98.00	V
从比勃巴赫到德布朗斯——比勃巴赫猜想的历史	2014—02	298.00	VI
从麦比乌斯到陈省身——麦比乌斯变换与麦比乌斯带	2014—02	298.00	VII
从布尔到豪斯道夫——布尔方程与格论漫谈	2013—10	198.00	VIII
从开普勒到阿诺德——三体问题的历史	2014—05	298.00	IX
从华林到华罗庚——华林问题的历史	2013—10	298.00	X

刘培杰数学工作室
已出版(即将出版)图书目录——初等数学

书 名	出版时间	定 价	编号
美国高中数学竞赛五十讲.第1卷(英文)	2014—08	28.00	357
美国高中数学竞赛五十讲.第2卷(英文)	2014—08	28.00	358
美国高中数学竞赛五十讲.第3卷(英文)	2014—09	28.00	359
美国高中数学竞赛五十讲.第4卷(英文)	2014—09	28.00	360
美国高中数学竞赛五十讲.第5卷(英文)	2014—10	28.00	361
美国高中数学竞赛五十讲.第6卷(英文)	2014—11	28.00	362
美国高中数学竞赛五十讲.第7卷(英文)	2014—12	28.00	363
美国高中数学竞赛五十讲.第8卷(英文)	2015—01	28.00	364
美国高中数学竞赛五十讲.第9卷(英文)	2015—01	28.00	365
美国高中数学竞赛五十讲.第10卷(英文)	2015—02	38.00	366
三角函数(第2版)	2017—04	38.00	626
不等式	2014—01	38.00	312
数列	2014—01	38.00	313
方程(第2版)	2017—04	38.00	624
排列和组合	2014—01	28.00	315
极限与导数(第2版)	2016—04	38.00	635
向量(第2版)	2018—08	58.00	627
复数及其应用	2014—08	28.00	318
函数	2014—01	38.00	319
集合	2020—01	48.00	320
直线与平面	2014—01	28.00	321
立体几何(第2版)	2016—04	38.00	629
解三角形	即将出版		323
直线与圆(第2版)	2016—11	38.00	631
圆锥曲线(第2版)	2016—09	48.00	632
解题通法(一)	2014—07	38.00	326
解题通法(二)	2014—07	38.00	327
解题通法(三)	2014—05	38.00	328
概率与统计	2014—01	28.00	329
信息迁移与算法	即将出版		330
IMO 50 年.第1卷(1959—1963)	2014—11	28.00	377
IMO 50 年.第2卷(1964—1968)	2014—11	28.00	378
IMO 50 年.第3卷(1969—1973)	2014—09	28.00	379
IMO 50 年.第4卷(1974—1978)	2016—04	38.00	380
IMO 50 年.第5卷(1979—1984)	2015—04	38.00	381
IMO 50 年.第6卷(1985—1989)	2015—04	58.00	382
IMO 50 年.第7卷(1990—1994)	2016—01	48.00	383
IMO 50 年.第8卷(1995—1999)	2016—06	38.00	384
IMO 50 年.第9卷(2000—2004)	2015—04	58.00	385
IMO 50 年.第10卷(2005—2009)	2016—01	48.00	386
IMO 50 年.第11卷(2010—2015)	2017—03	48.00	646

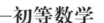

刘培杰数学工作室
已出版(即将出版)图书目录——初等数学

书　名	出版时间	定　价	编号
数学反思(2006—2007)	2020—09	88.00	915
数学反思(2008—2009)	2019—01	68.00	917
数学反思(2010—2011)	2018—05	58.00	916
数学反思(2012—2013)	2019—01	58.00	918
数学反思(2014—2015)	2019—03	78.00	919
数学反思(2016—2017)	2021—03	58.00	1286
历届美国大学生数学竞赛试题集.第一卷(1938—1949)	2015—01	28.00	397
历届美国大学生数学竞赛试题集.第二卷(1950—1959)	2015—01	28.00	398
历届美国大学生数学竞赛试题集.第三卷(1960—1969)	2015—01	28.00	399
历届美国大学生数学竞赛试题集.第四卷(1970—1979)	2015—01	18.00	400
历届美国大学生数学竞赛试题集.第五卷(1980—1989)	2015—01	28.00	401
历届美国大学生数学竞赛试题集.第六卷(1990—1999)	2015—01	28.00	402
历届美国大学生数学竞赛试题集.第七卷(2000—2009)	2015—08	18.00	403
历届美国大学生数学竞赛试题集.第八卷(2010—2012)	2015—01	18.00	404
新课标高考数学创新题解题诀窍:总论	2014—09	28.00	372
新课标高考数学创新题解题诀窍:必修1～5分册	2014—08	38.00	373
新课标高考数学创新题解题诀窍:选修2—1,2—2,1—1,1—2分册	2014—09	38.00	374
新课标高考数学创新题解题诀窍:选修2—3,4—4,4—5分册	2014—09	18.00	375
全国重点大学自主招生英文数学试题全攻略:词汇卷	2015—07	48.00	410
全国重点大学自主招生英文数学试题全攻略:概念卷	2015—01	28.00	411
全国重点大学自主招生英文数学试题全攻略:文章选读卷(上)	2016—09	38.00	412
全国重点大学自主招生英文数学试题全攻略:文章选读卷(下)	2017—01	58.00	413
全国重点大学自主招生英文数学试题全攻略:试题卷	2015—07	38.00	414
全国重点大学自主招生英文数学试题全攻略:名著欣赏卷	2017—03	48.00	415
劳埃德数学趣题大全.题目卷.1:英文	2016—01	18.00	516
劳埃德数学趣题大全.题目卷.2:英文	2016—01	18.00	517
劳埃德数学趣题大全.题目卷.3:英文	2016—01	18.00	518
劳埃德数学趣题大全.题目卷.4:英文	2016—01	18.00	519
劳埃德数学趣题大全.题目卷.5:英文	2016—01	18.00	520
劳埃德数学趣题大全.答案卷:英文	2016—01	18.00	521
李成章教练奥数笔记.第1卷	2016—01	48.00	522
李成章教练奥数笔记.第2卷	2016—01	48.00	523
李成章教练奥数笔记.第3卷	2016—01	38.00	524
李成章教练奥数笔记.第4卷	2016—01	38.00	525
李成章教练奥数笔记.第5卷	2016—01	38.00	526
李成章教练奥数笔记.第6卷	2016—01	38.00	527
李成章教练奥数笔记.第7卷	2016—01	38.00	528
李成章教练奥数笔记.第8卷	2016—01	48.00	529
李成章教练奥数笔记.第9卷	2016—01	28.00	530

刘培杰数学工作室
已出版(即将出版)图书目录——初等数学

书 名	出版时间	定 价	编号
第19~23届"希望杯"全国数学邀请赛试题审题要津详细评注(初一版)	2014—03	28.00	333
第19~23届"希望杯"全国数学邀请赛试题审题要津详细评注(初二、初三版)	2014—03	38.00	334
第19~23届"希望杯"全国数学邀请赛试题审题要津详细评注(高一版)	2014—03	28.00	335
第19~23届"希望杯"全国数学邀请赛试题审题要津详细评注(高二版)	2014—03	38.00	336
第19~25届"希望杯"全国数学邀请赛试题审题要津详细评注(初一版)	2015—01	38.00	416
第19~25届"希望杯"全国数学邀请赛试题审题要津详细评注(初二、初三版)	2015—01	58.00	417
第19~25届"希望杯"全国数学邀请赛试题审题要津详细评注(高一版)	2015—01	48.00	418
第19~25届"希望杯"全国数学邀请赛试题审题要津详细评注(高二版)	2015—01	48.00	419
物理奥林匹克竞赛大题典——力学卷	2014—11	48.00	405
物理奥林匹克竞赛大题典——热学卷	2014—04	28.00	339
物理奥林匹克竞赛大题典——电磁学卷	2015—07	48.00	406
物理奥林匹克竞赛大题典——光学与近代物理卷	2014—06	28.00	345
历届中国东南地区数学奥林匹克试题集(2004~2012)	2014—06	18.00	346
历届中国西部地区数学奥林匹克试题集(2001~2012)	2014—07	18.00	347
历届中国女子数学奥林匹克试题集(2002~2012)	2014—08	18.00	348
数学奥林匹克在中国	2014—06	98.00	344
数学奥林匹克问题集	2014—01	38.00	267
数学奥林匹克不等式散论	2010—06	38.00	124
数学奥林匹克不等式欣赏	2011—09	38.00	138
数学奥林匹克超级题库(初中卷上)	2010—01	58.00	66
数学奥林匹克不等式证明方法和技巧(上、下)	2011—08	158.00	134,135
他们学什么:原民主德国中学数学课本	2016—09	38.00	658
他们学什么:英国中学数学课本	2016—09	38.00	659
他们学什么:法国中学数学课本.1	2016—09	38.00	660
他们学什么:法国中学数学课本.2	2016—09	28.00	661
他们学什么:法国中学数学课本.3	2016—09	38.00	662
他们学什么:苏联中学数学课本	2016—09	28.00	679
高中数学题典——集合与简易逻辑·函数	2016—07	48.00	647
高中数学题典——导数	2016—07	48.00	648
高中数学题典——三角函数·平面向量	2016—07	48.00	649
高中数学题典——数列	2016—07	58.00	650
高中数学题典——不等式·推理与证明	2016—07	38.00	651
高中数学题典——立体几何	2016—07	48.00	652
高中数学题典——平面解析几何	2016—07	78.00	653
高中数学题典——计数原理·统计·概率·复数	2016—07	48.00	654
高中数学题典——算法·平面几何·初等数论·组合数学·其他	2016—07	68.00	655

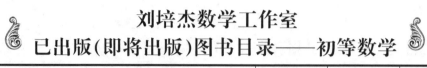

刘培杰数学工作室
已出版(即将出版)图书目录——初等数学

书　名	出版时间	定　价	编号
台湾地区奥林匹克数学竞赛试题.小学一年级	2017—03	38.00	722
台湾地区奥林匹克数学竞赛试题.小学二年级	2017—03	38.00	723
台湾地区奥林匹克数学竞赛试题.小学三年级	2017—03	38.00	724
台湾地区奥林匹克数学竞赛试题.小学四年级	2017—03	38.00	725
台湾地区奥林匹克数学竞赛试题.小学五年级	2017—03	38.00	726
台湾地区奥林匹克数学竞赛试题.小学六年级	2017—03	38.00	727
台湾地区奥林匹克数学竞赛试题.初中一年级	2017—03	38.00	728
台湾地区奥林匹克数学竞赛试题.初中二年级	2017—03	38.00	729
台湾地区奥林匹克数学竞赛试题.初中三年级	2017—03	28.00	730
不等式证题法	2017—04	28.00	747
平面几何培优教程	2019—08	88.00	748
奥数鼎级培优教程.高一分册	2018—09	88.00	749
奥数鼎级培优教程.高二分册.上	2018—04	68.00	750
奥数鼎级培优教程.高二分册.下	2018—04	68.00	751
高中数学竞赛冲刺宝典	2019—04	68.00	883
初中尖子生数学超级题典.实数	2017—07	58.00	792
初中尖子生数学超级题典.式、方程与不等式	2017—08	58.00	793
初中尖子生数学超级题典.圆、面积	2017—08	38.00	794
初中尖子生数学超级题典.函数、逻辑推理	2017—08	48.00	795
初中尖子生数学超级题典.角、线段、三角形与多边形	2017—07	58.00	796
数学王子——高斯	2018—01	48.00	858
坎坷奇星——阿贝尔	2018—01	48.00	859
闪烁奇星——伽罗瓦	2018—01	58.00	860
无穷统帅——康托尔	2018—01	48.00	861
科学公主——柯瓦列夫斯卡娅	2018—01	48.00	862
抽象代数之母——埃米·诺特	2018—01	48.00	863
电脑先驱——图灵	2018—01	58.00	864
昔日神童——维纳	2018—01	48.00	865
数坛怪侠——爱尔特希	2018—01	68.00	866
传奇数学家徐利治	2019—09	88.00	1110
当代世界中的数学.数学思想与数学基础	2019—01	38.00	892
当代世界中的数学.数学问题	2019—01	38.00	893
当代世界中的数学.应用数学与数学应用	2019—01	38.00	894
当代世界中的数学.数学王国的新疆域(一)	2019—01	38.00	895
当代世界中的数学.数学王国的新疆域(二)	2019—01	38.00	896
当代世界中的数学.数林撷英(一)	2019—01	38.00	897
当代世界中的数学.数林撷英(二)	2019—01	48.00	898
当代世界中的数学.数学之路	2019—01	38.00	899

书　名	出版时间	定　价	编号
105 个代数问题:来自 AwesomeMath 夏季课程	2019－02	58.00	956
106 个几何问题:来自 AwesomeMath 夏季课程	2020－07	58.00	957
107 个几何问题:来自 AwesomeMath 全年课程	2020－07	58.00	958
108 个代数问题:来自 AwesomeMath 全年课程	2019－01	68.00	959
109 个不等式:来自 AwesomeMath 夏季课程	2019－04	58.00	960
国际数学奥林匹克中的 110 个几何问题	即将出版		961
111 个代数和数论问题	2019－05	58.00	962
112 个组合问题:来自 AwesomeMath 夏季课程	2019－05	58.00	963
113 个几何不等式:来自 AwesomeMath 夏季课程	2020－08	58.00	964
114 个指数和对数问题:来自 AwesomeMath 夏季课程	2019－09	48.00	965
115 个三角问题:来自 AwesomeMath 夏季课程	2019－09	58.00	966
116 个代数不等式:来自 AwesomeMath 全年课程	2019－04	58.00	967
117 个多项式问题:来自 AwesomeMath 夏季课程	2021－09	58.00	1409
紫色彗星国际数学竞赛试题	2019－02	58.00	999
数学竞赛中的数学:为数学爱好者、父母、教师和教练准备的丰富资源.第一部	2020－04	58.00	1141
数学竞赛中的数学:为数学爱好者、父母、教师和教练准备的丰富资源.第二部	2020－07	48.00	1142
和与积	2020－10	38.00	1219
数论:概念和问题	2020－12	68.00	1257
初等数学问题研究	2021－03	48.00	1270
数学奥林匹克中的欧几里得几何	2021－10	68.00	1413
数学奥林匹克题解新编	2022－01	58.00	1430
澳大利亚中学数学竞赛试题及解答(初级卷)1978～1984	2019－02	28.00	1002
澳大利亚中学数学竞赛试题及解答(初级卷)1985～1991	2019－02	28.00	1003
澳大利亚中学数学竞赛试题及解答(初级卷)1992～1998	2019－02	28.00	1004
澳大利亚中学数学竞赛试题及解答(初级卷)1999～2005	2019－02	28.00	1005
澳大利亚中学数学竞赛试题及解答(中级卷)1978～1984	2019－03	28.00	1006
澳大利亚中学数学竞赛试题及解答(中级卷)1985～1991	2019－03	28.00	1007
澳大利亚中学数学竞赛试题及解答(中级卷)1992～1998	2019－03	28.00	1008
澳大利亚中学数学竞赛试题及解答(中级卷)1999～2005	2019－03	28.00	1009
澳大利亚中学数学竞赛试题及解答(高级卷)1978～1984	2019－05	28.00	1010
澳大利亚中学数学竞赛试题及解答(高级卷)1985～1991	2019－05	28.00	1011
澳大利亚中学数学竞赛试题及解答(高级卷)1992～1998	2019－05	28.00	1012
澳大利亚中学数学竞赛试题及解答(高级卷)1999～2005	2019－05	28.00	1013
天才中小学生智力测验题.第一卷	2019－03	38.00	1026
天才中小学生智力测验题.第二卷	2019－03	38.00	1027
天才中小学生智力测验题.第三卷	2019－03	38.00	1028
天才中小学生智力测验题.第四卷	2019－03	38.00	1029
天才中小学生智力测验题.第五卷	2019－03	38.00	1030
天才中小学生智力测验题.第六卷	2019－03	38.00	1031
天才中小学生智力测验题.第七卷	2019－03	38.00	1032
天才中小学生智力测验题.第八卷	2019－03	38.00	1033
天才中小学生智力测验题.第九卷	2019－03	38.00	1034
天才中小学生智力测验题.第十卷	2019－03	38.00	1035
天才中小学生智力测验题.第十一卷	2019－03	38.00	1036
天才中小学生智力测验题.第十二卷	2019－03	38.00	1037
天才中小学生智力测验题.第十三卷	2019－03	38.00	1038

刘培杰数学工作室
已出版(即将出版)图书目录——初等数学

书　　名	出版时间	定　价	编号
重点大学自主招生数学备考全书:函数	2020－05	48.00	1047
重点大学自主招生数学备考全书:导数	2020－08	48.00	1048
重点大学自主招生数学备考全书:数列与不等式	2019－10	78.00	1049
重点大学自主招生数学备考全书:三角函数与平面向量	2020－08	68.00	1050
重点大学自主招生数学备考全书:平面解析几何	2020－07	58.00	1051
重点大学自主招生数学备考全书:立体几何与平面几何	2019－08	48.00	1052
重点大学自主招生数学备考全书:排列组合·概率统计·复数	2019－09	48.00	1053
重点大学自主招生数学备考全书:初等数论与组合数学	2019－08	48.00	1054
重点大学自主招生数学备考全书:重点大学自主招生真题.上	2019－04	68.00	1055
重点大学自主招生数学备考全书:重点大学自主招生真题.下	2019－04	58.00	1056
高中数学竞赛培训教程:平面几何问题的求解方法与策略.上	2018－05	68.00	906
高中数学竞赛培训教程:平面几何问题的求解方法与策略.下	2018－06	78.00	907
高中数学竞赛培训教程:整除与同余以及不定方程	2018－01	88.00	908
高中数学竞赛培训教程:组合计数与组合极值	2018－04	48.00	909
高中数学竞赛培训教程:初等代数	2019－04	78.00	1042
高中数学讲座:数学竞赛基础教程(第一册)	2019－06	48.00	1094
高中数学讲座:数学竞赛基础教程(第二册)	即将出版		1095
高中数学讲座:数学竞赛基础教程(第三册)	即将出版		1096
高中数学讲座:数学竞赛基础教程(第四册)	即将出版		1097
新编中学数学解题方法1000招丛书.实数(初中版)	2022－05	58.00	1291
新编中学数学解题方法1000招丛书.式(初中版)	2022－05	48.00	1292
新编中学数学解题方法1000招丛书.方程与不等式(初中版)	2021－04	58.00	1293
新编中学数学解题方法1000招丛书.函数(初中版)	2022－05	38.00	1294
新编中学数学解题方法1000招丛书.角(初中版)	2022－05	48.00	1295
新编中学数学解题方法1000招丛书.线段(初中版)	2022－05	48.00	1296
新编中学数学解题方法1000招丛书.三角形与多边形(初中版)	2021－04	48.00	1297
新编中学数学解题方法1000招丛书.圆(初中版)	2022－05	48.00	1298
新编中学数学解题方法1000招丛书.面积(初中版)	2021－07	28.00	1299
高中数学题典精编.第一辑.函数	2022－01	58.00	1444
高中数学题典精编.第一辑.导数	2022－01	68.00	1445
高中数学题典精编.第一辑.三角函数·平面向量	2022－01	68.00	1446
高中数学题典精编.第一辑.数列	2022－01	58.00	1447
高中数学题典精编.第一辑.不等式·推理与证明	2022－01	58.00	1448
高中数学题典精编.第一辑.立体几何	2022－01	58.00	1449
高中数学题典精编.第一辑.平面解析几何	2022－01	68.00	1450
高中数学题典精编.第一辑.统计·概率·平面几何	2022－01	58.00	1451
高中数学题典精编.第一辑.初等数论·组合数学·数学文化·解题方法	2022－01	58.00	1452

联系地址:哈尔滨市南岗区复华四道街10号　哈尔滨工业大学出版社刘培杰数学工作室
网　　址:http://lpj.hit.edu.cn/
邮　　编:150006
联系电话:0451－86281378　　13904613167
E-mail:lpj1378@163.com